水体污染控制与治理科技重大专项“十三五”成果系列丛书

京津冀区域水污染控制与治理成套技术综合调控示范

突发水污染事故现场应急监测技术

闫志明　回蕴珉　主编　　李　霞　孙贻超　副主编

化学工业出版社

·北京·

内 容 简 介

《突发水污染事故现场应急监测技术》以水污染事故发生时的应急监测为重点，介绍了突发水污染事故现场的污染程度勘查、高危环境安全采样、复杂样品的快速定性筛查及定量检测的技术方法及实践，主要内容包括：突发水环境污染事故应急勘查及采样技术、综合指标和无机污染物现场快速监测技术、石油类污染现场快速监测技术、重金属污染现场快速监测技术、有机污染物应急监测技术、生物应急监测技术、“天-地-水”一体化环境风险应急侦测体系、应急监测准备与组织实施等。

《突发水污染事故现场应急监测技术》可供环境监测工作人员、政府机构管理人员、环境科研工作者阅读，还可供高等院校环境专业师生参考。

图书在版编目（CIP）数据

突发水污染事故现场应急监测技术/闫志明，回蕴珉主编. —北京：化学工业出版社，2020.11
（水体污染控制与治理科技重大专项“十三五”成果系列丛书）
ISBN 978-7-122-37777-7

Ⅰ.①突… Ⅱ.①闫…②回… Ⅲ.①水污染-突发事件-环境监测 Ⅳ.①X520.7

中国版本图书馆CIP数据核字（2020）第180690号

责任编辑：满悦芝　　文字编辑：杨振美　陈小滔
责任校对：赵懿桐　　装帧设计：张　辉

出版发行：化学工业出版社（北京市东城区青年湖南街13号　邮政编码100011）
印　　刷：北京京华铭诚工贸有限公司
装　　订：三河市振勇印装有限公司
787mm×1092mm　1/16　印张15¼　字数366千字　2020年10月北京第1版第1次印刷

购书咨询：010-64518888　　售后服务：010-64518899
网　　址：http://www.cip.com.cn
凡购买本书，如有缺损质量问题，本社销售中心负责调换。

定　价：88.00元

《突发水污染事故现场应急监测技术》编写人员名单

主　编： 闫志明　回蕴珉

副主编： 李　霞　孙贻超

参　编： 谷　永　王惠荣　张丽芳　胡悦立　杨　雪　王　兴　邹旷豪　岳彦霏　崔志浩　周　滨　门　娟　崔红东　邢美楠

前言

随着我国的经济水平不断提升，经济结构不断优化，各地工业园区区位逐步集中，逐渐形成了大型的、功能明确的工业聚集区域。其中，部分工业聚集区域产业密集，不乏储存、使用大量的风险物质，同时园区外围可能存在江河、湖泊、海洋、人群等风险受体。这类大型的工业聚集区域一旦发生泄漏、火灾等突发性环境事故，若得不到及时、妥善的处置，后果不堪设想。同时，伴随着我国经济由粗放型发展阶段向精细化高质量发展阶段转变，相应的环境安全管理、技术水平也应有高质量提升。然而，近年来突发的诸如天津港“8·12”火灾爆炸事故等环境污染事件，暴露出目前我国在处置工业聚集区域突发环境污染事故中存在的一些问题，这其中包括高危环境的应急安全采样监测问题，污染状态确认及有效控制污染进一步扩大问题，快速、高效处置事故废水问题等，而其中复杂事故现场的安全应急监测问题尤为突出。

突发污染事故发生时，污染状态勘查、采样及监测需要第一时间介入，而事故现场的采样监测环境一般都很恶劣，尤其像上述爆炸事故，现场情况极为复杂，很难在第一时间进入现场获取第一手污染信息，难以为控制污染扩散和后续处置提供有效数据。这类突发污染事故的应急采样监测过程中，主要表现出的难点包括：①难以在第一时间对污染的范围、程度进行准确勘查；②难以进入高危现场进行安全、高效的采样；③难以快速对污染物进行定性、定量确认。

经过多年的发展，我国在应急监测方面积累了大量经验，但在现有的环境应急监测实践中，多是针对风险物质泄漏后对事故周围水体、空气、土壤的污染状况监测，事故环境及样品相对简单，监测因子有较强的针对性，未见有涉及水污染事故高危现场采样、勘查，以及复杂样品的现场快速定性筛查、定量检测的相关内容。本书以水污染事故发生时的应急监测为重点，务求实效地论述突发水污染事故现场的污染程度勘查、高危环境安全采样、复杂样品的快速定性筛查以及定量检测的技术方法与实践。

本书编写过程中，广泛地收集了事故废水现场勘查、采样、应急监测等相关领域的资料，并整理归纳了我中心（即天津市环境保护技术开发中心）及国内现有应急监测工作的经验，为突发水污染事故现场快速监测提供借鉴。由于编者水平有限，加之时间仓促，本书不足之处在所难免，敬请同行及各界读者批评指正。

编者

2020 年 10 月

目 录

第1章 突发水环境污染事故概述

第2章 突发水环境污染事故应急勘查监测概述

第3章 水污染事故现场应急勘查及采样技术

第4章 综合指标和无机污染物现场快速监测技术

第5章 石油类污染现场快速监测技术

第7章 有机污染物应急监测技术

第8章 生物应急监测技术

第9章 "天-地-水"一体化环境风险应急侦测体系

第10章 应急监测准备与组织实施

第1章　突发水环境污染事故概述

1.1　突发水环境污染事故特点与危害

突发水环境污染事故是指由于违反水环境保护法规的经济、社会活动与行为以及意外因素或不可抗拒的自然灾害等原因，在瞬时或短时间内排放有毒、有害污染物质，致使地表水、地下水受到严重的污染和破坏，给社会经济与人民生命财产造成损失的恶性事件。与通常发生的水环境污染事故不同，突发水环境污染事故具有无固定排放方式和途径的特点，其危害远大于一般水环境污染事件。

目前，我国突发水环境污染事故主要是由于人类活动导致大量工业、农业和生活废水及其他有毒有害物质排放到水体中，使水体受到污染，具有起因复杂、难以判断的典型特征，损害也具有多样性。突发水环境污染事故发生后，污染的消除极为困难，若处置不当，不但浪费大量的人力、物力、财力，还可能造成二次污染。

1.1.1　突发水环境污染事故特点

（1）发生的突然性

突发水环境污染事故通常没有固定的排放方式和排放途径，具有很强的偶然性和意外性。事故爆发的时间、规模、具体态势和影响深度常常出乎人们的意料，不受人为控制，一旦爆发，破坏性的能量就会迅速释放，影响程度大、扩散速度快，无法有效进行预测与控制。因此，突然水环境污染事故具有发生的突然性和发展的不确定性。

（2）成因的复杂性

突发水环境污染事故包括溢油事故、爆炸污染事故、有毒有害化学品泄漏污染事故等多种类型，涉及的行业与领域众多。就某一类事故而言，造成污染的因素也具有多样性，例如有毒有害化学品在生产、储存、运输、使用和处置过程中都可能发生污染事故。另外，突发水环境污染事故表现形式也多样化，污染物进入环境后还可能继续发生各种次生反应。总体来说，突发水环境污染事故涉及的污染物成因复杂，难以预计。

（3）危害的严重性

突发水环境污染事故发生突然，会瞬时释放大量有毒有害物质，如果事先没有采取防范措施，在很短时间内往往难以控制，不仅会打乱一定区域内的正常生活、生产秩序，还会造成人员伤亡、社会财产的巨大损失和生态环境的严重破坏，事故的生态环境影响、经济影响和社会影响都较大。

（4）监测的困难性

突发水环境污染事故一旦发生，要求在最短的时间内查明污染物种类、污染程度和污染范围，为后续处置和应对提供重要指导作用。但是由于突发水环境污染事故发生的突然性和成因的复杂性，且现场条件一般都很恶劣，加之污染物种类不明确、现场快速监测技术水平有限，因此很难在第一时间进入污染区域进行准确的勘查、采样，并对污染物进行快速定性、定量分析。因此，突发水环境污染事故的应急监测往往需要多种手段联合使用，例如使用无人机、无人艇进行采样，采用现场快速检测技术及实验室检测技术耦合等。

（5）处置的艰巨性

突发水环境污染事故涉及的污染因素众多，污染物一次排放量也较大，污染面广且发生突然，危害强度高，很难在短期内控制。加之目前人们掌握的突发性事故的监测技术、处理方法有限，也给事故的应急处理、处置带来了困难。处理此类事故必须快速及时、措施得当有效，否则后果严重。因此，突发水环境污染事故比一般的水环境污染事故的处理复杂与艰巨得多，难度更大。

（6）影响的长期性

重大、突发水环境污染事故会对被污染地区的环境和自然生态造成严重的污染和破坏，对人体健康可能存在长期的影响，如汞污染引起的水俣病、镉污染引起的骨痛病等，需要长期的整治和恢复，造成的损失不可估量。

1.1.2 突发水环境污染事故危害

由于突发水环境污染事故发生概率很小、发生突然、污染物扩散迅速，后果往往会很严重，会在很短的时间内造成大量人员伤亡和重大的经济损失，造成局部地区严重的生态破坏，同时使应急监测、应急处理处置面临困难。因此，突发水环境污染事故应急监测和处置成为当前研究的重点和难点。突发水环境污染事故的危害主要表现在以下几个方面。

（1）危害生命与健康

突发水环境污染事故最重要的危害之一就是影响人的生命健康与安全，除直接造成死亡外，还可能引起人体器官功能性损伤或器质性损害，甚至会致畸致癌、影响后代。据世界权威机构调查，水污染已经对人类的生存安全构成重大威胁，成为人类健康、经济和社会可持续发展的重大障碍。突发水环境污染事故，因其突发性与不可预见性，会直接危害人的健康与生命安全，如日本汞污染事件引起的水俣病等。

（2）造成经济损失

突发水环境污染事故在威胁生命与健康的同时，还会造成不可估量的经济损失。水污染事故发生后，对农业和渔业而言，可能造成农作物和鱼类死亡，对农业和渔业造成经济损失；对工业而言，可能造成工业生产成本的增加，同时影响产品质量和仪器设备的使用寿命；对市政工程而言，可能增加城市供水的成本，增加处理运行费用；对污染的治理和后期生态恢复而言，会造成大量资金的投入。因此，突发水环境污染事故会造成直接和间接经济损失。例如，2004年沱江“3·2”特大水污染事故造成的直接经济损失高达2.19亿元；2006年白洋淀死鱼事件造成任丘市所属9.6万亩（1亩＝667m^2）水域全部污染，水色发黑，有臭味，网箱中养殖鱼类全部死亡。

（3）破坏生态环境

突发水环境污染事故发生时，大量的污染物质和有害物质会在短时间内迅速排放，对水环境及生态造成不同程度的破坏，严重时，会导致一定区域内生态失衡，致使生态环境难以恢复，造成长期危害。例如淮河水污染事件造成河流大量鱼虾死亡、白洋淀死鱼事件造成淀内养殖和野生鱼类死亡等，均对生态环境造成不可估量的损失。

1.2 突发水环境污染事故分类

1.2.1 按照污染源分类

突发水环境污染事故发生的原因很多，按照污染源分类，包括工业污染、农业污染和城市污染。

（1）工业污染

人类生产活动造成的突发水环境污染事件中，工业排放引起的水体污染最严重。例如工业废水，含污染物种类多，成分复杂，不仅在水中不易净化，而且处理也比较困难，一旦泄漏到水环境中，将会造成严重的水体污染。另外，工业生产用到的复杂的有毒有害物质，在生产过程中会因为人为和不可避免的其他因素泄漏到水环境中，造成严重的污染。

（2）农业污染

农业污染首先是由于耕作或开荒使土地表面疏松，在土壤和地形还未稳定时发生降雨，大量泥沙流入水中，增加水中的悬浮物从而造成污染。还有一个重要原因是农药、化肥的使用量日益增多，而使用的农药和化肥只有少量被农作物吸收，其余绝大部分残留在土壤和飘浮在大气中，通过降雨，经过地表径流的冲刷进入地表水和渗入地下水形成污染。

（3）城市污染

城市污染是由于城市人口集中产生大量城市生活污水、垃圾等引起水体污染。城市污染源中最主要的是生活污水，它是人们日常生活中产生的各种污水的混合液，包括厨房、洗涤房、浴室和厕所排出的污水。大量生活污水未经处置直接排入水体中，会造成水体富营养化，导致水体缺氧、恶臭等，从而影响生态环境和居住环境。

1.2.2 按照污染物种类分类

从污染物种类来分，突发水环境污染事故有以下几种。

（1）重金属污染事故

重金属污染事故产生的原因主要是在重金属开采、冶炼和加工过程中产生的大量废水和废渣没有按照相关法律、法规、标准进行处理，而是偷排或不达标排放，造成水体受到严重的污染。水环境中的重金属在动植物体内富集，产生食物链浓缩效应，进而对人体造成危害。常见的造成水环境污染的重金属主要包括铜、锌、铅、镉、镍、汞、砷、钴、锰等。

（2）有机污染物泄漏污染事故

有机污染物泄漏污染是指有机污染物在生产、贮存、运输或排放等过程中，由于操作不当造成泄漏，对水环境造成的污染。有机污染物泄漏引发水环境污染事故后，不但会对水环境造成危害，还会进一步造成空气和土壤环境的严重污染。有机污染物种类主要包括苯系物、卤代烃类、多环芳烃类、多氯联苯类、有机农药类、有机氰化物类、硝基苯类等。

（3）溢油污染事故

溢油污染事故指原油、燃料油或其他油制品在生产、运输、储存过程中，因意外或者故意泄漏造成的水污染事故。如油轮运输时发生碰撞导致的溢油事故，占海洋石油污染事故的50%，造成海洋生态的严重破坏，还可能发生爆炸事故。

（4）无机物和综合营养指标类污染事故

无机物和综合营养指标可以分为两类：一类是可能引起或指示水体富营养化等生态危害的物质，包括氨氮、磷酸盐、总磷、总氮、高锰酸盐指数、叶绿素 a 等，这些指标的浓度与水体发生藻类水华的趋势和风险存在密切的联系；另一类是可能危害人体健康的污染物，包括酸碱污染、氟化物、硫酸盐、氯化物、硫化物、氰化物、挥发酚、亚硝酸盐、化学需氧量、甲醛、阴离子表面活性剂等，这些污染物属于非持久性污染物，可在自然条件下降解，但短时间局部浓度过高会引起群体性中毒事件。

1.2.3 按照污染事故类型分类

依据污染事故类型，可以将水环境污染事故分为突发性排污、累积性污染、污染物泄漏、养殖污染、交通事故、管道事故、自然灾害和其他污染 8 种类型，所涵盖的水污染事件主要有：

① 突发性水体排污，其主要污染方式为违规排放（包括超标排放、偷排、直排）和通过某种方式突发性排放污染物，此类水污染事件由人为控制，具有突发性强、历时短的特点。

② 累积性水体污染，即在长时间内持续向水体排污，主要由企业、工厂、饭店等长期性排放污水和污染物（包括农业废水）造成，往往在长时间的累积下爆发。

③ 非人为主导的污染物泄漏，主要包括船舶燃油、化学品事故、工厂事故、码头装卸事故、交通事故发生后由暴雨冲刷或其他原因造成的二次水体污染和一些由于工作人员操作失误造成的污染泄漏等，不包括管道破裂造成的水体污染。

④ 养殖污染，即因动物排泄物收集困难、病死动物无害化处理不彻底以及养殖生产中附设物品等对水体造成的污染。

⑤ 交通事故，即车辆、船舶等发生交通事故直接造成污染物排入水体，不包括交通事故发生后由其他原因造成的二次水体污染。

⑥ 管道事故，即管道破裂或突发性故障造成的水源严重污染。

⑦ 自然灾害导致的水体污染，如泥石流、暴雨等极端气象条件使含污雨水及其他废水直接排入水体。

⑧ 其他污染，包含无法具体归类的污染事件，如水葫芦、藻类等生长引发的藻类污染和人为投毒事件等。

1.2.4 突发水环境污染事件统计与分类

尽管环境污染事件具有突发性、复杂性和不可预见性，但是通过对历史事件的统计分析，可以找到重点关注行业、污染源等，为制定应急预案提供科学的依据。根据统计，2012—2017 年我国突发环境污染事件 592 起，其中涉及突发水污染事件 561 起，包括综合废水导致的 275 起、油类导致的 77 起、工业废水导致的 72 起、固体废物导致的 45 起和重金属导致的 23 起，所占比例分别为 49%、14%、13%、8%和 4%，其他水污染事件 69 起，占 12%。具体如图 1-1 所示。

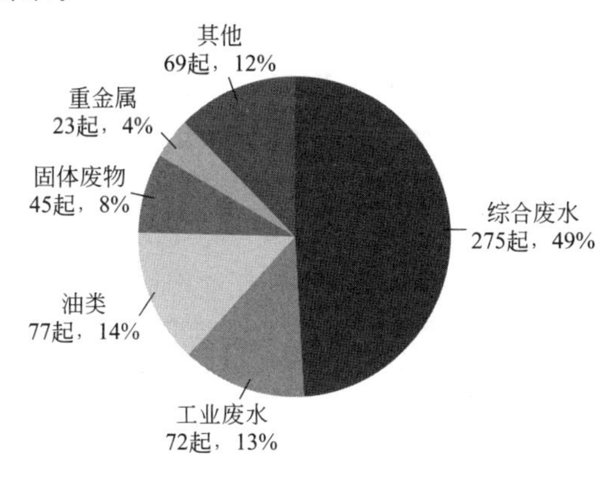

图 1-1　2012—2017 年突发水污染事件统计图

按突发水环境污染事件所在地区分类统计，华东、华中和西南地区污染事件发生率较高，所占比例分别为 43%、16%和 14%。其中，由于我国华东和华中地区工业经济较发达，工矿企业较多，污染概率大，导致突发水环境污染事件较多，超过全国突发水环境污染事件的半数，如图 1-2 所示。

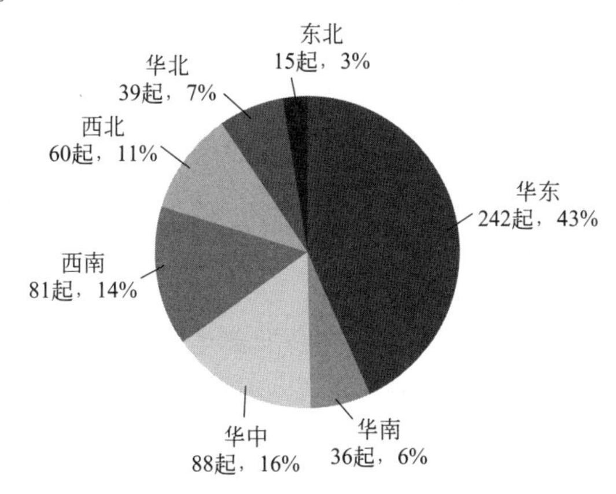

图 1-2　2012—2017 年突发水污染事件地区分布图

2012—2017 年我国发生的重金属污染事件虽然只占突发水环境污染事故的 4%，但是在国内 18 起重大污染事件中，重金属污染事件占 6 起，占比达到 33%。这 6 起重金属重大污染事件涉及镉污染 3 起，是由有色金属采选和化工企业排污造成的；涉及铊污染 2 起，由有色金属采选企业引起；涉及锑污染 1 起，由尾矿库泄漏事故次生的重大突发环境事件引起。由于重金属元素具有较强的迁移性、富集性和隐藏性，会引起慢性中毒，致畸、致癌、致突变，严重威胁人体健康和食品安全。另外，在 2012—2017 年 6 起重金属重大污染事件中，由企业违法生产、违法排污造成的多达 5 起。

1.3　国内外典型突发水污染事故介绍

1977 年联合国水事会议向全世界发出警告：“地区性的水危机预示全球性危机的到来。”

至今，距离1977年警告已经有40多年的时间，随着工业化的发展，大量有毒有害物质通过火灾、爆炸、不正常泄漏等途径进入水体，造成严重的水体污染事故。例如全球著名的十大水污染事故，包括北美死湖事件、卡迪兹号油轮事件、墨西哥湾漏油事件、莱茵河水污染事件等，对社会经济和生态环境造成的损失都是难以估量的。

在我国，随着经济的快速发展，近十几年来，突发水环境污染事故频繁发生，不但造成重大的经济损失，而且造成严重的生态破坏，威胁居民生命安全，引起社会恐慌。本节介绍的近几年来我国发生的水污染事故，包括海宁市某印染有限责任公司“12·3”污水罐体坍塌事故、江苏响水“3·21”特大爆炸事故、天津大港润滑油仓库火灾、“8·12”天津滨海新区爆炸事故、“12·31”山西长治苯胺泄漏事故等，都是与工业废水相关的重大突发水污染事故。突发水污染事故已经成为我国水环境安全的重要威胁。

1.3.1 国外典型突发水污染事故介绍

（1）莱茵河水污染事件

1986年11月1日，位于瑞士巴塞尔附近施韦策哈勒的桑多兹（Sandoz）股份有限公司仓库发生火灾，在救火过程中，约有$1\times10^4m^3$的有毒物质进入莱茵河。11月3日，桑多兹股份有限公司公布了导致莱茵河污染的化学品及其储量清单，这些有毒化学品共计约1246t，主要包括剧毒的杀虫剂、除草剂、除菌剂、溶剂和有机汞等，数量最多的是磷酸酯、乙拌磷和甲基乙拌磷。大量的污染物进入莱茵河导致莱茵河水变成红色，水质的污染直接导致莱茵河中鱼类尤其是鳗鱼的大量死亡。河水流动的河段有毒污染物沉积现象不明显，但是下游壅水区河道底泥受到严重污染。污染物随着河水向下游移动，随后抵达法国和荷兰边界，对莱茵河生态系统、沿岸人民的财产及生命安全造成了严重的损失。莱茵河水污染事件发生后，沿岸国家迅速做出反应，立即采取紧急措施和行动计划，为莱茵河的治理和保护提供了契机，同时为我国水污染事故的处理提供了启示和借鉴。

（2）多瑙河重金属污染事件

事件发生于2000年1月30日。罗马尼亚西北部连降了几场大雨，该地区的大小河流和水库水位暴涨。西北部城市奥拉迪亚市附近，巴亚马雷这座由罗马尼亚和澳大利亚联合经营的金矿污水处理池出现一个大裂口，1万多立方米的污水（含剧毒的氰化物及铅、汞等重金属）流入附近的索莫什河，而后又冲入匈牙利境内的多瑙河支流蒂萨河。毒水顺流而下进入匈牙利境内时，蒂萨河中氰化物含量最高超标700～800倍，从索莫什河到蒂萨河，最终汇入多瑙河。这次重大水污染事故造成河鱼大量死亡，河水不能饮用。匈牙利、南斯拉夫等国家深受其害，国民经济和人民生活都受到一定程度的影响。事故严重破坏了多瑙河流域的生态环境，并引发了国际诉讼。

（3）墨西哥湾漏油事件

2010年4月20日，美国南部路易斯安那州，位于墨西哥湾的“深水地平线”钻井平台发生爆炸并引发大火，大约36h后沉入墨西哥湾，11名工作人员死亡。本次事故起因是在钻井底部设置水泥封口时引起化学反应，产生大量的热量，促使深海底部处于晶体状态的甲烷转化成甲烷气泡，携带油一起喷出，发生爆炸。事发半个月后，各种补救措施仍未有明显效果，漏油不止，导致海面原油漂浮带长200km、宽100km，而且还在进一步扩散。本次漏油事故演变成美国历史上最严重的油污大灾难，对墨西哥湾地区陆地和海洋生态的影响是历史上最为深远的，受污染海域中28万只海鸟，数千只海獭、斑海豹、白头海雕等动物死亡。原油沿河流和水道侵入墨西哥湾的沼泽和湿地，对其生态系统造成严重的破坏，且油污清理难度极大。泄漏的原油对沿岸居民和清理人员的健康也造成了不良影响。

1.3.2　国内典型突发水污染事故介绍

（1）海宁市某印染有限责任公司“12・3”污水罐体坍塌事故

2019 年 12 月 3 日 17 时 19 分许，浙江省嘉兴市海宁市某印染有限责任公司发生污水罐体坍塌事故，造成 10 人死亡，3 人重伤。该公司有 3 个厌氧污水罐，其中 1 号污水罐（圆柱形，直径 24m，高 30m，容积约 1.3 万立方米）发生坍塌，砸中相邻的两个纺织公司部分车间，造成部分房屋倒塌。同时，罐体内大量污水向厂房内倾泻，厂区内工人被倾泻的污水冲散，部分工人因厂区内囤放的布匹坍倒受压。该事故中倒塌的污水罐残体覆盖河道，造成水体及周边环境的污染。国务院安全生产委员会决定对“12・3”重大污水罐体坍塌事故查处实行挂牌督办，组织进行事故调查，形成事故调查报告，并向社会公布。

（2）江苏响水“3・21”特大爆炸事故

2019 年 3 月 21 日，位于江苏省盐城市响水县陈家港镇生态化工园区的某公司化学储罐发生爆炸事故，事故波及 16 家企业，造成 78 人死亡、178 人重伤，属于特别重大事故。经过调查，本次事故是由于该公司旧固废库内长期违法贮存的硝化废料持续积热升温导致自燃，燃烧引发爆炸。爆炸事故发生后，应急中心人员对核心区大坑和厂区内投碱以中和强酸废水，中和后的废水输送至化工污水处理厂暂存。另外，由于事故发生地距离最近的灌河河道不足 2km，距离灌河入海口仅十几千米，污染废水一旦进入灌河，将会使后续工作陷入被动，因此，应急小组对污水进行了有效的围堵。

事故发生后，江苏省环境监测中心继续组织环境监测人员对事故发生地下风向环境空气和园区河流闸内、闸外及灌河地表水开展应急监测。监测结果表明：事故地下风向 1000m 苯超标；新丰河氨氮、苯胺类、二氯甲烷、化学需氧量，以及闸内二氯乙烷、三氯甲烷、苯超标情况严重；新农河化学需氧量、氨氮、苯胺类轻微超标。同时，江苏省环境监测中心组织专家根据监测数据分析研判污染状况，为环境应急处置提供科学技术支撑。

（3）天津大港润滑油仓库火灾

2018 年 10 月 28 日 17 时 45 分许，位于天津市滨海新区某公司的天津大港库润滑油仓库发生火灾，火灾由 5 号库引起，火势延伸至 3 号和 4 号仓库。现场为润滑脂和塑料起火，未造成人员伤亡。灭火过程中，大量油污随消防废水排入市政雨、污水管道，相关部门采取紧急应对措施，关停了整个工业片区的雨、污水提升泵，对废水进行有效的隔离，防止在处理突发事故过程中产生的可能严重污染水体的消防废水、废液直接排入环境。

（4）“8.12”天津滨海新区爆炸事故

2015 年 8 月 12 日 23 时 30 分左右，位于天津市滨海新区天津港的某公司危险品仓库发生火灾爆炸事故，爆炸总能量约为 450t TNT 当量。事故造成了非常惨重的人员伤亡、严重的社会经济损失和水体污染。

事故直接原因是，该公司危险品仓库运抵区南侧集装箱内的硝化棉由于湿润剂散失出现局部干燥，在高温（天气）等因素的作用下加速分解放热，积热自燃，引起相邻集装箱内的硝化棉和其他危险化学品长时间大面积燃烧，导致堆放于运抵区的硝酸铵等危险化学品发生爆炸。爆炸现场存放着大量的硝酸钾、硝酸钠等硝酸盐，遇热、碰撞容易发生爆炸。另外，爆炸现场还存放着至少 700t 氰化钠（表 1-1）。

表 1-1　某公司部分危险化学品

危险化学品及存放位置	危险化学品及存放位置
氰化钠约 700t(运抵库)	硝酸铵约 800t(运抵库)
硝酸钾 500t(运抵库)	二氯甲烷(重箱区)
三氯甲烷(重箱区)	四氯化钛(重箱区)
甲酸(重箱区)	乙酸(重箱区)
氢碘酸(重箱区)	甲基磺酸(重箱区)
电石(重箱区)	对苯二胺(运抵库)
二甲基苯胺(运抵库)	氢化钠 14t(中转仓库)
硫化钠 14t(中转仓库)	氢氧化钠 74t(中转仓库)
马来酸酐 100t(中转仓库)	氢碘酸 7.2t(中转仓库)
硝酸钠(危化品仓库)	硅化钙(危化品仓库)
硫化钠(危化品仓库)	甲基磺酸(危化品仓库)
氰基乙酸(危化品仓库)	十二烷基苯磺酸(危化品仓库)
油漆 630 桶	火柴 10t
硅化钙 94t	

为明确事故主要污染物，相关工作人员迅速开展应急监测工作，在事故核心地点分别布设了地表水、雨污水和海水监测点位，对水中 pH、化学需氧量（COD）、氨氮、硫化物、氰化物、三氯甲烷、苯、甲苯、二甲苯、乙苯和苯乙烯等多种污染物开展检测工作。结果表明，部分监测点位 COD、氨氮和氰化物超标。氰化物属于剧毒物质，大剂量中毒常发生闪电式昏迷和死亡。摄入后几秒钟即出现烦躁不安，恐惧感、发绀、全身痉挛，立即呼吸停止等症状。小剂量中毒可以出现 15 至 40min 的中毒过程：口腔及咽喉麻木、流涎、头痛、恶心、胸闷、呼吸加快加深、脉搏加快、心律不齐、瞳孔缩小、皮肤黏膜呈鲜红色、抽搐、昏迷，最后意识丧失而死亡。根据污染物性质和对人体危害程度，确定本次水污染事故的主要污染物是氰化物。

事故主要对距爆炸中心周边约 2.3km 范围内的水体（东侧北段起吉运东路、中段起北港东三路、南段起北港路南段，西至海滨高速，南起京门大道、北港路、新港六号路一线，北至东排明渠北段）造成污染，主要污染物为氰化物。事故现场两个爆坑内的积水严重污染；散落的化学品和爆炸产生的二次污染物随消防用水、洗消水和雨水形成的地表径流汇至地表积水区，大部分进入周边地下管网，对相关水体造成污染；爆炸溅落的化学品造成部分明渠河段和毗邻小区内积水坑存水污染。8 月 17 日对爆坑积水的检测结果表明，积水呈强碱性，氰化物浓度高达 421mg/L。海水中氰化物平均浓度为 0.00086mg/L，远低于海水水质Ⅰ类标准限值 0.005mg/L，因此海水并未受到污染。

(5)"12·31"山西长治苯胺泄漏事故

2012 年 12 月 31 日山西省长治市潞城市某煤化工公司发生苯胺泄漏事故。企业巡检人员发现苯胺罐区一条软管破损，雨水排水系统阀门未关紧，导致泄漏的苯胺通过下水道排进污水渠。经核查，苯胺泄漏总量约为 38.7t，发现泄漏后，有关方面同时关闭管道入口、出口，并关闭了企业排污口下游的一个干涸水库，截留了 30t 苯胺，另有 8.7t 苯胺排入浊漳河。另外，苯胺罐原液中含有挥发酚。受本次泄漏事故的影响，浊漳河、红旗渠、岳城水库等部分水体中有苯胺和挥发酚等因子检出和超标。

2013 年 1 月 6 日，长治市政府和该煤化工集团迅速启动应急预案，在浊漳河河道中打了三个焦炭坝，对水质污染物进行活性炭吸附清理，设置了 5 个监测点，每 2 小时上报一次监测数据，同时沿着河流深入河北境内 80km 进行水质监测。

1.3.3　突发水污染事故的思考

近些年来，我国发生多起突发水污染事故，严重影响着人民生活和经济发展。根据统计信息，我国水上交通事故、企业违规或事故排污、公路交通事故、管道破裂等导致的水体污染事故是突发水污染事故的重要原因。

2012—2019 年，我国发生的几起重大事故，都是由化工园区安全生产事故造成的。这些突发环境污染事故直接暴露出个别事故企业无视国家环境保护和安全生产法律法规，刻意瞒报、违法贮存处置危化品，安全环保管理混乱，安全意识薄弱，未识别环保技改项目带来的新的安全风险，个别设施带病运转，以及个别环评、安评等中介服务机构违法违规出具虚假失实评价报告等问题，对环境、社会乃至人民生命安全造成严重威胁。

在突发水污染事故监测的实战中，存在很多不足：

① 水污染事故应急预案有待进一步完善，水污染事故应急长效机制尚需健全。

② 应急勘查、监测能力有待提高。虽然我国的水环境应急监测技术近年来取得了一定的进展，形成了一批小型化、智能化、便捷化的应急监测设备，如应急监测车、便携式多功能水质分析仪等，但这些监测手段还未能完全脱离常规的人工监测方法，具有耗费大量的人力物力、难以实现实时在线监测及数据传输、不能到达存在潜在危险的区域（如深水区、污染地面、海洋、海底等）、采样量小等缺陷。

③ 应急监测部门联动机制有待健全，跨行业、跨行政区域、跨流域联动快速反应机制有待完善。

④ 队伍建设有待加强。监测队伍的业务技术素质、综合协调及监督管理能力等还需要通过加强培训持续提高，应通过各种途径努力培养具有创新精神、高效高能的人才队伍。

参 考 文 献

[1]　肖筱瑜．2012—2017 年国内重大突发环境事件统计分析［J］．广州化工，2018，46（15）：134-136.

[2]　汪庆，陈好山．突发水污染事件应急监测案例分析［J］．中国水运，2018，18（8）：96-97.

[3]　刘恒，陈霁巍，胡素萍．莱茵河水污染事件回顾与启示［J］．中国水利，2006（7）：55-58.

[4]　王琼，赵琳晖，薛婷．突发性环境污染事故应急监测影响因素分析及应对措施［J］．资源节约与环保，2017（5）：43-45.

第 2 章　突发水环境污染事故应急勘查监测概述

2.1　应急勘查采样技术

21 世纪初，美国、德国、日本等发达国家由于工业生产领域重大污染事故频繁发生，开展了突发环境污染事故防范与应急的相关研究，开发了各种类型事故处理处置技术。近年来随着我国工业经济的飞速发展，环境领域污染事件频发，松花江水污染等重、特大环境污染事故的发生，对社会、经济、人民生命财产安全构成了巨大威胁。针对突发环境污染事故频发的新形势，国家成立了专门的环境应急机构，将环境事故的防范和应急处置作为一项重要工作来抓。然而，受技术水平的限制，生态环境部门的应急响应能力与实际需求还存在较大差距。

突发水环境污染事故发生时，需要对污染现场及时勘查和采样，然而由于现场环境一般都很恶劣，现场情况极为复杂，很难在第一时间进入现场获取第一手污染信息，难以为控制污染扩散和后续处置提供有效数据。因此将新型应急技术应用到突发环境污染事件的应急响应中，是生态环境部门亟待解决的重要问题之一。

目前水域勘查和采样技术，包括水体深度勘查、水体面积勘查、底泥厚度和底泥含量的勘查，主要应用于海洋测绘，是获取和描绘海洋、江河、湖泊等水体和包围水体各对象的基础地理要素及其几何和物理属性信息的理论和技术。水污染应急勘查可以借鉴无人遥感监测技术、现场应急检测技术、现代化环境信息技术作为新兴的应急技术手段，有效提高应急响应能力，减少突发水环境污染事件造成的损失，有利于管理和决策。无人机和无人船的一体化勘查技术的应用，可以有效解决水污染应急现场人员难以第一时间进入取样的难题，对现场的水样、泥样进行采样。

2.2　应急监测技术特点

突发水环境事件应急监测是水环境事件应急处置中的首要环节，是对突发水环境事件及时、正确地进行应急处理，减轻环境危害和制定恢复措施的根本依据，可以帮助人们及时掌握水环境受污染状况，为处置突发水环境事件、做好事件的应急管理提供决策参考。因此如何做好水环境风险应急监测、提高水环境风险的应急监测能力，是当前我国水环境应急管理工作的重中之重。

根据环境污染事故现场的具体状况，可将污染事故应急监测归类为四种情况：

① 在污染物来源和污染物种类都已知的情况下，需要对污染物的污染范围和程度进行调查。

② 在污染物种类已知，而污染物来源未知的情况下，对污染源、污染程度和污染范围进行调查。

③ 在污染物种类和污染物来源都未知的情况下，对污染物种类、污染源、污染程度和污染范围进行调查。

④ 在污染物来源已知，而污染物类别未知的情况下，对污染物种类、污染程度和污染范围进行调查。

事故现场应急监测在突发水污染事故应急处置中有着重大意义，其作用主要有：

① 负责污染物的现场快速定性监测，及时判明污染物与污染类型，为现场应急救援和疏散工作提供及时的科学依据。

② 负责污染物和相关环境要素的快速定量监测，对环境污染物的性质、污染范围、污染变化趋势、受影响的范围、危害程度做出准确的认定，为污染事故的应急处理与环境保护提供技术保障。

③ 负责对污染物扩散和短期内不能消除/降解的污染物进行跟踪监测，对环境污染的预防、环境恢复、生态修复提出建议措施等。

④ 负责污染事故的相关污染源监测和相关生态环境监测，为污染事故的原因分析与事故处理提供技术支持。

⑤ 避免突发事故后果被人为夸大，以致造成经济损失，造成紧张气氛。通过环境应急监测，可以及时发布信息，以正视听，让人民群众满意，让政府放心。

为实施污染事故应急救援和为政府制定恢复措施等决策提供决策依据，要求监测人员在事故现场，用小型、便携、简易、快速检测仪器或装备，在尽可能短的时间内判断出污染物种类和浓度、污染范围及可能污染程度。

应急监测技术与设备应具有以下特点：

① 快速判断污染物种类和浓度、污染范围。

② 分析方法选择性和抗干扰能力好。

③ 试剂用量少，稳定性好。

④ 监测器材轻便、易于携带，易于操作。

⑤ 不需特殊取样，动力易得。

⑥ 快速回答“是否安全”。

目前，我国已经形成一批小型化、智能化、便捷化的应急监测方法和设备，如试纸法、检测管法、试剂盒法、便携式电化学仪法、便携式分光光度计法、便携式傅里叶红外法、便携式气相色谱法、便携式气相色谱-质谱法、便携式电感耦合等离子体质谱法、便携式生物毒性仪法等。

2.3 应急监测技术类型

随着对事故废水现场应急监测技术的需求的提高，我国现场快速监测技术也得到了快速的发展。根据监测技术原理不同，可以将快速检测技术分为试纸技术、检测管技术、试剂盒技术、便携式电化学技术、便携式光化学分析技术、便携式气相色谱技术、便携式气相色谱-质谱技术、便携式电感耦合等离子体质谱技术、便携式离子色谱技术、便携式生物毒性检测技术等。

（1）试纸技术

试纸技术的基本原理是根据污染物特效反应，将试纸浸渍在与该污染物具有选择性反应的试剂后制成的专用分析试纸。可以通过试纸颜色的变化进行定性分析，同时与比色卡比对实现半定量分析。

（2）检测管技术

检测管技术的原理是被测物质通过检测管时造成管内填充物颜色变化，根据颜色变化程度或色柱长度测定污染物及其含量，该技术用于对有毒气体或挥发性污染物的现场检测十分方便。用于水污染检测的检测管法主要分为直接检测管法、色柱检测管法等，可用于测定水中氰化物、氟化物、二价锰、六价铬、镍、氨氮、苯胺、硫化物、磷酸盐等污染物。

（3）试剂盒技术

试剂盒技术的原理是基于待测物与某种特定试剂进行化学或生物反应，并可通过颜色变化表现反应程度的特性，通过目视比色或辅助仪器比色、滴定等方法即可获得待测物质的浓度值。用于水环境检测的试剂盒主要包括化学显色试剂盒、免疫试剂盒、微生物试剂盒、生物酶试剂盒等。

（4）便携式电化学技术

电化学传感器是利用污染物与电解液反应产生电压来识别有毒有害污染物的一种监测仪器。常见便携式电化学技术分析仪器包括便携式选择离子分析仪（如 pH 计、手提式 DO 仪、手提式电导率分析仪、多参数水质分析仪）、便携式溶出伏安仪、电化学生物传感器等。

（5）便携式光化学分析技术

便携式光化学分析技术的原理是基于光吸收、光激发、光散射、光折射等原理，定性定量测定水体中的污染物。主要包括便携式紫外-可见分光光度计、便携式红外光谱仪、便携式红外测油仪、便携式原子吸收光度计、便携式荧光光谱仪等，可以测定水中常规污染物以及金属污染物。

（6）便携式气相色谱、便携式气相色谱-质谱技术

便携式气相色谱技术是利用气相色谱仪的高分辨技术，同时配备不同的检测器实现的，可以用于水中有机污染物的快速检测。便携式气相色谱仪的缺陷是不能对未知污染物进行定性检测。便携式气相色谱-质谱仪结合了气相色谱仪和质谱仪两种技术的优点，可实现水体中大部分未知挥发性和半挥发性有机污染物的定性及定量检测。

（7）便携式电感耦合等离子体质谱技术

便携式电感耦合等离子体质谱技术是可以实现水中多种未知重金属快速定性定量检测的仪器，能测定元素周期表中 90%的元素，在半定量快速分析技术上有很大的优势，且样品分析时间不超过 3min。该技术的缺点是仪器价格昂贵。

(8) 便携式离子色谱技术

便携式离子色谱技术是在实验室离子色谱检测技术基础上发展起来的，它将泵、检测器、柱箱集成化，从而形成便携式离子色谱分析仪。其分离的原理是离子交换树脂上可离解的离子与流动相中具有相同电荷的溶质离子之间进行的可逆交换和分析物溶质对交换剂亲和力的差别。该技术适用于亲水性阴、阳离子的检测分析。

(9) 便携式生物毒性检测技术

由于现场监测仪器有限，对于不能有效检测的大分子物质以及不常见的物质，可以采用生物毒性检测技术进行综合判断。水样的生物毒性就是让受试生物暴露在被测水样中，根据观察到的受试生物的反应（例如死亡、行为异常、生理特征变化）而做出的水样对受试生物负面影响的评价。适用于便携检测的主要有发光细菌、化学发光法和发光酶技术。

2.4 应急监测技术选用原则

对于突发水环境污染事故现场快速监测技术的选择，一般基于尽量准确、操作简单、快速等原则。突发水污染事故应急监测技术选用的原则如下。

① 未知污染物现场快速监测方法：在污染物性质和含量均不明确的情况下，应该优先采用试纸、检测管、试剂盒、便携式综合水质测试仪等，快速给出污染物是否存在的信息，以及是否超过某一浓度的信息。

② 已知无机污染物现场快速定量方法：针对目标污染物比较明确的水体污染事故，如重金属污染，采用便携式电化学仪和便携式分光光度计进行快速定量测定。

③ 未知单一挥发性有机污染成分快速定性定量方法：针对污染物成分不明确但单一的水体污染事故，如槽罐车泄漏、企业管道泄漏等，可以采用便携式傅里叶红外仪进行快速定性定量测定。

④ 未知复杂挥发性和半挥发性有机污染成分快速定性定量方法：针对目标污染物不明确且成分复杂的水体污染事故，选择合适的前处理方法，如顶空、固相微萃取（SPME）等方法导入便携式气相色谱仪（GC）或气相色谱-质谱仪（GC-MS），实现多种污染成分现场快速监测。

⑤ 不易挥发污染物及不常见污染物现场综合毒性判断方法：由于现场监测方法和仪器有限，对于不易挥发污染物和不常见污染物不能实现现场快速定性和定量，因此采用便携式生物毒性仪对水体的综合毒性进行测定，提供毒性和污染范围等信息，为污染控制提供依据，同时把样品送至实验室进行更加准确和精密的检测。

⑥ 对于现场不能分析的污染物，应尽快送至实验室进行分析。

2.5 应急监测技术存在的问题及发展趋势

随着我国环境应急监测能力建设的加强，我国在环境污染事故应急监测方面取得了较大的进步，主要表现在地方环境监测站已配备了一定的应急监测仪器装备，能够承担大部分环境污染事故应急监测任务，并且开始研发应急监测技术方法。但是，与发达国家相比，我国应急监测起步较晚，技术水平还有一定差距，主要表现在应急监测技术路线需要完善，应急监测方法标准体系有待健全，应急监测仪器设备技术存在运用不当的情况，各种技术和装备的准确度、适用性不够明确，应急监测质量控制体系有待进一步完善等。

（1）应急监测方法标准体系有待健全

目前，我国建立了比较完善的实验室方法标准，注重结果的准确性，但是较少考虑快捷程度，因此不能充分满足现场应急监测的需要。针对环境突发事故污染种类的复杂性、多样性，相应的应急监测方法标准体系仍有待健全，以满足快速实现环境事故突发污染物监测的需求。

（2）应急监测设备技术标准有待进一步提高

目前我国应急设备配备尚落后于国外和国内实验室分析水平，技术标准有待统一和提高。检测管使用较为普遍，而便携式仪器种类相对不足，能够对污染物进行定量成分分析的色谱和质谱较少，距离满足各种突发环境污染事件应急监测和分析的需要仍有一定差距。并且，由于尚缺乏快速检测仪器检定/校准规范及要求，加之各类仪器存在差异，使得使用者在选型上面临困难。

（3）应急监测技术能力储备不足

由于起步较晚，我国的环境应急监测专业技术人才相对匮乏，专业素质参差不齐，方法应用能力有待加强，对多种现场取样仪器的应用能力仍需通过培训和实践进一步提高，另外应急监测经历和现场经验有限，也在很大程度上影响了应急监测能力。

（4）环境污染源不清

这导致在突发污染事故后不能在第一时间判断污染物种类，无法及时、精准地选择相应的监测仪器和分析方法。

（5）应急监测质量控制体系有待完善

一是便携式环境监测仪器目前尚未纳入环保行业仪器的检定范围，有关准入规范有待建立。二是由于缺乏统一的方法标准体系，监测结果的精密度和准确度会因方法的不同而存在较大差异。三是便携式仪器在选择上具有随意性。因此，质量控制体系有待进一步完善，从而更好地保证数据结果的准确度和精密度。

针对突发水环境污染事故应急监测技术存在的问题，今后的发展趋势主要有以下几个方面。

（1）根据突发水环境污染事故的特点建立健全应急监测技术的标准方法体系

目前应急监测标准方法有待完善，亟须紧扣环境污染时效性强、事故现场实验条件限制多等特点建立完善的应急监测技术的标准方法体系。该体系应涵盖综合污染及无机污染指标、有机污染指标、石油类污染指标、重金属污染指标和生物污染指标等。

（2）开展应急监测技术的筛选评估研究

目前，便携式监测技术种类繁多，为了准确掌握仪器的准确度、适用性，为科学选择提供方法和依据，需要对现有仪器进行分类比对研究，通过与标准方法的对比及实际样品测定来评估不同仪器的准确度与适用性，并且将测定相同污染物的基于不同原理的便携仪器进行比对研究，建立筛选评估的方法。此外，建立便携仪器信息库，将现有便携仪器的性能参数、型号、厂家等信息纳入其中；在仪器信息库的基础上建立预案数据库，根据事故发生的基本情况（地域、污染物等信息），通过人机互动完成监测仪器的筛选，快速、准确、科学地提出监测方案。

（3）应急监测任重道远，多环节、全方位地发展完善应急监测技术是关键之举

大力发展快速、绿色、便携、抗干扰性好的应急监测技术及设备，才能在事故发生时快

速掌握污染源、污染物种类和污染范围，为突发环境污染事故发生后的政府决策和环境管理提供技术支撑。

参　考　文　献

[1]　宋笑飞．突发环境事件应急监测的问题分析及对策初探［J］．环境化学与技术，2007，30（1）：58-60.

[2]　陈水木．突发性水体环境污染事故应急监测研究［D］．南昌：南昌大学，2010.

[3]　刀谞，滕恩江，吕怡兵，等．我国环境应急监测技术方法和装备存在的问题及建议［J］．中国环境监测，2013，29（4）：169-175.

第 3 章　水污染事故现场应急勘查及采样技术

3.1　概　　述

突发水污染事故发生时，对污染状况的勘查需要第一时间介入并掌握应急处置需要调用的资源情况，而事故现场的采样监测环境一般都很恶劣，现场情况极为复杂，很难在第一时间进入现场获取第一手污染信息，难以为控制污染扩散和后续处置提供有效数据。例如编者经历的某垃圾填埋场的垃圾渗滤液泄漏事故，由于垃圾山上存在长期自然形成的不规则深坑，含有大量未处理的垃圾渗滤液，需要第一时间了解深坑中垃圾渗滤液的储存量以及深坑的深度等，以便于确定应急处理装置的设计规模，另外需通过对周边地形和管网的勘查，第一时间确定阻断污染外延的方案，但由于现场环境极其恶劣，人员难以进入，常规手段无法有效勘查。因此将新型应急技术应用到突发环境污染事件的应急响应中，是生态环境部门亟待解决的重要问题之一。现场应急勘查技术、无人遥感监测技术、现代化环境信息技术作为新兴的应急技术手段，可有效提高应急响应能力，减少突发环境污染事件造成的损失，有利于管理和决策。

工业带突发水环境污染事故发生时，通常需对受污染水域的深度、面积以及水域底泥量和污染状况进行探测，以便于了解污染水域的概况。随着科技的进步与发展，水体勘查也在向着多元化发展，水下声呐探测、水底摄影、水下摸查、多波束侧扫、机载激光测深和遥感测深等技术，在水体勘查中均有较为广泛的应用。水体勘查技术是从海洋测绘发展起来的，是获取和描绘海洋、江河、湖泊等水体和包围水体各对象的基础地理要素及其几何和物理属性信息的理论和技术，应对水污染应急中需要急迫解决的问题时可以借鉴这些技术，从而有效提高应急响应能力，减少突发环境污染事件造成的损失，有利于管理和决策。

3.2　受污染水域的深度勘查

水域深度勘查技术目前主要应用于海洋、江河、湖泊等水体的地形测量。水下测深技术从传统的测深杆、测深锤，发展成为现代的电子、激光、声呐等测深方法，主要包括回声测深、双频测深、多波束测深、声呐侧扫、机载激光测深和遥感测深等测深方法。现代化高新技术不仅使测量精度大大提高，而且使水下测量工作效率大大提高，在工作量减小的同时劳动强度也大大降低。

水污染事件发生时，需及时勘查受污染水体深度，对水体的深度分布和地形进行了解，便于进一步采取准确的处理措施。目前常用的水深测定仪器为回声测深仪，是利用声波反射的信息测量水深的仪器，当水污染事件发生时，可通过无人船携带回声测深仪对其进行测量。回声测深仪类型很多，可分为记录式和数字式两类，通常都由振荡器、发射换能器、接收换能器、放大器、显示和记录部分所组成。

3.2.1　回声测深仪工作原理

回声测深仪的工作原理是利用换能器在水中发出声波，当声波遇到障碍物而反射回换能器时，根据声波往返的时间和所测水域中声波的传播速度，就可以求得水体的深度。声波在均匀的介质中匀速直线传播，在不同的界面上产生反射。利用这一原理，选择对水的穿透能力强的超声波，在水面垂直向水底发射声信号，并记录声波从发射到信号由水底返回的时间，通过模拟或直接计算，测定受污染水体深度。回声测深仪工作原理如图 3-1 所示。

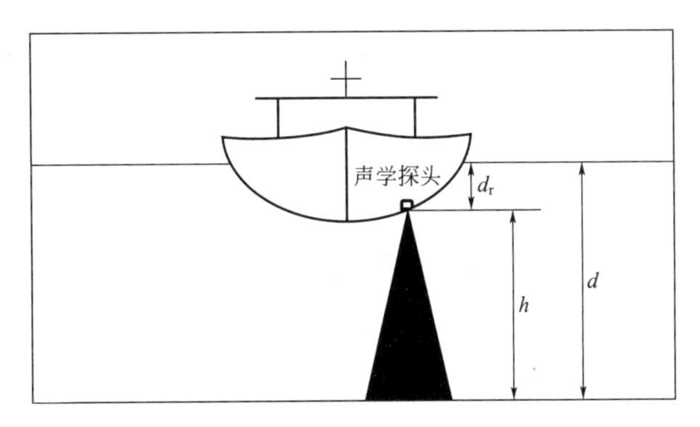

图 3-1　回声测深仪工作原理图

测量水深时，安装在测量船下的发射换能器垂直向水下发射一定频率的声波脉冲，脉冲以声速 c 在水中传播到水底，经水底反射或者散射返回，被接收换能器接收。声波在水中的传播速度受传播介质特性的影响，一般在不同的地域、气候、环境条件下，声速会在1200～1500m/s 之间变化。另外，水面声速与水底声速随温度和压强的不同，可能会相差很大，因此计算出来的水深与真实水深之间存在一定的误差。水深计算公式如下：

$$d=h+d_r-k \tag{3-1}$$

$$h=(ct)/2 \tag{3-2}$$

式中　d——从水面到水底的深度；

h——从测深仪探头到水底的距离；

d_r——测深仪的吃水深度；

k——测深仪系统指标常数；

c——声音在水中的传播速度；

t——声波在水中的传播时间。

3.2.2 回声测深仪种类

回声探测设备也是不尽相同的，根据工作深度的不同往往会使用不同的发射和接收换能器。小型测深仪的工作频率在100kHz左右，换能器尺寸较小，可在小艇上使用，一般用于测量几米到几百米的水体深度，最小测量深度一般为0.2～0.3m。而大型测深仪的工作频率为数千赫兹，换能器尺寸较大，可测量深达10000m的水体深度。回声测深仪按测深范围可以分为浅水测深仪（水深在100m以内）、中水深测深仪（水深在100～400m以内）和深水测深仪（水深大于400m）。不同回声测深仪工作示意见图3-2。

图3-2 不同回声测深仪工作示意图

现在，回声测深仪的显示、记录方式也有多种不同类型。近代测深仪除用放电或热敏纸记录器记录外，还有数字显示和存储，以及与计算机结合起来而自动绘制水下地形图等多种不同方式，这些都是由于海洋勘探的需要而发展起来的设备，可以根据测量需求引入环保领域跨学科应用，以加强生态环境部门的应急响应能力。

3.2.3 深度勘查在水污染事故的应用

编者参与的天津市某渗坑污染废水应急处置工程中，区域含有6个渗坑，占地面积192003.8m^2，坑塘地表水锌、镍、铁超过Ⅴ类标准，pH值在1左右（图3-3）。为了对渗坑中的受污染水体深度进行勘查，采用了回声测深仪（型号：BPL8-PS7FL）对水体进行勘查，发现水体深度分布不均，深度约为0.5～6m。坑塘底泥锌、镍超标水体面积175686.1m^2，应急处理地表水处理量约200000m^3，底泥处理量约120000m^3。采用“原位加药预处理＋撬装式模块设备深度处理”后地表水达到《地表水环境质量标准》（GB 3838—2002）中Ⅴ类水体相关限值要求；底泥重金属含量均达到风险评估报告中相关限值要求，恢复了当地的生态环境。

图3-3 天津市某渗坑污染废水应急处置工程

3.3　受污染水域的面积勘查

水域面积勘查技术目前主要应用于海洋、江河、湖泊等水体的面积测量。水污染事件发生后，可以借鉴海洋的水域面积勘查技术对污染水域面积进行测量，便于对处理规模做出准确判断。一般情况下，传统的水域面积测量方法分为两种：一是通过实地测量获得水域边界各界址点的坐标及其相对位置关系，然后利用坐标解析法计算得到该水域面积；二是在地形图上采用求积仪法、网格法等方法进行水域面积的量算。但是水域面积具有较强的现势性，即使采用高精度的地形图和求积仪来量算地形图上水域面积也可能得到错误的结果，因此，传统的面积测量方法已难以适用于水域面积测算。得益于测绘技术和计算机技术的不断发展，水域面积的测算方法得到了长足改进，出现了多种水域面积测算的新方法。随着测绘仪器逐步朝着自动化、智能化方向发展，全站仪与 GPS-RTK（Real Time Kinematic，实时动态差分法）的应用，使得水域面积测算更为简单便捷。利用全站仪的面积测量程序能够即时实现较小水域面积的测算。而对于较大的水域面积，可利用 RTK 快速准确地获取水域边界各界址点的坐标来测算面积。但是当面对大型水域面积测算时，上述两种方法显得工程量较大。基于此，提出了采用遥感分类技术来测算大型水域面积的方法。实验表明，针对不同大小的水域面积测算采用相应的方法是方便可行的。

3.3.1　全站仪水域面积测量方法

对于小面积水域面积测算，宜采用全站仪。其面积测量原理是利用全站仪采集到的水域边界线上各界址点的坐标，根据全站仪内部程序，采用公式计算所测水域面积。具体方法为：首先建立局部坐标系，在所测水域旁选择一固定点 O 作为坐标原点，并在此点架设仪器，其坐标系的 x 轴指向水平度盘 0°分划线，y 轴垂直于 x 轴。如图 3-4 所示，某地块为由界址点 1、2、3、4、5 组成的封闭五边形，为测定该五边形的面积，首先在适当位置点（点坐标已知或自由假设）安置全站仪，进入全站仪面积测量程序，按顺时针方向分别在五边形各界址点 1、2、3、4、5 上竖立反射棱镜，并依次进行照准观测。当测量至第 3 点时即可显示 1、2、3 点围成的图形面积，当测量至第 5 点即完成了所有界址点测量时，全站仪屏幕上即显示整个五边形的面积。全站仪面积测量示意如图 3-4 所示。

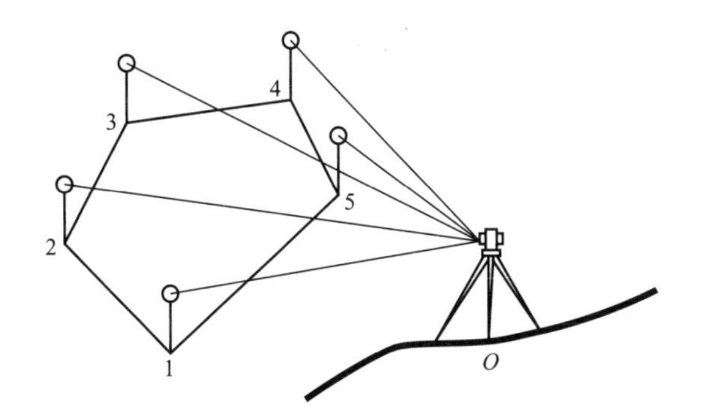

图 3-4　全站仪面积测量示意图

全站仪面积测量原理的实质可分为两个过程。首先根据式(3-3) 计算边界线上界址点的坐标（x_i，y_i）：

$$x_i = x_o + s_i \sin z_i \cos\beta_i \quad y_i = y_o + s_i \sin z_i \sin\beta_i \tag{3-3}$$

式中，(x_i, y_i) 和 (x_o, y_o) 分别为 i 点和 O 点坐标；β_i 为 O 点至观测点 i 点的坐标方位角；s_i 为 O 点至 i 点的斜距；z_i 为 O 点至 i 点的天顶距。然后利用式(3-4) 自动计算并在屏幕上显示 n 边形的面积 P：

$$P = \frac{1}{2}\sum_{i=1}^{n} x_i (y_{i+1} - y_{i-1}) \tag{3-4}$$

或

$$P = \frac{1}{2}\sum_{i=1}^{n} x_i (x_{i+1} - x_{i-1}) \tag{3-5}$$

在式(3-4)、式(3-5) 中，(x_i, y_i) 为界址点 i 点的坐标。当 $i=1$ 时，$y_{i-1}=y_n$、$x_{i-1}=x_n$；当 $i=n$ 时 $x_{i+1}=x_1$、$y_{i+1}=y_1$。显然，曲线图形可以看作是 $n\rightarrow\infty$ 时的多边形，因此也可以利用式(3-4)、式(3-5) 来计算曲线图形所围成的面积，并且曲线上加密的点愈多，就愈接近曲线图形，计算出的面积愈接近实际面积。

全站仪提供了两种计算面积的方法：第一种方法是直接进入面积测量程序，利用测量的坐标数据即时计算面积，当测量了 3 个及 3 个以上界址点坐标时，这些点所围成的面积即被计算出来，结果显示在屏幕上。这种方法适用于图形面积较小，全站仪能够一次测定所有界址点坐标的情况。第二种方法是利用坐标数据文件来计算面积，即全站仪依次采集相邻界址点坐标并存入一坐标数据文件，再调用坐标数据文件以计算所测界址点包围的面积。这种方法适用于面积范围较大，全站仪不能一次测定所有界址点坐标的情况。

3.3.2 基于 GPS-RTK 水域面积测量方法

由于全站仪法只适用于小型水域面积的测量，而对于较大面积的水域，用传统方法测量时，先要建立控制点，然后进行局部测量，再绘制成大比例尺地形图。这种方法工作量大，速度慢，花费时间长。有鉴于此，可以将 RTK（实时动态差分法）技术应用于大面积水域面积测算。利用 RTK 测量，只需在沿线每个界址点上停留一两分钟，即可获得每点的坐标。结合输入的点特征编码及属性信息，获得所有界址点的数据，在室内即可用软件计算面积。由于只需要采集各界址点的坐标和输入其属性信息，而且采集速度快，因此大大降低了测算难度，既省时又省力，非常实用。

3.3.2.1 测量原理

GPS-RTK 技术是以载波相位观测为基础的实时差分 GPS 定位技术。在 RTK 作业模式下，基准站和流动站保持同时跟踪至少 4 颗以上的卫星，基准站通过数据链将其观测值和已知信息一起传送给流动站，流动站将自己采集的 GPS 观测数据和通过数据链接收的来自基准站的数据，在系统内组成差分观测方程并进行实时处理，在运动中求解起始相位模糊度值，同时通过输入相应的坐标转换参数，实时得到测点的三维坐标及精度。

GPS-RTK 基本配置（图 3-5）包括 3 部分：

① 由双频 GPS 接收机、GPS 天线、数据链发送电台、天线、电源、脚架等部分组成的基准站。

② 由双频 GPS 接收机、GPS 天线、数据链接收电台、操作手簿、对中杆等组成的流动站。

③ 支持实时动态差分的软件系统及水深测量应用硬、软件，基准站、流动站 GPS 接收

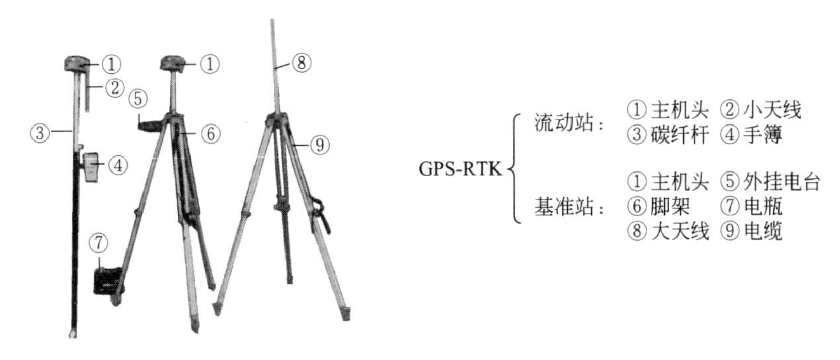

图 3-5　GPS-RTK 配置图

机系统中都包含多路径效应抑制技术和共同跟踪技术。

3. 3. 2. 2　GPS-RTK 方法的优点

(1) 观测站之间无需通视

观测站间相互通视一直是测量学的难题。GPS 观测站之间无需通视，这一特点使得选点更加灵活方便。但观测站上空必须开阔，以使接收 GPS 卫星信号不受干扰。

(2) 定位精度高

一般双频 GPS 接收机基线解算精度为 $5mm \pm 1 \times 10^{-6}mm$，而红外仪标称精度为 $5mm \pm 5 \times 10^{-6}mm$，GPS 测量精度与红外仪相当，但随着距离的增长，GPS 测量优越性愈加突出。大量实验证明，在小于 50km 的基线上其相对定位精度可达 $12 \times 10^{-6}mm$，而在 100～500km 的基线上可达 $10^{-7} \sim 10^{-6}mm$。

(3) 观测时间短

在小于 20km 的短基线上，快速相对定位一般只需 5min 即可。

(4) 提供三维坐标

GPS 测量在精确测定观测站平面位置的同时，可以精确测定观测站的大地高程。

(5) 操作简便

GPS 测量的自动化程度很高，在观测中测量员的主要任务是安装并开关仪器、量取仪器高程和监视仪器的工作状态，而其他观测工作如卫星的捕获、跟踪观测等均由仪器自动完成。

(6) 全天候作业

GPS 观测可在任何地点、任何时间连续地进行，一般不受天气状况的影响。

3. 3. 2. 3　GPS-RTK 在水域面积测量中的作业流程

(1) 基准站的选定原则

数据传输系统由基准站发射台和流动站接收台组成，稳健可靠的数据链是动态初始化的前提。保持高质量的数据传输，可以减少模糊度的计算时间，大大提高工作效率，所以基准站的安置是顺利实施 RTK 作业的关键之一。基准站安置应满足下列条件：

① 基准站设在有精确坐标的已知点上。

② 基准站安置应选择地势较高、无遮挡、电台有良好覆盖域的地方。

(2) RTK 施测步骤

测量水域面积时，基准站安置在选定的点，打开接收机，输入点号、天线高、已知

WGS-84坐标。设置电台的通道和灵敏度，检查电台发射指示灯是否正常。流动站接收机开机后，首先进行系统设置，输入转换参数，选择与基准站电台相匹配的电台频率，检查电台接收指示灯是否正常，检查接收卫星颗数（4颗）。先检测1～2个已知控制点，评定测量精度。如果精度很好，则开始采集水域边界的各界址点坐标。使流动站沿水域边界线走动，在第一个特征点上停留大概1～2min进行初始化，其余特征点上只需停留2～3s即可。沿水域边界线走动一圈即可采集所有界址点的坐标，将所有界址点坐标导入AutoCAD，即可得出该水域边界线及相应面积。

3.3.3 基于遥感技术水域面积测量方法

随着遥感技术的广泛应用，利用遥感影像提取水体信息为水域面积测算研究提供了基础数据。受遥感影像分辨率的限制，此方法对中、小水域面积计算中的精度产生较大影响，但是对于大范围的水域，采用传统方法往往要耗费巨大的人力、物力，而遥感技术有全面、快速、数据量大及更新快的特点，因而遥感技术应用在大范围水域面积的测量中有更大优势。

遥感作为一种以物理手段、数学方法和地学分析为基础的综合性应用技术，具有强大的数据获取能力，在水域面积计算中具有显而易见的优势。遥感观测的大范围、准同步、多时相、高精度特点可快速地获取水域类型及其相关的地面信息，能够有效地克服突发水污染事件调查中可能遇到的各种限制，其独有的时效性可以使之在短时间内对同一地区进行重复探测，实现水域面积的动态监测，实现受污染水域面积的快速实时测量，为有效做出应急处理方案提供依据。

卫星遥感图像记录了地物对电磁波的反射及自身的热辐射信息。由于不同地物的结构、组成及物理、化学性质的差异导致了其波谱特征各不相同，在卫星图像上，各种地物都有一个能使其得到最佳显示的波段。遥感图像以数字方式记录下来，可直接用计算机处理，提高了后期处理的效率。

EOS/MODIS（美国地球观测系统/分辨率成像光谱仪）遥感数据是进行水域面积动态监测的很好的数据源，其波谱信息丰富、时间分辨率高，同时具有较高的空间分辨率。已有的研究结果表明，MODIS数据的波段1是红光区（0.62～0.67μm），波段2是近红外区（0.841～0.876μm）。在波段2波长范围内，植被的反射率明显高于水体的反射率，反映在影像上，水体呈现出暗色调，而土壤植被则相对较亮；而在波段1波长范围内，水体的反射率高于植被的反射率，反映在影像上，土壤植被呈现出暗色调，而水体则相对较亮。因此，在可见光和近红外波段范围内，水体与植被等其他地物的光谱反射率存在差异，这是利用遥感数据进行水体提取和制图的基本原理。

遥感影像水域面积提取和计算可使用ENVI（遥感图像处理，the Environment for Visualizing Images）等遥感影像处理软件，利用这些软件可直接完成图像的增强、提取、更新、计算等，从而求得所需的水域面积。

某水域遥感影像图见图3-6。

3.3.4 面积勘查在水污染事故的应用

天津市某垃圾填埋场发生渗滤液管涌事故，由于垃圾山上长期自然形成不规则的深坑，导致垃圾渗滤液大量进入这些深坑，需要第一时间了解深坑中垃圾渗滤液的水域面积以及深度。分别利用回声测深仪和GPS-RTK技术对水域深度和水域面积进行测量，发现深坑深度

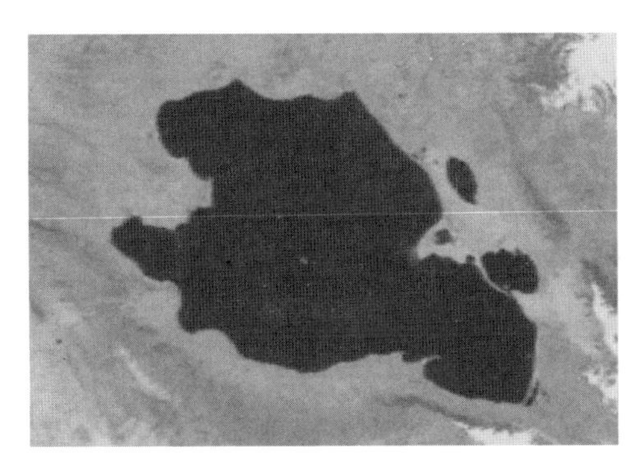
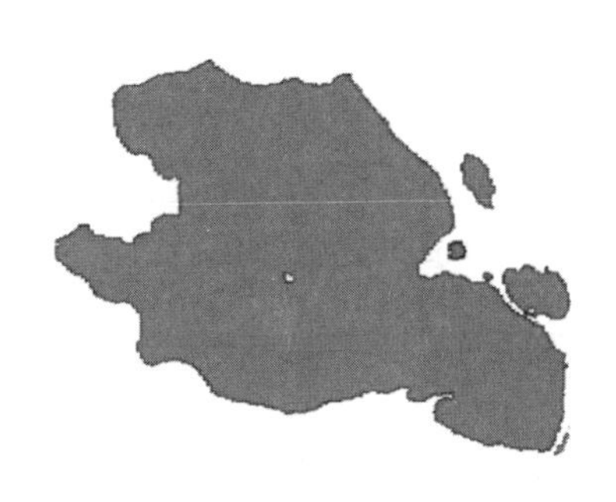

图 3-6　某水域遥感影像图

最大可达 5.5m，水域面积为 $2340m^2$，为后续废水处理装置设计奠定了基础，也为管涌事故的应急响应提供了数据和方向（图 3-7）。

图 3-7　天津市某垃圾填埋场应急现场

3.4　受污染水域底泥的勘查

3.4.1　水下底泥测量

（1）钻探法测量底泥厚度

钻探法测量底泥厚度的方法主要有钻孔取样法和静力触探法。钻孔取样法是使用钻机单点采集柱状底泥样本，用环刀法测定柱状样本中各分层底泥的天然密度，并量取各分层底泥的厚度。钻孔取样对底泥的扰动不可避免，浮泥和流泥样本无法采集，只能凭肉眼或经验估算该部分的厚度，这样就人为增加了测量误差，并且对各分层底泥没有定量的指标来衡量。另外钻孔取样法对于面积大、精度要求高的区域并不实用，因为它工作量大、成本高，而且效率极低。静力触探法是使用专用测杆进行测量，原理是通过单点测定底泥层对测杆的比贯入阻力计算底泥的承载力，从而确定底泥厚度。更为简单的做法是采用测杆两次读数确定底泥的厚度，即当测杆触及底泥表面时读取一个深度，用力将测杆往下，当达到一定阻力，测量人员判断测杆已经触及底泥的下表面时再读取一个深度，两个深度之差即为所需要的底泥厚度。使用这种方法进行测量时，测杆的形状大小、测杆所承受力的大小都将直接影响测量的精度，同时静力触探法无法测定底泥的绝对密度，也无法查明浮泥和流泥的分布。通过对上面两种钻探测量法的分析，可以看出钻探测量法存在以下缺点：

①工作强度大；②效率低；③系统误差和偶然误差大；④无法使定位和测深同步进行。所以钻探测量法只适合受污染区域的勘查阶段粗测，如果要对底泥进行精确计量，必须使用专业的测量仪器。

（2）多普勒双频超声波测量底泥厚度

多普勒双频超声波测量法是目前应用最多的一种底泥厚度测量方法，主要是通过双频回声测深仪进行水下底泥厚度测量，通过发射的超声波短脉冲从发射至到达水底并返回的时间，将往返时间的一半乘以平均声速，就得到换能器到所在水底的水深。低频声信号比高频声信号更容易穿透柔软的水底沉积物，即在水底沉积物所在的地方，同一位置所获得的低频回声测深值（h_{LF}）和高频回声测深值（h_{HF}）是不一样的。在柔软和坚硬的沉积物的界面处存在较大的声阻抗差异，声波在低声阻抗的物质（如水）和高声阻抗的物质（如沉积物）的界面处产生反射，不同频率的声波在不同的界面处产生反射，高频声信号在较为柔软的界面产生反射，因此低频声信号比高频声信号穿透得更深。这时，低频回声测得的水深比高频回声测得的水深要深，所以可用低频回声测深值和高频回声测深值的差值 $dh=h_{LF}-h_{HF}$ 来测量水底沉积物的厚度。双频回声测深仪常用高频通道探测较浅的界面，用低频通道探测较深的界面。双频回声测深仪的测深结果能够提供更有用的关于水底地形和沉积物的信息，较其他方法更高效快捷，但无法测定底泥的绝对密度值，只能测定水底和某一硬底层间的厚度。

（3）放射线探测法测量底泥密度

放射线探测法是根据放射线的放射衰减比率来测定底泥的密度。它通过单点测量底泥的密度，测定精度较高，但工作效率低，且对人员和被测区域环境有潜在的放射性危害，所以在测量领域应用较少。

（4）声波密度探测法测量底泥密度

声波密度探测法的原理为声波遇到不同密度的介质反射强度不同，在不同密度介质中的振幅也不相同，因此向水下发射一束声波，该声波遇到不同密度介质后开始反射，其中有一部分声波将穿透水底后反射回来，反射回来的信号强度取决于水底底泥层的密度变化，这种变化被定义为“密度梯度”。若把声波的反射信号强度和密度梯度之间的关系通过实验确定下来（即每一次反射都是由密度梯度变化引起的），就可以对密度梯度进行定量化处理。如果利用标定过的声源信号来记录反射信号的强度，则可以高精度地测定密度梯度，根据标定过的信号在介质中的振幅就可以确定介质的密度，有了这两个参数就可以连续测定水下底泥层的密度。通过探头采集低频声波在介质中的反射数据，根据低频振荡数据及标定的密度梯度划分特定密度层形成（X，Y，Z）三维数据。如图 3-8 所示，声波遇到不同密度的底泥，

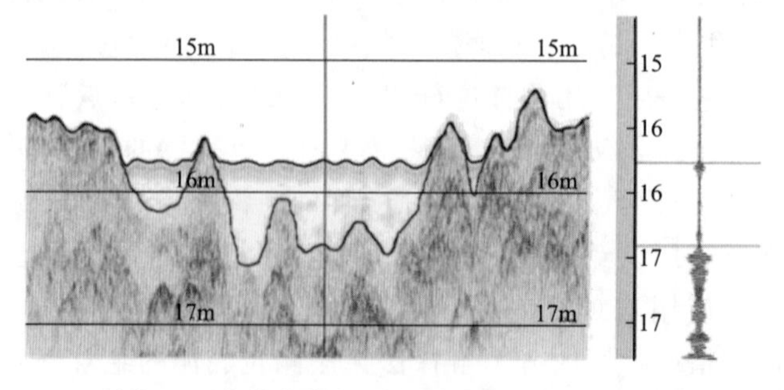

图 3-8　声波密度探测法测量底泥密度示意图

图形显示出明显的分界线，表现在数据上为同一位置（X，Y）对应不同的Z值。使用声波密度探测法测量底泥密度，在测量前必须进行标定实验，如果更换测量区域，则必须重新进行标定实验。

3.4.2 水下地形测量

水下地形测量采用横断面法，断面方向大致与水边线垂直。断面间距符合规范要求，断面基点按测站精度施测。测量断面时，全站仪指挥测船始终保持在断面线上，测距仪测距的同时在测船上量测水深。测点间距符合规范要求，遇地形变化处适当加密测点，点距合理可以避免遗漏。通过使用GPS（美国Trimble5700）、双频回声测深仪（美国DF-3200MK Ⅱ型），配置水下地形测量软件（Hypack8.1），数据采样间隔1s，采用实时差分动态测量方式施测。参考台选在测区内视野开阔的已知控制点上，流动台安置在测船上，二者用数据链通信。测点周围障碍物的高度视角小于15°，并始终能保障跟踪到7颗以上的卫星，PDOP（位置精度衰减因子，Position Dilution of Precision）值小于3。断面间距按规范（1∶500比例尺）规定设置计划线，水下转弯处则适当调整计划线与水流方向夹角。测量过程中偶有卫星失锁现象出现，则减速或停船等待信号恢复后重新测量。

其中DF-3200MK Ⅱ智能型双频回声测深仪为美国ODOM公司生产，窄、宽2种波束集中于一换能器同步作业，采用200000Hz 7.5°窄波束与24000Hz 25°宽波束，2种回波记录在模拟记录面所产生的灰度梯度有明显差异。宽波束记录扫描轨迹呈深色，窄波束记录扫描运动轨迹呈浅灰色，可用于水下泥沙淤积程度的测量。窄、宽波束记录水深以及色度深浅（装有高分辨率的薄膜热敏打印头，可以实现16灰阶的打印效果）以反映泥沙淤积的程度。

水深测量每完成一个断面，均校对计算机与回声仪点数，随时检查回声仪的各项参数，按要求对测前、测中、测后进行比测并做好记录。

横断面法测得某区域水下地形图如图3-9所示。

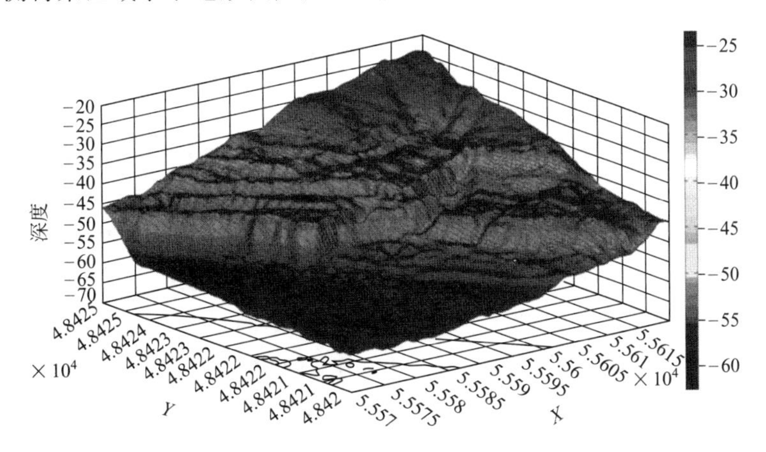

图3-9 横断面法测得某区域水下地形图

3.4.3 基于TIN结构的底泥量计算

基于TIN（不规则三角形格网，Triangle Irregulation Network）结构的DTM（数字地面模型，Digital Terrain Model）是利用地面离散的高程点通过一定的算法连接成空间三角网结构的数字地面模型，此过程包括：建立 TIN 过程，建立 TIN 的原始数据为地面高程点的三维坐标，联三角网，生成三角网结构 DTM。

与断面法等其他体积计算方法相比，基于 TIN 的体积计算方法概括误差最小，计算精度最高，其体积精度与测点精度和测点密度有关。使用的软件为基于微型工作站的美国专业商用软件 Sitework。根据双频测深仪的测深值、水位及 GPS 的平面定位数据，可生成水下底泥表层测点文件，导入 Sitework 软件中，然后 TIN 建模，可计算面积、水位与体积。

依据底泥表面及底泥底面的观测数据，可以构造出底泥表面和底面的 TIN 模型，底泥表面和底面之间的体积即为底泥量。

3.4.4 底泥勘查在水污染事故的应用

河北省某地区涉及工业纳污坑塘共计 23 处，坑塘主要受到当地皮革泡制排污水和周边生活污水污染，以重金属和有机物污染为主（污水中 COD_{Cr} 400～4000mg/L，氨氮 15～200mg/L，底泥中总铬 710～30000mg/kg，个别坑塘底泥还存在总铬与挥发性有机物的复合污染），污染程度不一，通过对水域面积和底泥量的勘查，发现地表水约 $70.7\times10^4m^3$，底泥约 $61\times10^4m^3$。应急工程采用“原位加药预处理＋撬装式模块设备深度处理”的技术路线，对污染地表水和底泥进行同步达标治理，处理出水中污染物指标满足地表Ⅴ类水质标准，污染底泥经固化稳定化后安全填埋。纳污坑塘现场及底泥厚度分布如图 3-10 所示。

图 3-10　河北省某纳污坑塘现场及底泥厚度分布图

3.5　受污染水域周边状况的勘查

一般情况下，由于爆炸等原因发生较为严重水污染的地区，周边地形地貌往往较为复杂，使得人力调查难以开展。而无人机的机动操作，在遮挡相对较少的云层下飞行具有巨大优势，给应急救灾的前期拟定整体方案阶段带来了极大帮助。应急的具体含义有多种层次，其中就包括采取措施及时阻止人力、物资的损失以及侵害规模和范围的扩大，疏导灾害发生地区的应对工作，为后期的赈灾和重建打下基础等。这一切的前期设计均建立在拥有灾害现场第一手准确、全面、详尽的资料的基础上，这些资料包括起因，发生状况，波及规模和范围，受灾的人员和物资，灾区和非灾区之间通道的数目和畅通质量，以及可能存在的隐患，涉及灾害再次发生的可能点。无人机倾斜摄影有模型要求低、数据收集快速的特性，能很好地满足这一应急救灾的需求。

3.5.1　倾斜摄影的应用流程

（1）勘查并收集影像信息

一旦发现应急灾害，需要对所要采集的信息有明确的要求和预设的飞行采集路线的设计。为了应对快速获取信息的需求，无人机倾斜摄影模型的组成中，可以采用自动拼接的图像处理手段。如图 3-11 所示，无人机倾斜摄影测量的工作原理主要是通过在无人机上安装数码相机，以实现无人机垂直与倾斜方向的数据采集工作。通常情况下，在无人机上需要安装包括下视相机、前视相机、后视相机、左视相机、右视相机 5 个相机镜头。下视相机为垂直摄影，前视相机、后视相机、左视相机和右视相机都为倾斜摄影，倾斜角度在 15°～45°。通过同时从垂直、倾斜等多个不同角度采集影像，相机之间通过时间同步装置进行成像时间精确对准；通过姿态测量装置获取影像姿态和位置参数；由计算机控制系统负责对以上部件进行数据采集控制，发送同源触发信号启动多台面阵相机，实现同步数据采集，由数据存储装置负责数据的存储维护，通过后续处理运算，可以生成符合人眼视觉的真实三维直观数据模型。

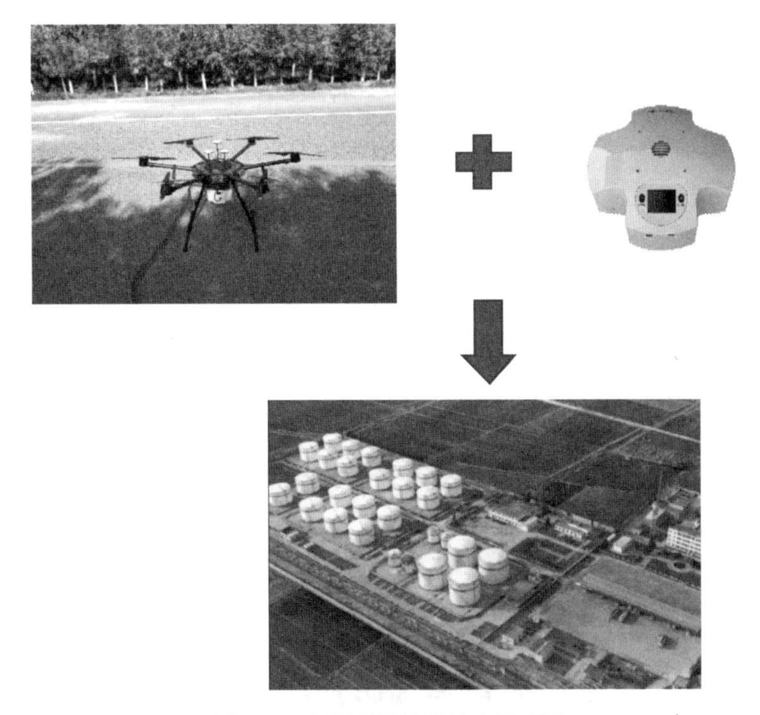

图 3-11　倾斜摄影测量技术原理图

（2）数据的处理

所收集到的数据多为图像数据，因此对图像的处理极为重要，其中涉及的问题和关注点主要包括：从最初得到的影像产生的问题，如在不同镜头下图像依靠重叠交集加以拼接时，涉及图像几何变形的探究；然后在构建三维空间模型时，三维各角度的图像重叠、拼接、重组和结构中，产生的几何误差校正，正射精校正问题；以及在完成处理之后得到的处理结果，必须经过三维的可视化结果输出；等等。无人机倾斜摄影测量数据的处理，需要很好地处理倾斜摄影数据，而传统的空中三角测量软件又无法很好地处理倾斜摄影数据，因此无人机倾斜摄影测量数据处理需要解决 4 大关键技术：多视影像的联合平差、多视影像的密集匹配、数字表面模型（DSM）和真正射影像（TDOM）纠正。

（3）数据的提取与分析

采集到的只是全面的、所有的信息。一开始的收集过程中，拍摄机器无法代替我们做出思考，哪些信息、哪些重点是我们所要关注、用以分析对策的关键部分。因此，在收集和处理之后，必须进行目标信息的提取和分析。多视影像密集匹配技术可以准确地将目标物的模型构建出来，但是应用该技术时，在测量过程中或多或少都会出现一定的误差，还有可能出现阴影等问题，给测量和建模带来一定的影响。解决这些问题需要利用自动空三软件计算出来的影像外方位元素，对匹配单元进行分析和选择，引入算法进行计算，从而提升计算效率。而且获取的大量数据并不能直接应用，还需要进行滤波处理，才能确保最终数据的统一性。多视影像技术包含大量的多角度影像，有数据密集和计算密集两大典型特点，主要是对被测物体所在区域的地理形态等数据进行提取，然后利用影像分割等手段对语义信息进行提取，同时对这些信息进行综合考虑与处理，制定完善的策略，最后进行整体均光处理，得到所需的数字表面模型。

3.5.2 倾斜摄影的显著优势

应急现场对时间和精度的要求相对较高，采用传统测绘方式生产数据周期长、效率低，难以满足需要。倾斜摄影测量技术相对于传统工艺优势明显，主要表现在以下几个方面。

① 倾斜摄影多镜头、多角度的测量方式，弥补了无人机垂直摄影测量往往只能获得地物俯视图像、旁向无重叠区域受投影差影响大、地物遮挡部位信息难获取的不足。

② 通过倾斜摄影测量方式获取的影像及地物模型能够比较真实地反映地物实际情况，通过使用相关配套软件，倾斜摄影测量也可实现单张影像的多种测量方法，弥补了单一正射影像图在应用中的不足。

③ 在利用无人机进行倾斜摄影测量作业时，获取的倾斜摄影数据是最基本的技术数据，从中可以直接提取各种辅助数据，包括数字高程模型、数字地面模型、数字正射影像模型等数据。

④ 无人机倾斜摄影测量搭载的传感器通常为高清摄像头，加上低空飞行，采集的影像数据分辨率较高，视觉感可与现地基本一致。

⑤ 随着配套软件不断更新升级，内业自动化程度也越来越高，只需设置少量参数就可完成数据处理。这种高度的自动化使其在应急处理中的广泛应用成为可能。

3.6 应急样品的采集与保存

应根据突发环境事件应急监测预案初步制定有关采样计划，包括布点原则、采样方法、采样器材、安全防护设备等，必要时，根据事故现场具体情况制定更详细的采样计划。水样采集和保存的主要原则是：①水样必须具有足够的代表性；②水样必须不受任何意外的污染。水样的代表性是指样品中各种组分的含量都应符合被测水体的真实情况。为得到具有真实代表性的水样就必须选择恰当的采样位置、合理的采样时间和先进的采样技术。

3.6.1 布点原则

应急监测通常采集瞬时样品，采样人员到达污染事故现场后，应根据事故发生地的具体情况，迅速划定采样、控制区域，确定采样断面（点），按照布点方法进行布点。采样断面（点）的设置，应以掌握污染发生地点状况、反映事故发生区域环境的污染程度和污染范围为目的。一般以事故发生地点及其附近范围为主，同时必须注重人群和生活环境，考虑对饮用水水源地、居民住宅区空气、农田土壤等区域的影响，合理设置参照点。对被事故所污染的地表水、地下水、大气和土壤均应设置对照断面（点）、控制断面（点），对地表水和地下水还应设置削减断面，尽可能以最少的断面（点）获取足够的有代表性的所需信息，同时需考虑采样的可行性。

对受污染区域附近水体布点，根据水体受污染情况和水体性质确定水体的采样频次。在选择水体采样模式时，根据不同的水域选择不同的检测采样模式。例如对受环境污染事故影响的河流水域进行检测时，既要对受污染区域的水体进行采样，也需要对河流的下游进行布点采样，甚至对河流的上游也需要进行水体采样，然后对检测的结果进行比照，评价水体受污染情况。如果污染事故发生在水库等区域，水样采集时要沿水流方向或者围绕事故发生地呈圆形进行，水样采集保持一定的间隔性，并做好对照水样的采集。

应急采样应根据污染现场的具体情况和污染区域的特性进行布点。对于固定污染源和流动污染源的勘查布点，应根据现场的具体情况，在产生污染物的不同工况（部位）下或不同容器内分别布设采样点。对地表水的采样点位以事故发生地为主，根据水流方向、扩散速度（或流速）和现场具体情况（如地形地貌等）进行布点采样，同时应测定流量。采样器具应洁净并应避免交叉污染，可采集平行双样，一份供现场快速测定，另一份现场加入保护剂，尽快送至实验室分析。若需要，可同时采集事故地的沉积物样品（密封入广口瓶中）。

对江、河的勘查应在事故发生地的下游布设若干点位，同时在上游一定距离处布设对照断面（点）。如江、河水流的流速很小或基本静止，可根据污染物的特性在不同水层采样；在事故影响区域内饮用水和农灌区取水口必须设置采样断面（点）。根据污染物的特性，必要时应对水体同时布设沉积物采样断面（点）。当采样断面水宽$<10m$时，在主流中心采样；当断面水宽$>10m$时，在左、中、右三点采样后混合。

对湖（库）的勘查应在事故发生地、以事故发生地为中心的水流方向的出水口处，按一定间隔的扇形或圆形布点，并根据污染物的特性在不同水层采样，多点样品可混合成一个样。同时根据水流流向，在其上游适当距离布设对照断面（点）；必要时，在湖（库）出水口和饮用水取水口处设置采样断面（点）。

在沿海和海上布设勘查点位时，应考虑海域位置的特点、地形、水文条件和风向及其他自然条件，多点采样后可混合成一个样。

对地下水的勘查应以事故发生地为中心，根据本地区地下水流向采用网格法或辐射法在周围一定范围内布设监测井采样，同时视地下水主要补给来源，在垂直于地下水流的上游方向，设置对照监测井采样；在以地下水为饮用水水源的取水处必须设置采样点。采样应避开井壁，采样瓶匀速沉入水中，使整个垂直断面的各层水样进入采样瓶。若用泵或直接从取水管采集水样时，应先排尽管内的积水后采集水样，同时要在事故发生地的上游采集一个对照样品。

3.6.2 样品的采集设备与采样量

采样器材主要是指采样器和样品容器，常见的器材材质及洗涤要求可参照相应的水、大气和土壤监测技术规范，有条件的应专门配备一套用于应急监测的采样设备。采集环境水样的传统方法主要是基于人工，借助交通工具如船只等到达指定采样地点，人工将采样瓶下放至规定水深以采集水样。该方法耗时长，受人工因素影响大，工作效率低，而且容易发生危险。

近年来，智能采样技术有所发展，其中应用较为广泛的是无人驾驶飞机技术（简称无人机技术，UAV）和无人船技术。无人机和无人船不需要考虑人的生理状况、承受能力、工作时间等因素，在各种复杂地形、地势条件下均可以执行任务，具有易于起降、操作简单、机动灵活等优点。将搭载环境水体自动采样装置的无人机和无人船应用于日常环境水体监测或环境卫生应急监测工作，可以降低采样成本，提高采样准确度，解放人力，实现智能化采样。

与传统采样方式相比，无人机水质采样的优势十分显著。一是定深采样。无人机配合自带专用的采水器，可实现水下0～4m水深处任意点位的采样，满足不同采样项目的具体需求。二是采样不再受地理条件的限制，在偏远和恶劣环境下依然可以采样。三是无人机搭载高清相机，可对采样点周边环境进行全景总览，有利于把握断面具体环境。

在水质采样方面，由于固定翼无人机无法悬停，一般采用多旋翼无人机进行采水作业，水环境采样装置载荷搭载，目前主要分为有机玻璃桶采水和泵吸式采水两种，见图3-12。按照无人机载荷3.5kg可飞行20min，假设水样采集过程中由于风力或采集水流影响产生30°偏差夹角计算：有机玻璃桶采水载荷，空载为2kg携带1.5L有机玻璃桶采样，满载为3.5kg，其中桶+样品水质量为1.5kg（重力$G_1=mg=14.7N$），$F_1=G_1\times\tan30°=8.49N$；采用泵吸式采水载荷，潜水泵质量为0.28kg（重力$G_2=mg=2.7N$），$F_2=G_2\times\tan30°=1.56N$。根据牛顿第三定律，采用泵吸式采水载荷对无人机稳定性影响较小，但会对样品有扰动，对溶解氧、浊度、悬浮物指标有一定影响。从采样规范性来看，有机玻璃桶采水优于泵吸式采水。无人机水质采样方式比较见表3-1。

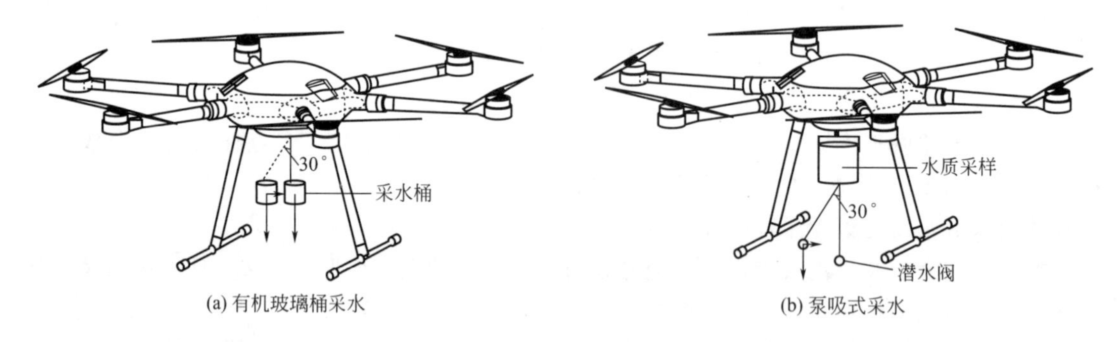

图3-12　无人机采水作业示意图

表3-1　无人机水质采样方式比较

项目	有机玻璃桶采水	泵吸式采水
优势	水质采样规范	快速采样，易于操作
劣势	水质采样桶悬挂，对无人机平稳飞行要求较高；采样过程中，遇水草悬挂，风险较大	样品有扰动，对溶解氧、浊度、悬浮物指标有一定影响
应用范围	河面悬浮物较少、风力较小的水面	快速采样

无人船除了能够像无人机实现取水功能外，还能够对受污染水域的底泥进行取样。底泥采样功能是由两直流伺服电机带动绳索起降实现的，即控制支持绳索升降的主伺服电机以及

控制开闭绳索升降的副伺服电机。伺服电机通过联轴器与传动轴相连，受控于控制主板，绳索缠绕于传动轴上。无人船抵达采样地，控制主板首先指令主、副伺服电机同时转动，使抓斗到达预定深度；然后指令副伺服电机反转使抓斗闭合，完成挖泥工作；再指令主、副伺服电机反转恢复至原位；最后驱动曲柄机构运动，将通过轴销与连杆连接的接泥容器移动到抓斗下，抓斗张开，底泥进入接泥容器，完成一次底泥采样。

采样量要根据突发事件发生后环境受污染的情况进行确定，前提是要满足分析需要。一般情况下，如果供单项分析，可取 500～1000mL 的水样量；如果供一般理化全分析用，一般不得少于 3L；如果被监测物的浓度很小，需要进行预先浓缩时，采样量应做相应的增加。对水样体积的特殊要求，通常会在分析方法中给出。这里要指出几点：①当水样应避免与空气接触时（如测定溶解气体、低缓冲能力水样的 pH 值或电导率），采样器和盛水器都应完全充满，不留气泡。②当水样在分析前需要猛力摇荡时（如测定油类、不溶解物质），则不应完全充满。③当被测物的浓度小而且是以不连续的物质形态存在时（如不溶解物质、细菌、藻类等），应从统计学的角度考虑一定体积内可能的质点数目从而确定最小采样体积。例如，假使水中所含的某种质点为 10 个/L，但每 100mL 水样里所含的却不一定都是 1 个，有的可能含有 2 个、3 个，而有的 1 个也没有。采样量越大，所含质点数目的变化就越小。同样，在为测定底栖生物而考虑底质的采样面积时也应注意这一点。④如果有必要将采集的水样总体分装于几个盛水器内，应考虑到各盛水器内水样之间的均匀性和稳定性。⑤工业废水成分复杂，干扰物质较多，有时需要改变分析方法或做重复测定，故应考虑适当多取水样，留有余量。

3.6.3　应急样品的采集

根据前述采样布点的原则确定采样点后，在着手采样时，首先要选择好具体的采样位置。要避免周围环境对采样器或采样装置进水口的污染，包括采样者手指污染的可能性也要防止。采样前，特别是采集自来水或具有抽水设备的井水时，应让水放流数分钟，以冲去水管或采样装置管线中积留的杂质。采样期间的水流速度应保持恒定，必要时可将一部分水从采样器或采样管旁侧流走。采样时通常还应先用所取的水样将盛水器（水样瓶）洗涤 2～3 次，然后再将水样灌进容器。不过，当水样含有可能会被容器壁吸附的被测物质时，如固体、金属、油脂等，就应该用十分清洁和无水干燥的盛水器，一次灌进。水样灌好后，还应防止瓶塞和瓶盖对水样的污染。

应首先采集污染源样品，注意采样的代表性。监测开始时，污染物浓度在进入水体向周边扩散、稀释和沉降后不断降低，从突发事件发生到水体的恢复这段时间里，需要对水体污染的程度、污染范围和污染物浓度变化情况进行连续监测采样。当突发事件发生后，废水以水渠形式排放到公共区域时，可以设定相应的堰，用采集容器或长柄采水勺将堰中的溢流水样直接采集，对排污管道或者渠道中的污水进行采样时，可以对液体流动部位进行直接采样。此外，还需要对受污染区域的深层水样进行采集，应使用专用的深层采样器采集。

具体采样方法及采样量可参照如下规范：《地表水自动监测技术规范（试行）》（HJ 915—2017）、《污水监测技术规范》（HJ 91.1—2019）、《地下水环境监测技术规范》（HJ/T 164—2004）、《环境空气质量手工监测技术规范》（HJ 194—2017）、《环境空气气态污染物（SO_2、NO_2、O_3、CO）连续自动监测系统安装验收技术规范》（HJ 193—2013）、《环境空气气态污染物（SO_2、NO_2、O_3、CO）连续自动监测系统运行和质控技术规范》（HJ

818—2018)、《环境空气颗粒物（PM_{10}和$PM_{2.5}$）连续自动监测系统运行和质控技术规范》(HJ 817—2018)、《环境空气颗粒物（PM_{10}和$PM_{2.5}$）连续自动监测系统安装和验收技术规范》(HJ 655—2013)、《大气污染物无组织排放监测技术导则》(HJ/T 55—2000)、《土壤环境监测技术规范》(HJ/T 166—2004) 等。

同时水样采集要注意以下事项：①当采集到的样品需要分装时，需对水样冲洗多次（一般为三次）后再进行采样，涮洗所用的水样直接弃去，但采油的容器不能冲洗。②浊度、悬浮物等测定用水样，在采集后，应尽快从采样器中放出样品，在装瓶的同时摇动采样器，防止悬浮物在采样器内沉降。一些非代表性的杂物，如树叶、杆状物等，应从样品中除去。采样时要防止采样现场大气中降尘带来的污染。③采样时应避免剧烈搅动水体，任何时候都要避免搅动底质。④用于测定生化需氧量、pH 值等项目的水样，采样时必须充满样品瓶，避免残留空气对测定项目的干扰。⑤在样品分装和添加保存剂时，应防止操作现场环境可能对样品的沾污，尤其测定微生物的样品，应预防样品瓶塞（或盖）受沾污。⑥根据污染物特性（密度、挥发性、溶解度等)，决定是否进行分层采样。⑦根据污染物特性（有机物、无机物等)，选用不同材质的容器存放样品。

采集样品后，应将样品容器盖紧、密封，贴好样品标签。采样结束后，应核对采样计划、采样记录与样品，如有错误或漏采，应立即重采或补采。事故应急处理完成后，泄漏的污染物在周围环境中仍会持续存在，因此应对事故影响区域进行连续跟踪采样，直至环境恢复正常或达标。

进入突发环境事件现场的应急采样人员，必须注意自身的安全防护。对事故现场不熟悉、不能确认现场安全或不按规定佩戴必需的防护设备（如防护服、防毒呼吸器等)，未经现场指挥/警戒人员许可，不应进入事故现场进行采样。针对不同监测地点应根据自身实际情况，准备好所有安全防护措施，如现场测定装置、防护用品和应急药品。应急采样，至少二人同行；进入事故现场进行采样，应经现场指挥/警戒人员许可，在确认安全的情况下，按规定佩戴必需的防护设备（如防护服、防毒呼吸器等)；进入易燃易爆事故现场的应急采样车辆应有防火、防爆安全装置，应使用防爆的现场应急采样仪器设备（包括附件如电源等）进行现场采样；进入水体或登高采样，应穿戴救生衣或佩戴防护安全带（绳)。

现场采样人员常用的安全防护设备有：

① 测爆仪，一氧化碳、硫化氢、氯化氢、氯气、氨等现场测定仪等。

② 防护服、防护手套、胶靴等防酸碱、防有机物渗透的各类防护用品。

③ 各类防毒面具、防毒呼吸器（带氧气呼吸器）及常用的解毒药品。

④ 防爆应急灯、醒目安全帽、带明显标志的小背心（色彩鲜艳且有荧光反射物)、救生衣、防护安全带（绳)、呼救器等。

3.6.4 应急样品的保存

水样采集后如果保存不当，常常产生各种变化，从而影响水样的真实情况。从引发水样变化的因素来看，引发的水样变化主要有：①物理因素，如挥发或吸附作用，使得水样中的二氧化碳挥发引起的 pH 值、总硬度以及酸碱度发生变化；②化学因素，如化合、水解、氧化还原反应等导致的水样组成发生变化；③生物因素，由于细菌等微生物的新陈代谢使得水样中的有机物浓度和溶解氧浓度降低；等等。

为了保证采集水样的稳定性，通常采用的保存方法主要有：①冷藏法。水样的冷藏温度一般要低于采样时的温度，因此，水样采集后要立即放入冰箱等容器中贮藏，冷藏的温度一般在 2～5℃之间，冷藏不宜长期保存水样。②添加保护剂法。为了防止水样采集后样品中的一些被测成分在保存或者运输过程中发生分解、挥发以及氧化等变化，常常需要添加适当的保护剂。例如在测定氨氮、化学需氧量时需要在水样中添加一定剂量的 $HgCl_2$，以抑制样品中的生物氧化还原作用；在测定氰化物或者挥发性酚的水样中加入 NaOH，将样品的 pH 值调至 12 左右，可以使其生成稳定的盐类；等等。

3.6.5　应急样品的管理

对于无法进行现场监测的项目，在采集样品后应采用合理的保存方法，从速送往实验室进行分析测定，整个过程中应注意加强对样品的管理工作。样品管理的目的是保证样品的采集、保存、运输、接收、分析、处置工作有序进行，确保样品在传递过程中始终处于受控状态。

样品应以一定的方法进行分类，如可按环境要素或其他方法进行分类，并在样品标签和现场采样记录单上记录相应的唯一性标志。样品标志至少应包含样品编号、采样地点、监测项目（如可能）、采样时间、采样人等信息。对有毒有害、易燃易爆样品特别是污染源样品应用特别标志（如图案、文字）加以注明。

除现场测定项目外，对需送实验室进行分析的样品，应选择合适的存放容器和样品保存方法进行存放和保存。根据不同样品的性状和监测项目，选择合适的容器存放样品。选择合适的样品保存剂和保存条件等样品保存方法，尽量避免样品在保存和运输过程中发生变化。对易燃易爆及有毒有害的应急样品，必须分类存放，保证安全。对需送实验室进行分析的样品，立即送实验室进行分析，尽可能缩短运输时间，避免样品在保存和运输过程中发生变化。对易挥发的化合物或高温不稳定的化合物，注意降温保存运输，在条件允许情况下可用车载冰箱或机制冰块降温保存，还可采用食用冰或大量深井水（湖水）、冰凉泉水等临时降温措施。

样品运输前应将样品容器内、外盖（塞）盖（塞）紧。装箱时应用泡沫塑料等分隔，以防样品破损和倒翻。每个样品箱内应有相应的样品采样记录单或送样清单，应有专门人员运送样品，如非采样人员运送样品，则采样人员和运送样品人员之间应有样品交接记录。样品交实验室时，双方应有交接手续，双方核对样品编号、样品名称、样品性状、样品数量、保存剂加入情况、采样日期、送样日期等信息，确认无误后在送样单或接样单上签字。对有毒有害、易燃易爆或性状不明的应急监测样品，特别是污染源样品，送样人员在送实验室时应告知接样人员或实验室人员样品的危险性，接样人员同时向实验室人员说明样品的危险性，实验室分析人员在分析时应注意安全。

对应急监测样品，即便实验室分析完成，也应保留一定量的样品，直至事故处理完毕，以便对监测结果进行核查。事故处理完毕后，对含有剧毒或大量有毒、有害化合物的样品，特别是污染源样品，不应随意处置，应作无害化处理或送有资质的处理单位进行无害化处理。

参　考　文　献

[1]　赵剑，沈金荣，惠杰，等．淤泥采样无人船的设计与实现［J］．机械设计与制造工程，2017，46（6）：62-66.

[2]　曲茉莉，王强，邢洁，等．新型应急技术在突发环境污染中的应用［J］．科技创新导报，2015（14）：93-94.

[3] 董杰，张亚杰，董妍．水域面积测量方法的分析探讨［J］．科协论坛：下半月，2010（8）：101-102.
[4] 王毅．水下地形与淤泥厚度测量［J］．测绘与空间地理信息，2006，29（3）：110-113.
[5] 顾广杰，张坤鹏，刘志超，等．浅谈无人机倾斜摄影测量技术标准［J］．测绘通报，2017（S1）：216-219.
[6] 蔡文兰．无人船水下测量技术的应用研究［D］．南昌：南昌工程学院，2019.
[7] 杜文弓．浅谈水环境监测用水上无人机的技术特点及设计要求［J］．河北农机，2018（9）：67.
[8] 环境保护部．突发环境事件应急监测技术规范［J］．油气田环境保护，2011（2）：53-59.

第4章　综合指标和无机污染物现场快速监测技术

4.1　概　　述

4.1.1　综合指标和无机污染物

水中综合指标和无机污染物指标是反映水环境污染事故现场水质受污染状况的重要指标，是水质监测、评价以及污染治理的主要依据，主要包括理化指标、无机阴离子、营养盐及有机污染综合指标和金属及其化合物。理化指标主要是指水温、色度、浊度、透明度、pH、电导率、氧化还原电位、酸碱度等。无机阴离子主要是指硫化物、氰化物、硫酸盐、游离氯、总氯、氯化物和氟化物等。营养盐及有机污染综合指标是指溶解氧、化学需氧量、生化需氧量、总有机碳、总磷、总氮、硝酸盐氮、亚硝酸盐氮和氨氮等。金属及其化合物在第6章中详细介绍。

4.1.2　综合指标和无机污染物现场快速监测技术的类型

根据监测技术的原理和形式不同，环境分析专家们将其分为感官检测法、动物检测法、植物检测法、试纸法、检测管法、滴定法或反滴定法、化学比色法、便携式仪器分析法以及车载实验室法等，而目前突发水污染事故的综合指标和无机污染物（金属类除外）现场快速监测常用的技术主要有以下几种。

（1）试纸技术

快速检测试纸技术是将化学反应从试管中转移到试纸上。检测时，选用对污染物有选择性反应的分析试纸，试纸通过自然扩散、抽气通过、将被测物滴在纸片上或纸片插入溶液中等方式与被测物质接触，发生化学反应，通过将试纸颜色的变化与标准比色卡比较，进行目视比色，确定被测污染物的浓度范围。与一般仪器法相比，具有检测速度快、操作简单、携带方便、价格低等优点。

（2）检测管技术

检测管的种类形式多样，但基本原理大致相同，即在一个固定有限长度、内径的玻璃管或聚乙烯管内，装填一定量的检测剂（即指示粉），用塞料加以固定，再将管的两端密封加工而成。检测剂是某些能吸附在固体载体颗粒表面上并与待测物质发生化学反应产生颜色变化的一种物质，化学试剂的选择和其在载体上的浓度比决定了检测管的物质成分和量程范围。

（3）试剂盒技术

试剂盒技术是基于待测物与某种特定试剂进行化学或生物反应，并可通过颜色变化表现反应程度，通过目视比色或辅助仪器比色、滴定等方法即可获得待测物质的浓度。试剂盒具有便于保存和携带、操作方便、装备及使用成本低廉等特点，应用前景广泛。

（4）便携式紫外-可见分光光度技术

便携式紫外-可见分光光度技术是目前环境污染监测中应用较为广泛的便携式仪器现场快速监测技术之一，主要是利用便携式紫外-可见分光光度计并根据吸收光谱上的某些特征波长处吸光度的高低来判别或测定该物质含量。由于具有仪器体积较小、质量较轻、携带方便、操作简单等特点，是应急监测经常用到的一种方法。

（5）便携式电化学技术

便携式电化学技术是利用污染物在电极表面发生电化学反应，再通过特定的换能器将这种感知信息转化成可识别的，且与目标物质浓度变化成比例的电信号被识别，从而达到定性或定量分析检测目标物质的目的。该技术具有灵敏度高、应用范围广、准确度高、仪器便携、信号处理简单等特点，主要包括离子选择电极检测技术和电化学生物传感器技术等。

（6）便携式离子色谱技术

便携式离子色谱技术是在实验室离子色谱技术基础上发展起来的检测技术。其原理与实验室离子色谱技术相同，也是利用离子交换原理，连续对多种阴离子进行定性和定量分析。该技术将离子色谱仪的泵、检测器、柱箱等集成化、小型化，最终形成便携式离子色谱仪。目前，F^-、Cl^-、Br^-、NO_2^-、NO_3^-、PO_4^{3-}、SO_3^{2-}、SO_4^{2-}等多种水溶性阴离子都可以采用便携式离子色谱技术进行现场快速监测。

4.1.3 综合指标和无机污染物现场快速监测技术的选择

目前，水质污染物的现场快速监测分析技术种类日益增多，且各有特点，具体见表4-1。需要指出的是，虽然在应对突发水环境污染事故时，有更多的现场快速监测技术可供选择，但还没有一种技术可以独自准确、快速且便捷地解决环境中所有现场应急监测问题，因此，在选择仪器时必须综合考虑各种因素对分析结果的影响。

表 4-1 综合指标和无机污染物（金属类除外）现场快速监测分析技术的选择

综合指标和无机污染物名称	监测技术
pH	检测试纸法
	便携式 pH 计法
	便携式多参数测定仪法
溶解氧	便携式溶解氧仪法
	便携式多参数测定仪法
氧化还原电位	便携式氧化还原电位仪法
	便携式多参数测定仪法

续表

综合指标和无机污染物名称	监测技术
化学需氧量	水质检测管法
	水质检测试剂盒法
	快速回流法
	便携式比色计/光度计法
	便携式分光光度计法
生化需氧量	微生物传感器快速测定法
	便携式多参数测定仪法
氟化物	检测试纸法
	水质检测试剂盒法
	便携式氟离子计法
阴离子洗涤剂	水质检测管法
	水质检测试剂盒法
	便携式比色计/光度计法
	便携式分光光度计法
余氯	检测试纸法
	水质检测管法
	水质检测试剂盒法
	化学测试组件法
	便携式比色计法
	便携式分光光度计法
	便携式传感器法
二氧化氯	水质检测管法
	便携式比色计法
	便携式分光光度计法
	便携式电化学传感器法
氯化物	检测试纸法
	水质检测管法
	水质检测试剂盒法
	便携式比色计/光度计法
	便携式离子计法
	便携式分光光度计法
	便携式离子色谱法
碘化物	检测试纸法
	水质检测管法
	水质检测试剂盒法
	便携式离子计法
	便携式分光光度计法
	便携式离子色谱法

续表

综合指标和无机污染物名称	监测技术
氰化物	检测试纸法
	水质检测管法
	水质检测试剂盒法
	便携式比色计/光度计法
	便携式离子计法
	便携式分光光度计法
	便携式离子色谱法
氨氮	检测试纸法
	水质检测管法
	水质检测试剂盒法
	便携式比色计/光度计法
	便携式离子计法
	便携式分光光度计法
	便携式离子色谱法
硝酸盐氮	检测试纸法
	水质检测管法
	水质检测试剂盒法
	便携式比色计/光度计法
	便携式离子计法
	便携式分光光度计法
	便携式离子色谱法
亚硝酸盐氮	检测试纸法
	淀粉-碘化钾试纸法
	水质检测管法
	水质检测试剂盒法
	便携式比色计/光度计法
	便携式离子计法
	便携式分光光度计法
	便携式离子色谱法
总氮	水质检测管法
	便携式比色计/光度计法
	便携式分光光度计法
磷酸盐	检测试纸法
	水质检测管法
	水质检测试剂盒法
	便携式比色计/光度计法
	便携式离子计法
	便携式分光光度计法
	便携式离子色谱法

续表

综合指标和无机污染物名称	监测技术
总磷	水质检测管法
	水质检测试剂盒法
	便携式分光光度计法
硫化物	醋酸铅试纸法
	水质检测管法
	水质检测试剂盒法
	便携式比色计/光度计法
	便携式离子计法
	便携式分光光度计法
	便携式离子色谱法
硫酸盐	检测试纸法
	水质检测管法
	水质检测试剂盒法
	便携式比色计/光度计法
	便携式离子计法
	便携式分光光度计法
	便携式离子色谱法
亚硫酸盐	检测试纸法
	淀粉-碘化钾试纸技术
	水质检测试剂盒法
	便携式比色计/光度计法
	便携式离子计法
	便携式分光光度计法
	便携式离子色谱法
硫氰酸盐	便携式比色计/光度计法
	便携式离子计法
	便携式分光光度计法
	便携式离子色谱法
过氧化物	检测试纸法
	水质检测试剂盒法
	便携式比色计/光度计法
	便携式离子计法

4.2 试纸技术

4.2.1 试纸技术的基本原理

根据检测原理的不同，将试纸技术分为化学显色型、化学发光型以及免疫型三类。综合指标和无机污染物的现场快速监测通常采用化学显色型试纸和化学发光型试纸。

化学显色型试纸的制作方法比较简单，一般是将显色剂配成溶液，浸渍到纸基上，以适当的方法进行干燥，如自然晾干、冷风吹干、烘干及真空干燥等。测定时试纸与被测物质接触的方式有自然扩散、抽气通过、将被测样品滴落试纸上或者是直接将试纸插入溶液中等。样品与试纸接触后，在试纸上发生化学反应，试纸的颜色产生变化或产生梯度，然后通过与标准比色卡或标尺比较，进行目视定性或半定量分析。

化学发光型试纸将试纸检测与高灵敏度的化学发光反应结合起来，极大提高了测定结果的准确性。化学发光分析中可以进行发射光子计量，具有很高的灵敏度和很宽的线性范围，并且用于探测和计量光子的仪器设备简单、廉价且易于微型化。如德国默克公司生产的一种与试纸联用的光反射仪，大小只有19cm×8cm×2cm。仪器采用电池作能源，光电二极管作为光源。反射仪侧面有一个供插入试纸条的小门，小门上有一个金属弹簧控制小窗口。光线通过小窗口照射到试纸条上，一部分光线被试纸条吸收，另一部分被反射到一个光电池上，通过微安计来检测电流量，转化为浓度单位后直接显示在显示屏上。仪器本身有一个计时器和蜂鸣器，保证每次测定的反应时间相同。

4.2.2 试纸技术的特点

试纸技术作为现场快速监测技术，具有以下优点：

① 检测速度快，且具有一定的灵敏度和专一性；

② 结构简单，携带方便，非常适合现场快速定性和半定量检测；

③ 操作简单，使用者不需要专门培训就能掌握；

④ 价格便宜，不需要检修维护，一次性使用。

当然试纸技术也会存在某些方面的不足，主要有：

① 由于试纸一般体积不会很大，能够固定的试剂量有限，有些试纸的灵敏度还不能做到微量检测，检出限有待进一步提高；

② 很多现有的比较成熟的检测方法不适用于试纸法，国内开发和生产的试纸种类有限，还远远不能满足现场检测的需要。

4.2.3 试纸技术的类型

（1）pH 试纸

pH 试纸是试纸技术的典型代表。pH 试纸按测量精度可分为 0.2 级、0.1 级、0.01 级或更高精度。pH 试纸上有甲基红、溴甲酚绿、百里酚蓝这三种指示剂。甲基红、溴甲酚绿、百里酚蓝和酚酞一样，在不同 pH 值的溶液中均会按一定规律变色。甲基红的变色范围是 pH 4.4(红)～6.2(黄)，溴甲酚绿的变色范围是 pH 3.6(黄)～5.4(绿)，百里酚蓝的变色范围是 pH 6.7(黄)～7.5(蓝)。用定量甲基红加定量溴甲酚绿加定量百里酚蓝的混合指示剂浸渍中性白色试纸，晾干后制得的 pH 试纸即可用于测定溶液的 pH 值。

（2）普通定性试纸

常见的普通定性试纸主要包括淀粉-碘化钾试纸、醋酸铅试纸和品红试纸。淀粉-碘化钾试纸用于定性检验氧化性物质的存在。该试纸遇较强的氧化剂时，碘化钾被氧化生成碘，碘与淀粉作用而使试纸显示蓝色。能氧化碘化钾的常见氧化剂有 Cl_2、Br_2、NO_2、Fe^{3+}、Cu^{2+}、MnO_4^-、浓硝酸、浓硫酸、过氧化氢、臭氧等。醋酸铅试纸用于定性检验硫化物的存在，该试纸遇硫化物时，因生成黑色的硫化铅而变黑色。品红试纸用于定性检验某些具有漂白性物质的存在，该试纸遇到漂白性物质时会褪色变白。

（3）分析定量试纸

分析定量试纸是把化学反应从试管移到试纸上进行，其实质是利用试纸上的试剂与目标物质之间迅速产生的显色或化学发光等干式化学反应体系，并结合相应的标准色阶或光反射仪，定性或定量检测目标物质。目前已有的分析定量试纸可以快速测定水样中氰化物、硫酸盐、硫化物、氟化物等无机阴离子指标和氨氮、磷酸盐、亚硫酸盐、亚硝酸盐、次氯酸盐等营养盐综合指标。下面以亚硝酸盐、磷酸盐和次氯酸盐为例进行介绍。

① 亚硝酸盐试纸。在酸性介质中，亚硝酸根与苯胺、4-氨基苯磺酰胺、萘胺及它们形成的内盐发生重氮偶联反应，生成紫红或粉红色的络合物。亚硝酸根的含量越大，试液的颜色越深。在此基础上制作的亚硝酸盐试纸可用于现场快速检测亚硝酸根的含量。

② 磷酸盐试纸。基于酸性条件下，钼酸铵与磷酸盐反应生成的磷钼酸铵可被抗坏血酸还原为蓝色的反应现象，以高分子材料作为表面活性剂浸渍试纸，可用于现场快速检测磷酸盐的含量。该试纸浸入含磷酸根的水溶液中，再滴加显色剂抗坏血酸在试纸上，会发生显色反应，利用显色深浅与磷酸根含量的线性关系，可直接比色读出水溶液中磷酸盐的含量。

③ 次氯酸盐试纸。次氯酸盐试纸是一种化学发光型试纸。它是由一张10mm×9mm、具有荧光素的阴离子纤维素纸，胶合在10mm×40mm×0.5mm的聚酯条上组成。将1mL待测水样注入放有试纸条的样品池中，利用鲁米诺光度计检测样品池中的化学发光现象，即可得到水样中次氯酸盐的浓度。该试纸的线性范围分别为2.0～10.3mg/L和10.3～51.4mg/L，检出限为0.4mg/L，回收率为91.0%～103.4%。该试纸的生产成本约为0.39元/条，而且，水样中氯胺、Ca^{2+}、Mg^{2+}、Zn^{2+}、Cu^{2+}、Fe^{3+}、Cl^{-}、SO_4^{2-}、CO_3^{2-}和NO_3^{-}等均不干扰测定。

综上，试纸技术可检测多种水质毒理学指标、一般理化指标及微生物指标，将其应用于现场快速监测具有极大的发展潜力。然而，由于试纸上能够固定的试剂量有限，试纸技术的灵敏度和检出限有待进一步提高。

当前研究者正在从以下两个方面开展深入研究：一方面是利用新型显色剂、高灵敏显色体系、化学发光体系等研制灵敏度高、稳定性好的试纸；另一方面是利用光电反射仪等微型检测装置，将试纸技术水质检测由传统的定性、半定量检测逐渐转化为精确定量检测。

4.2.4　试纸技术的使用方法

测定水样时，如图4-1所示，先将试纸插入水样，然后轻轻甩掉多余的水分，在一定时间后比色，给出某化合物是否存在的信息，以及是否超过某一浓度的信息。

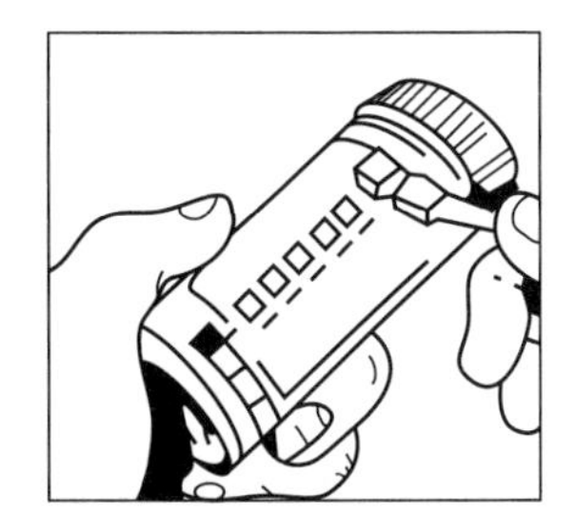

图4-1　试纸技术的使用方法

市售试纸的保质期一般为 2 年左右，应在质量保证期内使用。每批样品应进行 10%平行样的测定，平行样显色不应超过一个色阶。

4.2.5 试纸技术的产品

目前已知的综合指标和无机污染物试纸类型包括 pH、氨氮、总氮、余氯、总硬度、总碱度、磷酸盐、氯化物、硝酸盐、亚硝酸盐、氰化物、过氧化氢、亚硫酸盐、硫酸盐、氟化物和次氯酸盐试纸等。市场上常见的品牌有美国哈希（Hach）公司水质检测试纸、德国 MN 公司水质检测试纸、日本共立公司（KYORITSU）水质检测试纸和国内杭州陆恒生物科技有限公司水质检测试纸等。下面分别介绍这些公司的综合指标和无机污染物检测试纸产品。

（1）美国哈希（Hach）公司水质检测试纸

美国哈希公司是国际上水质检测试纸产品种类非常齐全的公司之一，该公司的部分试纸产品及其检测项目和技术性能见表 4-2。

表 4-2 美国哈希公司部分水质检测试纸及其参数

试纸产品		单位	测试量程	产品规格	测试次数/(条/盒)
五合一测试试纸	总氮	mg/L	0～10	0,0.5,1.0,2.0,4.0,10.0	50
	余氯		0～10	0,0.5,1.0,2.0,4.0,10.0	
	总硬度		0～25	0,1.5,3,7,15,25	
			0～425	0,25,50,120,250,425	
	总碱度		0～240	0,40,80,120,180,240	
	pH	无量纲	6.2～8.4	6.2,6.8,7.2,7.8,8.4	
氨氮测试试纸		mg/L	0～6	0,0.25,0.5,1.0,3.0,6.0	25
磷酸盐试纸			0～50	0,5,15,30,50	50
总碱度试纸			0～240	0,40,80,120,180,240	50
氯化物试纸			30～600	色阶不固定,10、20 递增	40
			300～6000	色阶不固定,100、200 递增	
余氯试纸			0～10	0,0.5,1.0,2.0,4.0,10.0	50
总氯及游离氯试纸					250
总硬度试纸			0～425	0,25,50,120,250,425	50
硝酸盐、亚硝酸盐试纸			0～50	0,1,2,5,10,20,50	25
			0～3	0,0.15,0.3,1,1.5,3	25
pH 试纸(无量纲)			4～9	4,5,6,7,8,9	50
			0～14	0,1,2,3,4,5,6,7,8,9,10,11,12,13,14	100

（2）德国 MN 公司水质检测试纸

德国 MN 公司也是产品种类较为齐全的水质检测试纸的生产厂家，该公司部分试纸产品的检测项目和技术性能见表 4-3。

表 4-3　德国 MN 公司部分水质检测试纸及其参数

试纸产品		单位	产品规格	变色过程	测试次数/(条/盒)
氨氮测试条		mg/L	0,10,25,50,100,200,400	亮黄色→橙色	100
碳酸盐硬度测试条		°d	0,3,6,10,15,20	亮绿色→蓝色	100
氯化物测试条		mg/L	0,500,1000,1500,2000,≥3000	棕色→黄色	100
余氯测试条			0,1,3,10,30,100	白色→红紫色	100
余氯测试条			0,0.1,0.5,1,3,10	黄色→紫色	100
铬酸盐测试条			0,3,10,30,100	白色→紫罗兰色	100
氰化物测试条			0,1,3,10,30	白色→紫罗兰色	100
硝酸盐/亚硝酸盐测试条			硝酸盐:0,5,10,25,50,75,100	白色→红紫色	100
			亚硝酸盐:0,1,5,10,20,40,80		
亚硝酸盐测试条			0,1,5,10,20,40,80	白色→红紫色	100
亚硝酸盐测试条			0,100,300,600,1000,2000,3000	黄色→红色	100
二合一多功能测试条	pH	无量纲	6.0,6.4,6.7,7.0,7.6,7.9,8.2,8.4,8.6,8.8,9.0,9.3,9.6	黄橙色→紫红色	100
	亚硝酸盐	mg/L	0,1,5,10,20,40,80	黄橙色→紫红色	
过氧化氢测试条			0,1,3,10,30,100	白色→蓝色	100
			0,0.5,2,5,10,25	白色→蓝色	100
			0,50,150,300,500,800,1000	白色→棕色	100
磷酸盐测试条			0,3,10,25,50,100	白色→蓝绿色	100
硫酸盐测试条			<200,>400,>800,>1200,>1600	红色→黄色	100
亚硫酸盐测试条			0,10,25,50,100,250,500,1000	白色→鲑鱼色	100
三合一多功能测试条	总硬度	°d	0,5,10,15,20,25	绿色→红色	100
	碳酸盐硬度		0,3,6,10,15,20	亮绿色→蓝色	100
	pH	无量纲	6.4,6.8,7.2,7.6,8.0,8.4	黄色→红色	100

(3) 日本共立公司（KYORITSU）水质检测试纸

日本共立公司是另外一家研制生产水质检测试纸种类较为全面，并在国内占有市场较大的公司，该公司部分试纸产品的检测项目和技术性能见表 4-4。

表 4-4　日本共立公司部分水质检测试纸及其参数

试纸产品	测试方法	单位	产品规格	测定时间	变色过程	测试次数/(条/盒)
高浓度残留氯试纸	碘化钾法	mg/L	25,50,100,200,500	10s	无色-浅棕-深棕	50
低浓度残留氯试纸	STA-3 方法		1,5,10,15,25	10s	黄-黄绿-绿	50
亚硝酸盐试纸	*N*-1-萘基-乙二胺法		0.5,1,2,5,10	1min	无色-浅粉-红	50
pH 试纸		无量纲	3.8,4.0,4.2,4.4,4.6,4.9,5.2,5.5		50	
			1,2,3,4,5,6,7,8,9,10,11,12			

（4）国内水质检测试纸

随着水质污染现场快速监测中的作用越来越受到人们重视，国内也研制了一些快速检测试纸。与国外的水质检测试纸相比，国产快速检测试纸的精密度和准确度仍有待提高，但原理相似，价格便宜，货期短。

下面以杭州陆恒生物科技有限公司为例进行介绍，该公司不仅代理国外的试纸产品，同时也自主研发生产了一些快速检测试纸，该公司部分试纸产品的检测项目和技术性能见表 4-5。

表 4-5　杭州陆恒生物科技有限公司部分水质检测试纸及其参数

型号	产品名称	单位	检测范围
LH1001	双氧水(过氧化氢)检测试纸	mg/L	0.5,2,5,10,25
LH1002			1,3,10,30,100
LH1003			100,200,400,600,800,1000
LH1007	余氯检测试纸		0,0.5,1,3,5,10
LH1008			25,50,100,200,500
LH1009	氨氮检测试纸		0,0.5,1,3,5,10,20
			2,5,10,30,50,70,100
LH1010			10,30,60,100,200,400
			0,5,10,30,60,100,200,400,1000
LH1012	磷酸根检测试纸		10,25,50,100,250,500
LH1013	亚硝酸盐检测试纸		1,5,10,20,40,80
LH1014	总硬度检测试纸		0,25,50,120,250,425
LH1017	硝酸盐检测试纸		5,10,25,50,100,250,500
LH1023	亚硫酸根检测试纸		10,40,80,180,400
LH1028	硫酸根检测试纸		200,400,800,1200,1600
LH1029	氯离子检测试纸		500,1000,1500,2000,3000
/	pH 试纸	无量纲	0,14

4.2.6 试纸技术的应用

王丽丽等选取目前中国市场上销量比较大的杭州陆恒生物科技有限公司的水质分析试纸和试剂（简称 DPD）与德国 MN 公司生产的试纸（简称 MN）进行比较，并且对两种产品检测性能进行检验与分析。

4.2.6.1 DPD 和 MN 产品检测试验

（1）水质 pH 测试

取一定量的自来水，将少量固体 NaOH（碱性）或硫酸亚铁铵 $(NH_4)_2Fe(SO_4)_2$（弱酸性）加入其中，分别配制两种浓度的 NaOH 和 $(NH_4)_2Fe(SO_4)_2$ 溶液，记为 NaOH No. 1 和 No. 2，$(NH_4)_2Fe(SO_4)_2$ No. 3 和 No. 4，自来水 No. 5。分别用 DPD 和 MN 测量其 pH 值，之后再用 pH 电子测试仪测试（精度为 0.01）。

（2）水中氯离子和亚硝酸根离子的检测

配制一定浓度的氯化镁和亚硝酸钠溶液。将测试试纸插入被检测液中一定时间后取出，一定时间后与标准比色卡比色。

4.2.6.2　DPD和MN产品检测结果与讨论

（1）水质pH检测结果分析

分别用MN和DPD试纸对呈碱性的氢氧化钠溶液和呈弱酸性的硫酸亚铁铵溶液以及自来水进行pH检测。结果表明，对于碱性溶液，DPD试纸测试结果与酸度计检测结果偏差更小；而对于酸性溶液和自来水，MN试纸与酸度计偏差更小。但是对于快速检测试纸，这两种产品的检测结果都在合理范围之内，而MN试纸的价格是国产DPD试纸的将近2倍。

（2）水中亚硝酸根离子的检测结果分析

用电子天平称取10mg的亚硝酸钠，将其溶于100mL水中，记为No.1，浓度为66.6mg/L。用MN试纸和DPD试纸检测其浓度，读数分别为80mg/L和40mg/L，颜色很鲜艳。取15mg No.1溶液并添加15mg水，记为No.2，此时浓度为33.3mg/L，分别用MN试纸和DPD试纸检测其浓度，读数分别为40mg/L和20mg/L。再取7.5mg No.2溶液并添加22.5mg水，记为No.3，此时浓度为8.3mg/L，分别用MN试纸和DPD试纸检测其浓度，读数分别为20mg/L和10mg/L。由此说明，两种产品都能在此浓度范围内检测到亚硝酸根，同时检测值的相对变化和溶液中的亚硝酸根浓度的变化完全一致，但是浓度较大时MN试纸的相对偏差更小，而在浓度较小时DPD试纸的偏差更小。

（3）水中氯离子的检测结果分析

用电子天平称取7.5mg氯化镁，将其溶于10mL水中，记为No.1溶液，浓度为560.5mg/L。将少量No.1溶液稀释100倍，记为No.2溶液，此时浓度为5.60mg/L，分别用MN试纸和DPD试纸检验其浓度，读数均在3mg/L附近。将No.2溶液稀释10倍，记为No.3溶液，此时浓度为0.56mg/L，用MN试纸和DPD试纸分别检测。MN试纸的测定结果为0.5～1mg/L，其顶端的检测区颜色是黄色，颜色对比度低，检测低浓度样品时不容易分辨；而DPD试纸测定结果为0.5mg/L，其试纸为白色，显色为淡蓝色，颜色对比度较高，检测低浓度样品时容易分辨。

4.2.6.3　结论

pH的检测结果表明，MN、DPD两种试纸的检测性能一致，只是DPD试纸对碱性溶液pH值测定的准确度更高，MN试纸对酸性溶液和自来水pH值测定的准确度更高；亚硝酸根离子的检测结果表明，MN试纸和DPD试纸的检测灵敏度和范围一致，但在高浓度范围内MN试纸准确度更高，在低浓度范围内DPD试纸准确度更高；氯离子的检测结果表明，MN试纸的检测范围大，但是灵敏度低，DPD试纸的检测灵敏度高，检测范围小。

4.3　检测管技术

4.3.1　检测管技术的基本原理

检测管技术的基本原理是在一个固定有限长度、内径的玻璃管或聚乙烯管内，装填一定量的检测剂（指示粉），用塞料加以固定，再将管的两端密封加工而成。检测剂是某些能吸附在固体载体颗粒表面上并与待测物质发生化学反应产生颜色变化的一种物质，化学试剂的选择和其在载体上的浓度比决定了检测管的物质成分和量程范围。检测水中的污染物时，被测物质与管内的指示粉进行反应并释放出有色物质使检测管变色，根据变色环所示的刻度位置，即可定性及半定量地读出被测物质的浓度。

4.3.2 检测管技术的特点

检测管作为水环境污染现场快速监测的基本设备，具有以下优点：

① 操作方便。不需要加入化学试剂和使用玻璃仪器，一般也无需进行计算，更无须做复杂的测前准备。工作步骤仅有采样和结果显示两步，使用者不需要专门培训就能掌握。

② 分析快速。与实验室化学分析相比，样品分析时间大大缩短，一般一次样品检测只需几十秒至几分钟便可得知分析结果。

③ 可信度高。精密度和灵敏度均优于试纸技术，检测管上含量标度的确定是通过模拟现场分析条件下采用不同浓度的标准溶液进行标定的，因而克服了化学分析中易带入的方法误差。检测管的工业化生产也在很大程度上降低了检测时的人为误差。

④ 适应性好。检测管成为系列产品后，可检测的污染物多种多样，每种物质的测量范围较广，因而在水环境污染现场，只要选择合适型号的检测管即可对各种污染物进行不同含量的定量分析。

⑤ 检测管价格相对便宜，不需要检修维护，一次性使用。

但是，检测管技术在水环境检测中的应用也有一定的局限性：

① 一种检测管能够检测的污染物种类有限，大部分检测管只能对一种污染物进行定量、半定量分析。

② 目前在售的检测管只能检测常见的污染物，水环境污染现场出现的很多污染物还没有对应的检测管。

4.3.3 检测管技术的类型和使用方法

根据检测方法的不同，水质检测管主要分为直接检测管和色柱检测管两种。

直接检测管是将显色剂直接封在聚乙烯软塑料试管中，检测时将检测管一端刺破并用手挤压另一端，放入待测水样中吸取适量水样，经一段时间显色反应后，测定液的颜色发生变化，将其与标准色阶对比，获得待测物的种类和浓度。具体操作参照图 4-2。

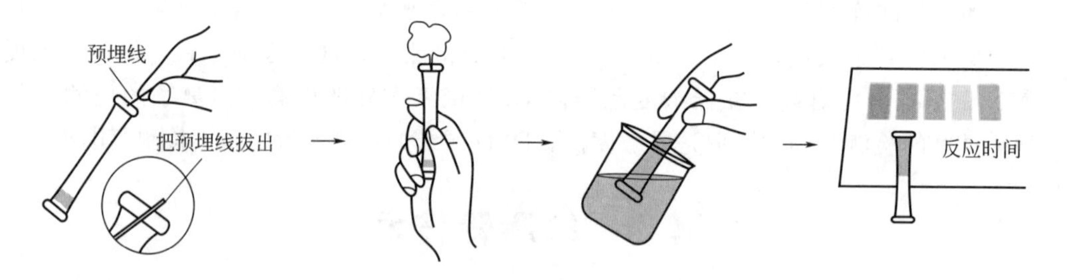

图 4-2　直接检测管的使用方法

色柱检测管（图 4-3）的原理是将一定量的水样通过检测管内时，水样中的待测物质与管内装填的显色剂发生反应产生鲜艳的色柱，色柱长度与水样中待测物质的浓度成正比，由浓度标尺可直接读出结果。具体检测过程分为两步：一是配制样品，将小包试剂打开，并将其倒入烧杯中，量取一定量的水样注入烧杯中，轻摇使其全部溶解后待用。二是检测操作，将检测管两端切断，上端用胶管与漏斗相连，然后放在试管架上，下面用小烧杯盛接，准确量取配制好的水样加入漏斗即可。样品将自动流经管内填料并产生色柱，待色柱稳定后，用

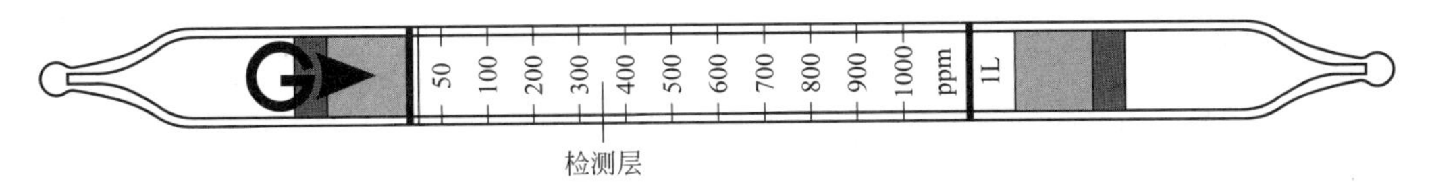

图 4-3　色柱检测管示意图

浓度标尺即可直接读出测定结果。

检测管应该严格按照相应的国家或行业标准进行保管和使用，以确保其检测结果的可靠性。以下是水质检测管使用时需要注意的问题：

① 检测管给定的测定时间一般是指水样在 15～40℃时显色所需要的时间，在低水温时，需要延长显色时间。但一般也难以严格遵守此时间，显色时间不足或过长均会影响显色及测定结果。

② 应在自然光下进行比色。

③ 应尽可能准确地吸入半管水样，否则显色程度可能变化，从而影响测定结果。

④ 水样的 pH 最好在 5～9 之间，否则应用氢氧化钠或硫酸溶液调节 pH 至 5～9。

⑤ 所有的检测管应置于低温、干燥和阴暗环境中保存。

4.3.4　检测管技术的产品

目前已知的综合指标和无机污染物检测管的类型如下。

直接检测管：亚硫酸盐、硫酸盐、碱度、氯化物、余氯、二氧化氯、亚氯酸钠、过氧化氢、氰化物、COD、总硬度、亚硝酸盐、硝酸盐、氨氮、总氮、pH、氟化物、磷酸盐等。

检测柱：氯化物、硫化物、臭氧、余氯、氰化物等。

下面以目前市场上常见且具有代表性的部分检测管产品为例进行介绍。

(1) 直接检测管产品

日本共立公司是研制生产水质直接检测管种类较为全面，并在国内占有市场较大的公司之一，该公司部分直接检测管产品的检测项目和技术性能见表 4-6。

表 4-6 彩色文件

表 4-6　日本共立公司部分直接检测管及其性能

测试参数	测试方法	测试精度及变色过程	测定时间	测试次数/次
亚硫酸盐	碘比色法	单位：mg/L 50　100　200　500　1000　2000	10s	50
M 碱度（以 $CaCO_3$ 计）	使用 pH 指示剂的缓冲能测定法	单位：mg/L 0　20　30　40　50　60　80　100以上(≥100)	20s	50

续表

测试参数	测试方法	测试精度及变色过程	测定时间	测试次数/次
P碱度（以 $CaCO_3$ 计）	使用pH指示剂的缓冲能测定法	单位：mg/L 0 100 200 300 400 500 600 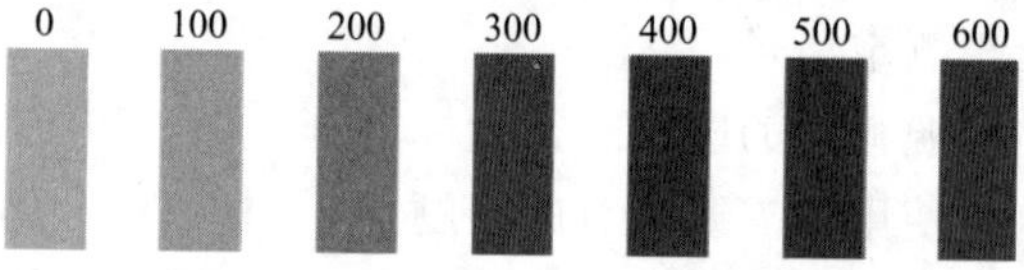	20s	50
氯化物	硝酸银比色法	Cl^-浓度 （NaCl浓度） 标准色 200mg/L以下(330mg/L以下)→ 颜色为茶色 250mg/L附近(420mg/L附近)→ 颜色由茶色变为灰色 300mg/L以上(500mg/L以上)→ 颜色为白色	10s	40
氯化物	硝酸银比色法	Cl^-浓度 （NaCl浓度） 标准色 100mg/L以下(170mg/L以下)→ 颜色为茶色 150mg/L附近(250mg/L附近)→ 颜色由茶色变为灰色 200mg/L以上(330mg/L以上)→ 颜色为白色	10s	40
氯化物（低浓度）	硝酸银比色法	单位：mg/L 0 2 5 10 20 50以上(≥50)	1min	40
余氯（高浓度）	碘化钾比色法	单位：mg/L 5 10 20 30 50 100 150 200 300 600 1000以上(≥1000) 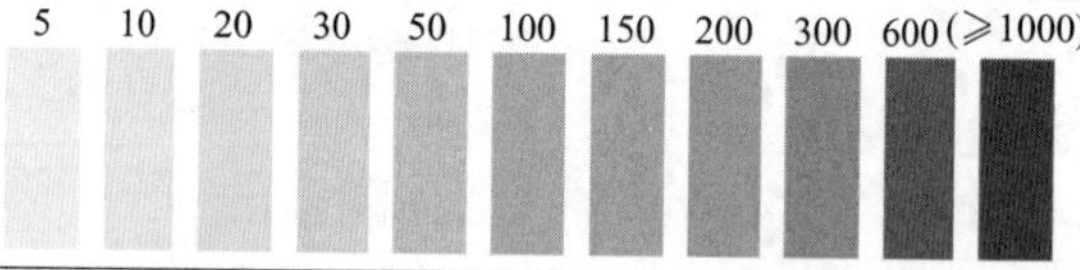	10s	50
余氯（游离氯）	DPD比色法	单位：mg/L 0.1 0.2 0.4 1 2 5 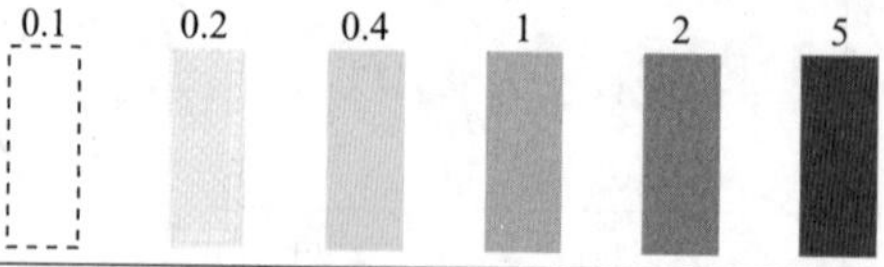	10s	50
总余氯	碘化钾与DPD比色法	单位：mg/L 0.1 0.2 0.4 1 2 5 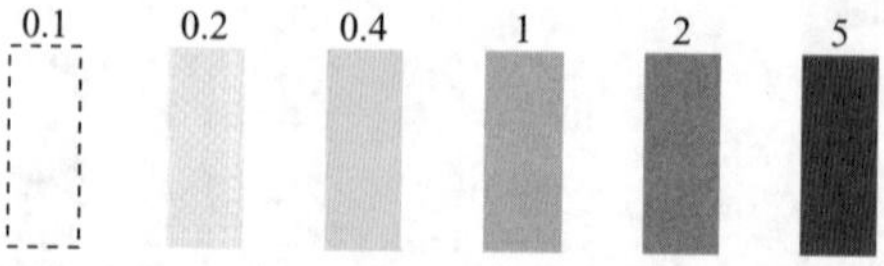	2min	50

续表

测试参数	测试方法	测试精度及变色过程	测定时间	测试次数/次
二氧化氯	甘氨酸和DPD比色法	单位：mg/L 0.2　0.4　0.6　1　2　5　10	10s	40
亚氯酸钠	碘化钾比色法	单位：mg/L 5　10　20　50　100 150　200　300　500　1000以上(≥1000)	10s	40
亚氯酸钠（低浓度）	碘化钾与DPD比色法	单位：mg/L 0.1　0.2　0.5　1　2　5	1min	40
过氧化氢（高浓度）	碘化钾比色法	单位：mg/L 3　7　13　20　35　70　100　130　200　400　700	20s	50
过氧化氢（低浓度）	4-氨基安替比林酶显色法	单位：mg/L 0.05　0.1　0.2　0.5　1　2　5	1min	50
高锰酸钾消耗量	常温碱性高锰酸钾氧化法	单位：mg/L 0　3　6　10　12　15	8min(10℃)，7min(20℃)，5min(30℃)	50
氰化物（游离）	4-羧酸比色法	单位：mg/L 0.02以下(≤0.02)　0.05　0.1　0.2　0.5　1　2	8min	40

续表

测试参数	测试方法	测试精度及变色过程	测定时间	测试次数/次
COD	常温碱性高锰酸钾氧化法	单位:mg/L 0 10 100 1000 10000以上(≥10000) 	30s	50
COD	常温碱性高锰酸钾氧化法	单位:mg/L 0 30 60 120 200 250以上(≥250)	6min(10℃),5min(20℃),4min(30℃)	50
COD	常温碱性高锰酸钾氧化法	单位:mg/L 0 5 10 13 20 50 100 mg/L(ppm)	6min(10℃),5min(20℃),4min(30℃)	50
COD(低浓度)	常温碱性高锰酸钾氧化法	单位:mg/L 0 2 4 6 8以上(≥8)	6min(10℃),5min(20℃),4min(30℃)	50
总硬度(以 $CaCO_3$ 计)	PC比色法	单位:mg/L 0 10 20 50 100 200 	30s	50
亚硝酸盐(亚硝酸盐氮)	萘乙二胺比色法	单位:mg/L 16(5) 33(10) 66(20) 160(50) 330(100) 660以上(200以上) 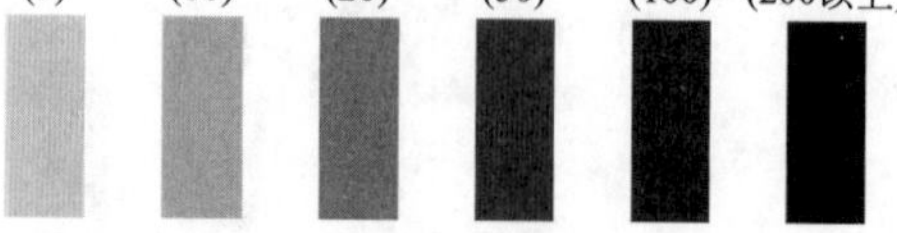	5min	50

续表

测试参数	测试方法	测试精度及变色过程	测定时间	测试次数/次
亚硝酸盐	乙二胺比色法	单位：mg/L 0.02　0.05　0.1　0.2　0.5　1	2min	50/100/150
亚硝酸盐氮	乙二胺比色法	单位：mg/L 0.005　0.01　0.02　0.05　0.1　0.2　0.5		
氨	靛酚蓝目视比色法	单位：mg/L 0　0.5　1　2　5　10　20以上(⩾20)	10min	50
氨氮	靛酚蓝目视比色法	单位：mg/L 0　0.5　1　2　5　10　20以上(⩾20)		
硝酸盐（硝酸盐氮）（高浓度）	锌还原法和萘乙二胺比色法	单位：mg/L 90(20)　225(50)　450(100)　900(200)　2250(500)　4500(1000)	5min	50
硝酸盐	锌还原法和萘乙二胺比色法	单位：mg/L 1　2　5　10　20　45	3min	50/100/150
硝酸盐氮	锌还原法和萘乙二胺比色法	单位：mg/L 0.2　0.5　1　2　5　10		

续表

测试参数	测试方法	测试精度及变色过程	测定时间	测试次数/次
总氮（无机）	还原法和靛酚蓝目视比色法	单位：mg/L 0 5 10 25 50 100 	20min	40
pH	pH 指示剂显色比色法	pH5.0 pH5.5 pH6.0 pH6.5 pH7.0 pH7.5 pH8.0 pH8.5 pH9.0 pH9.5 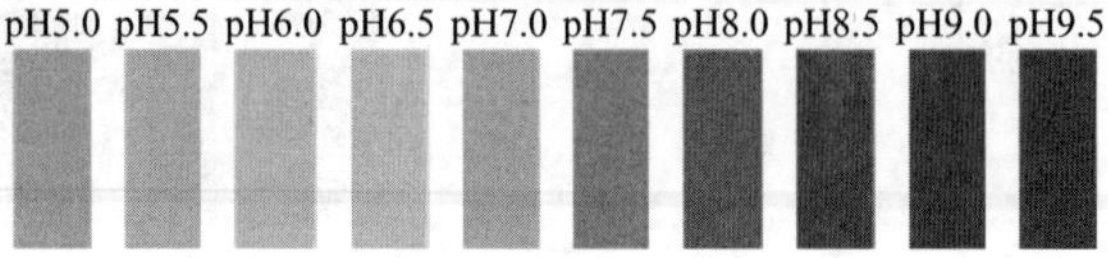	20s	50/100/150
pH	pH 指示剂显色比色法	pH1.6 pH1.8 pH2.0 pH2.2 pH2.4 pH2.6 pH2.8 pH3.0 pH3.2 pH3.4	20s	50
pH	pH 指示剂显色比色法	pH3.8 pH4.2 pH4.6 pH5.0 pH5.4 pH5.8 pH6.2 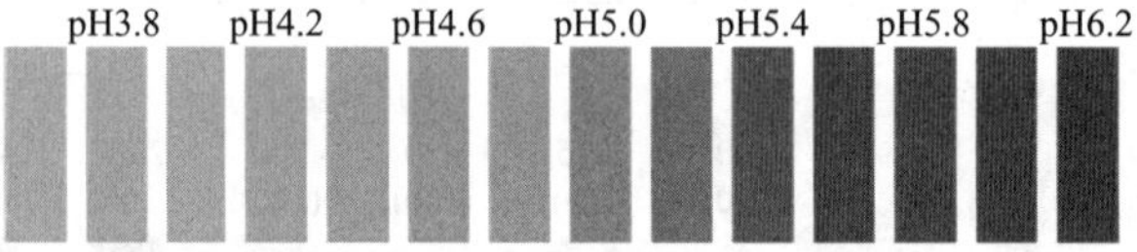 pH3.6 pH4.0 pH4.4 pH4.8 pH5.2 pH5.6 pH6.0	20s	50
pH	pH 指示剂显色比色法	pH5.8 pH6.2 pH6.6 pH7.0 pH7.4 pH7.8 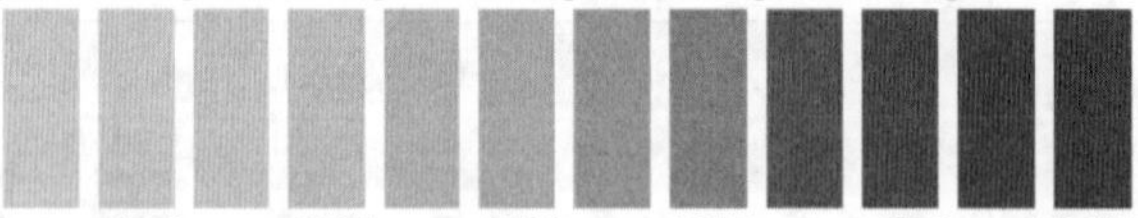 pH6.0 pH6.4 pH6.8 pH7.2 pH7.6 pH8.0以上(≥8.0)	20s	50
pH	pH 指示剂显色比色法	pH6.6 pH7.0 pH7.4 pH7.8 pH8.2 pH8.8以上(≥8.8) 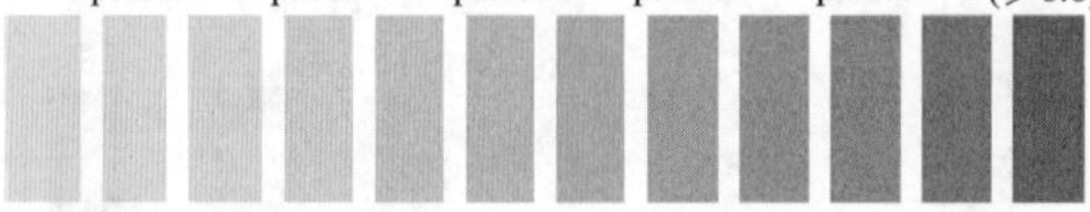 pH6.2以下(≤6.2) pH6.8 pH7.2 pH7.6 pH8.0 pH8.4	20s	50

续表

测试参数	测试方法	测试精度及变色过程	测定时间	测试次数/次
pH	pH 指示剂显色比色法	上段：自然光用 pH8.2 pH8.4 pH8.6 pH8.8 pH9.0 pH9.2 pH9.6 下段：荧光灯用 pH8.2 pH8.4 pH8.6 pH8.8 pH9.0 pH9.2 pH9.6 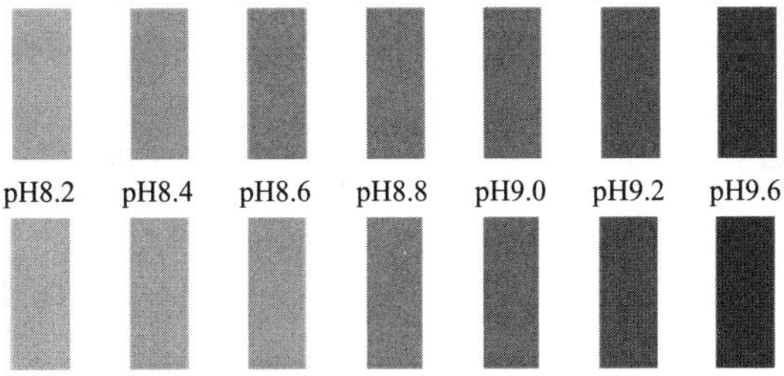	20s	50
pH	pH 指示剂显色比色法	pH2 pH3 pH4 pH5 pH6 pH7 pH8 pH9 pH10 pH11 pH12 pH13 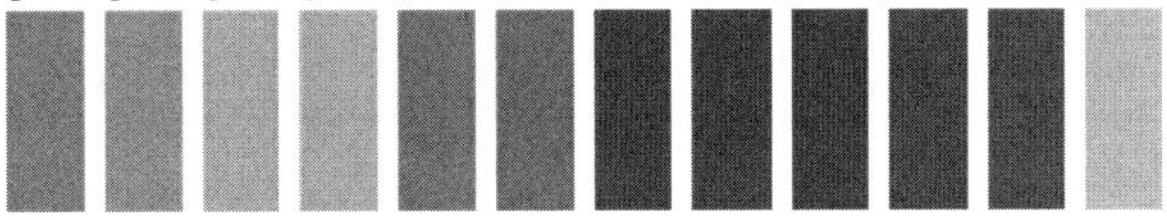	1min	10
氟化物（游离）	镧-茜素络合物视觉比色法	单位：mg/L 0　0.4　0.8　1.5　3　8以上(≥8) 	10min	50
硫化物	亚甲基蓝比色法	单位：mg/L 0.1　0.2　0.5　1　2　5 	3min	40
硫酸盐	高锰酸盐共沉比色法	单位：mg/L 50　100　200　500　1000　2000以上(≥2000)	10s	40
磷酸盐（高浓度）	磷钼蓝比色法	单位：mg/L 2(0.66)　5(1.65)　10(3.3)　20(6.6)　50(16.5)　100(33) 	1min	40

续表

测试参数	测试方法	测试精度及变色过程	测定时间	测试次数/次
磷酸盐	磷钼蓝比色法	单位:mg/L 0.2 0.5 1 2 5 10 0.1 0.2 0.5 1 2 5	1min	40/120
磷酸盐（低浓度）	4-氨基安替比林酶比色法	单位:mg/L 0.05 0.1 0.2 0.5 1 2 0.02 0.05 0.1 0.2 0.5 1	5min	40/100

（2）检测柱产品

日本 GASTEC 公司是国际上水质检测柱产品比较齐全的公司之一，该公司部分检测柱产品的检测项目和技术性能见表 4-7。

表 4-7　日本 GASTEC 公司水质检测柱产品及其性能

测试参数	测定范围/(mg/L)	检测方法	变色过程	测定时间
氯离子	25～1000	浸渍法	褐色→白色	3min
	10～200			
硫化物	0.02～0.2	手泵	白色→褐色	45s
	0.002～0.02			
硫离子	10～100	浸渍法	白色→褐色	2min
	2～300			
	1～100			
	0.5～20			3min
臭氧	1～10	浸渍法	绿色→黄色	3min
余氯	0.1～10	浸渍法	白色→橙红色	3min

4.3.5　检测管技术的应用

为验证检测管法在突发水污染事故现场应急监测中的实用性和准确性，采用检测管法和实验室国标法分别测定两个不同浓度实际废水中的部分综合指标和无机污染物指标，并进行比较与讨论。

（1）仪器和方法

检测管法采用日本共立公司生产的氟离子（游离）、亚硝酸盐、化学需氧量（COD）、氨氮、硝酸盐氮、磷酸盐、游离氰离子水质检测管和余氯、氯离子检测柱。实验室国标法采用北京普析通用有限责任公司生产的型号为 TU-1901 的双光束紫外可见分光光度计及实验室常用玻璃器皿等，具体检测依据详见表 4-8。

（2）结果与讨论

采用检测管法和实验室国标分析方法分别测定两个不同浓度实际废水中的部分综合指标和无机污染物，包括氟离子（游离）、亚硝酸盐、化学需氧量（COD）、氨氮、硝酸盐氮、余氯、氯离子、磷酸盐和游离氰离子浓度。测定结果见表 4-8。

由表 4-8 可知，两种方法分别测定两个实际废水样品中化学需氧量（COD）浓度的结果是：检测管法约为 20mg/L 和 90mg/L，国标分析方法为 96mg/L 和 240mg/L，两种方法结果相差很大。究其原因，检测管法测定 COD 的原理是常温碱性高锰酸钾氧化比色法，而国标分析方法是《水质　化学需氧量的测定　重铬酸盐法》（HJ 828—2017），其原理是在水样中加入已知量的重铬酸钾溶液，并在酸性介质下以银盐作为催化剂，经 2 小时沸腾回流后，以试亚铁灵为指示剂，用硫酸亚铁铵滴定水样中未被还原的重铬酸钾，由消耗的硫酸亚铁铵的量换算成消耗的氧的质量浓度。由此可见，两种方法的氧化条件和反应原理均不同，检测管法用低温氧化代替长时间高温消解，可能会造成其测定结果较低。另外，国标《高氯废水　化学需氧量的测定　碘化钾碱性高锰酸钾法》（HJ/T 132—2003）附录 A 中明确指出，两种方法的氧化条件不同，对同一样品的测定值也不相同，而我国的污水综合排放标准中指标 COD 是指重铬酸盐法的测定结果。通过求出碘化钾碱性高锰酸钾法与重铬酸盐法间的比值 K，可将碘化钾碱性高锰酸钾法的测定结果换算成重铬酸盐法的 COD_{Cr} 值来衡量水体的有机物污染状况。因此，采用检测管法测定废水中的 COD 浓度时，应考虑 K 值，以便更准确地表征水体的有机物污染状况。

采用检测管法和国标分析方法测定两个实际废水样品中的氨氮、亚硝酸盐、磷酸盐、氰离子、氟离子、氯离子和余氯的浓度结果类似。如表 4-8 所示，检测管法和国标分析方法对低浓度样品的测定结果：氨氮分别为 0.3mg/L 和 0.126mg/L；亚硝酸盐分别为 0.02mg/L 和 0.104mg/L；磷酸盐分别为 0.5mg/L 和 0.255mg/L。其原因可能是检测管法的最低检出浓度比国标分析方法高，从而导致污染指标的浓度较低时，两种方法的相对偏差较大。而污染指标的浓度较高时，甚至是需要稀释后测定的样品，两种方法的测定结果都比较接近。如表 4-8 所示，两种方法对高浓度样品的测定结果：氨氮分别为 12mg/L 和 12.5mg/L；亚硝酸盐分别为 0.4mg/L 和 0.550mg/L；磷酸盐分别为 5mg/L 和 5.16mg/L；氟离子分别为 2mg/L、2.02mg/L 和 5mg/L、4.91mg/L；氯离子分别为 750mg/L、734mg/L 和 1.6×10^3mg/L、1.81×10^3mg/L。因此，对于废水中氨氮、亚硝酸盐、磷酸盐、氰离子、氟离子、氯离子和余氯等污染指标而言，检测管法具有较好的适用性。

（3）结论

综上所述，可以得出以下结论：①对于常规污染指标的检测，检测管法在突发水污染事故现场快速定性和半定量检测中具有较好的适用性。②检测管法测定废水中的 COD 浓度具有一定的适用性，但对于成分复杂、污染严重的废水，测定误差较大。还应考虑碘化钾碱性高锰酸钾法与重铬酸盐法间的比值 K，以便更准确地表征水体的有机物污染状况。③废水中污染指标的浓度较低，接近最低检出浓度时，检测管法测定误差较大。④测定成分复杂、污染严重的废水时，可采用检测管法现场快速测定多个污染指标，综合考虑干扰因素，更准确地表征突发水污染事故现场的污染状况。

表 4-8 彩色文件

表 4-8　检测管法与实验室国标分析方法的比对

检测指标	检测管法		实验室国标分析方法	
	显色结果	读数/(mg/L)	方法依据	测定结果/(mg/L)
化学需氧量	0　30　60　120　200　250以上(≥250)	0～30	《水质　化学需氧量的测定　重铬酸盐法》(HJ 828—2017)	96
		60～120		240
氨氮	0　0.5　1　2　5　10　20以上(≥20)	0～0.5	《水质　氨氮的测定　纳氏试剂分光光度法》(HJ 535—2009)	0.126
		10～20		12.5
硝酸盐	90(20)　225(50)　450(100)　900(200)　2250(500)　4500(1000)	<20	《水质　硝酸盐氮的测定　紫外分光光度法》(HJ/T 346—2007)	1.19
		100～200		—
亚硝酸盐	0.02　0.05　0.1　0.2　0.5　1	0.02～0.05	《水质　亚硝酸盐氮的测定　分光光度法》(GB 7493—87)	0.104
		0.5～1		0.550
磷酸盐	0.2　0.5　1　2　5　10	0.2～0.5	钼锑抗分光光度法[国家环境保护总局,《水和废水监测分析方法》(第四版)(增补版),2002 年]	0.255
		5～10		5.16
氰离子	0.02以下(≤0.02)　0.05　0.1　0.2　0.5　1　2	0.02～0.05	《水质　氰化物的测定　容量法和分光光度法》(HJ 484—2009)	0.052
		0.1～0.2		0.208

续表

检测指标	检测管法		实验室国标分析方法	
	显色结果	读数/(mg/L)	方法依据	测定结果/(mg/L)
氟离子	0　0.4　0.8　1.5　3　8以上(≥8)	1.5～3	《水质　氟化物的测定　离子选择电极法》(GB 7484—87)	2.02
		3～8		4.91
余氯		3～5	—	—
氯离子		稀释 5 倍	《水质　游离氯和总氯的测定　*N*,*N*-二乙基-1,4-苯二胺分光光度法》(HJ 586—2010)	734
		稀释 20 倍，1500～2000		1.81×10^3

4.4　试剂盒技术

4.4.1　试剂盒技术的基本原理

综合指标和无机污染物现场快速检测的试剂盒一般都是化学显色试剂盒。化学显色试剂盒检测污染物质的基本原理是：将装在试剂盒中的能够与某种污染物发生特效反应的分析试剂加入适量样品中，发生特定的显色反应而呈现相应的颜色变化，将显色情况与标准色阶进行比较，进而判断待测污染物的种类或者粗略含量等信息。每种试剂盒中的试剂具有一定的专一性，一般不会受其他污染物的干扰而影响检测结果。

4.4.2　试剂盒技术的特点

试剂盒技术一般具有以下特点：

① 方便携带和使用。试剂盒采用独立小包装试剂包，不仅满足一次测定所需要的准确剂量，而且避免了交叉污染及逸散，减少了复杂的配制及标定过程。

② 操作简单，反应迅速，现场可进行多指标同时测定。而且操作简单，对于没有基础分析知识的人，如现场工程技术或操作人员，只要参照使用说明或稍加指导就可以使用。

③ 试剂盒特异性好，扫描检测功能差。多数情况下一种试剂盒只能对一种污染物进行定量、半定量分析，无法一次性检测多种污染物的种类及浓度。

4.4.3　试剂盒技术的现场使用方法及辅助设备

采用试剂盒技术进行现场快速测定时，一般有三种检测方法，包括目视比色检测法、便携式光度计检测法和滴定检测法。

（1）目视比色检测法

目视比色检测法是利用试剂盒试剂与被测物质发生显色反应，显色深浅直接与被测物质浓度呈线性关系的原理来确定被测物质浓度。将反应产生的颜色与一定范围的简易标准色阶比色，即可读出检测结果。目前使用的试剂盒比色器主要有比色柱、比色盘和比色卡等。

比色柱由一个样品混合池和一个分步颜色比较器组成。测定时，将样品和试剂在样品混合池中混合并将其产生的颜色与分步颜色比较，从而读出检测结果。

比色盘的比色器是一个连续变化的彩色轮盘，可快速准确地进行颜色比对。比色盘较比色柱更为准确。

比色卡由分布色阶组成，压制成膜，以便保存备用。测定时，将反应完全的比色管在比色卡上移动比较，即可读出检测结果。

（2）便携式光度计检测法

相比于目视比色检测法，试剂盒技术利用便携式分光光度计进行检测分析可以明显提高其准确度。关于便携式分光光度计的信息将在 4.5 中详细介绍。

（3）滴定检测法

对于一些难以发生显色反应的污染物，可采用滴定检测法。测定时，在试剂瓶中加入适量待测样品和试剂，用试剂盒中的刻度移液管或计数滴定器对样品进行滴定，直至颜色发生变化，即可读出检测结果。

4.4.4 试剂盒技术的产品

目前已知的综合指标和无机污染物试剂盒类型包括酸度、碱度、氨氮、总氮、余氯、总硬度、磷酸盐、氯化物、硝酸盐、亚硝酸盐、氰化物、过氧化氢、亚硫酸盐、硫酸盐、氟化物和次氯酸盐等。下面介绍一些现在市场上常见的且具有代表性的试剂盒产品，如美国哈希（Hach）公司水质检测试剂盒、德国 MN 公司水质检测试剂盒、杭州陆恒生物科技有限公司水质检测试剂盒等。

（1）美国哈希（Hach）公司水质检测试剂盒

美国哈希公司是国际上水质检测试剂盒种类较为齐全的公司之一，该公司部分试剂盒产品的检测项目及其参数见表 4-9。

表 4-9 美国哈希公司的部分试剂盒产品及其技术性能

试剂盒产品	测试范围/(mg/L)	测试精度/(mg/L)	测试次数/次
游离氯试剂盒	0～3.5	0.1	100
总氯试剂盒	0～3.5	0.1	100
总硬度试剂盒	0～20	1	100
氰化物试剂盒	0～0.3	0.01	100
硫化物试剂盒	0～0.55	0.01	60
氨氮试剂盒	0～2.5	0.1	100
硝酸盐氮试剂盒	0～1	0.02	100
	0～50	1.0	100

续表

试剂盒产品	测试范围/(mg/L)	测试精度/(mg/L)	测试次数/次
活性磷试剂盒	0～5	1	100
	0～250		
磷酸盐试剂盒	0～1	0.02	100
	0～5	0.1	
	0～50	1	
总磷试剂盒	0～1	0.02	50
	0～5	0.1	
	0～50	1	

（2）德国 MN 公司水质检测试剂盒

德国 MN 公司也是产品种类较为齐全的水质检测试剂盒生产厂家，目前主要有 TITR 试剂盒、ECO 试剂盒、Compartrator 试剂盒和 HE 试剂盒等（详见表 4-10）。TITR 试剂盒内置有带刻度的 5mL 样品试管、用于精确量取试剂的注射器、装有指示剂的试剂瓶。ECO 试剂盒内置有 5mL 样品试管、用于精确量取试剂的注射器、装有指示剂的滴定瓶和装有滴定液的滴定瓶。Compartrator 试剂盒内置有比色仪、色度和浊度补偿管、装有试剂的试剂瓶和可以准确称量固体试剂的称量勺。HE 试剂盒内置有螺纹口测量试管、比色盘、装有试剂的彩色编码瓶、可以准确称量固体试剂的称量勺和可以量取样品溶液的烧杯。

表 4-10　德国 MN 公司部分水质检测试剂盒及其技术性能

检测项目	测试范围	测试次数/次
TITR 试剂盒		
酸性 AC7	以 CO_2 计：1 单位刻度＝0.2mmol/L＝8.8mg/L	200
碱性 AL7	以 CO_2 计：1 单位刻度＝0.2mmol/L＝8.8mg/L	200
碳酸钙硬度 C20	1 单位刻度＝0.5°d＝0.2mmol/L	200
氯化物 Cl500	1 单位刻度＝5mg/L	300
总硬度 H20F	1 单位刻度＝0.5°d＝0.1mmol/L	200
总硬度 H2	1 单位刻度＝0.05°d＝0.01mmol/L	200
亚硫酸盐 SU100	SO_3^{2-}：1 单位刻度＝2mg/L	100
ECO 试剂盒		
氰化物/(mg/L)	CN^-：0,0.01,0.02,0.03,0.05,0.07,0.10,0.15,0.20	100
铵/(mg/L)	NH_4^+：0,0.2,0.3,0.5,0.7,1,2,3	50
氯化物/(mg/L)	Cl^-：0,1,2,4,7,12,20,40,60	150
余氯和总氯/(mg/L)	Cl_2：$<$0.1,0.1,0.2,0.3,0.4,0.6,0.9,1.2,2.0	150
游离氯/(mg/L)	Cl_2：$<$0.1,0.1,0.2,0.3,0.4,0.6,0.9,1.2,2.0	150
硝酸盐/(mg/L)	NO_3^-：0,1,3,5,10,20,30,50,70,90,120	110
亚硝酸盐/(mg/L)	NO_2^-：0,0.02,0.03,0.05,0.07,0.1,0.2,0.3,0.5	120
磷酸盐/(mg/L)	PO_4^{3-}-P：0,0.2,0.3,0.5,0.7,1,2,3,5	80
硫化物/(mg/L)	S^{2-}：0.1,0.2,0.3,0.4,0.5,0.6,0.7,0.8	90

续表

检测项目	测试范围	测试次数/次
Compartrator 试剂盒		
氰化物/(mg/L)	CN^-:0.05,0.1,0.2,0.3,0.5,1.0	60
阴离子表面活性剂/(mg/L)	MBAS:0.1,0.25,0.5,1.0,2.0,5.0	50
阴离子表面活性剂/(mg/L)	CTAB:0,1,3,5,10,20	50
亚硝酸盐/(mg/L)	NO_2^-:0.05,0.1,0.25,0.5,1.0,2.0	60
磷酸盐/(mg/L)	PO_4^{3-}-P:0.1,0.2,0.4,0.7,1.0,1.5	60
硫酸盐/(mg/L)	SO_4^{2-}:25,30,35,40,50,60,70,80,100,120,150,200	100
硫化物/(mg/L)	S^{2-}:0.05,0.1,0.2,0.4,0.7,1.0	100
HE 试剂盒		
氰化物/(mg/L)	CN^-:0,0.002,0.004,0.007,0.010,0.015,0.020,0.025,0.030,0.040	55
铵/(mg/L)	NH_4^+:0,0.02,0.04,0.07,0.10,0.15,0.20,0.30,0.40,0.50	110
亚硝酸盐/(mg/L)	NO_2^-:0.00,0.005,0.010,0.015,0.02,0.03,0.04,0.06,0.08,0.10	150
磷酸盐/(mg/L)	PO_4^{3-}-P:0.0,0.01,0.02,0.03,0.05,0.07,0.10,0.15,0.20,0.25	100
磷酸盐/(mg/L)	PO_4^{3-}-P:0.0,0.05,0.10,0.15,0.20,0.30,0.40,0.60,0.80,1.00	300

（3）杭州陆恒生物科技有限公司水质检测试剂盒

与国外的水质检测试剂盒相比，国产的试剂盒精密度和准确度较低，但其价格便宜，货期短。杭州陆恒生物科技有限公司综合指标和无机污染物检测的部分试剂盒产品见表 4-11。

表 4-11　杭州陆恒生物科技有限公司的部分试剂盒产品及其技术性能

产品名称	规格范围/(mg/L)	检测次数/(次/盒)	保质期
硫化物测定试剂盒	0.02～0.8	30	1 年
二氧化氯测定试剂盒	0.05～2	25	1 年
总硬度测定试剂盒	12～600	50	2 年
碱度检测试剂盒	10～200	50	1 年
	100～2000		
氯离子测定试剂盒	20～400	50	1 年
氨氮检测试剂盒	0.01～1	25	1 年
总磷测定试剂盒	0.03～0.5	25	1 年
COD 检测试剂盒	0～250	50	18 个月
DPD 余氯检测试剂盒	0.05～1	50	2 年

4.4.5　试剂盒技术的应用

4.4.5.1　试剂盒法和实验室国标法的比对

于立婷等从准确性、经济性、便携性等角度出发，利用南京市内外秦淮河 15 个典型断面水样，对氨氮现场检测的试剂盒法与国标法进行了对比研究，下面进行简单介绍。

（1）试验方法

① 试剂盒法。哈希法的具体检测方法是：量取 25mL 样品，同时量取 25mL 蒸馏水作

为空白；各滴加 5 滴矿物质无机稳定剂，晃动几次混合均匀；再各滴加 4 滴聚乙烯醇分散剂，晃动几次混合均匀，显色反应 5min；将两种溶液分别注入 10mL 方形样品试管中，擦净试管外壁，将试管插到 DR2800 便携式分光光度计的试管固定架上，读数。

比色器法的具体检测方法是：量取 5mL 样品，滴加 1 号显色剂 4 滴，再加入 2 号显色剂 5 滴，摇晃至充分显色；静置 5min，选取与显色剂相匹配的标准比色管组插入比色器中比色，读数。

光度计法的具体检测方法是：利用电子比色器法所提供的试剂进行显色反应，通过紫外分光光度计完成数据读取，即分别在 697nm 及 420nm 波长下读取数据，并通过外标法进行定量。

② 国标法。国标法分析是按照国家环境保护总局《水和废水监测分析方法》（第四版）中有关规定进行，采用水杨酸分光光度计法测定。

（2）实验结果

分别采用试剂盒法和国标法对 15 个监测点的水样进行了氨氮检测，其结果见图 4-4，试剂盒法相对国标法氨氮检测结果的偏差值见表 4-12。

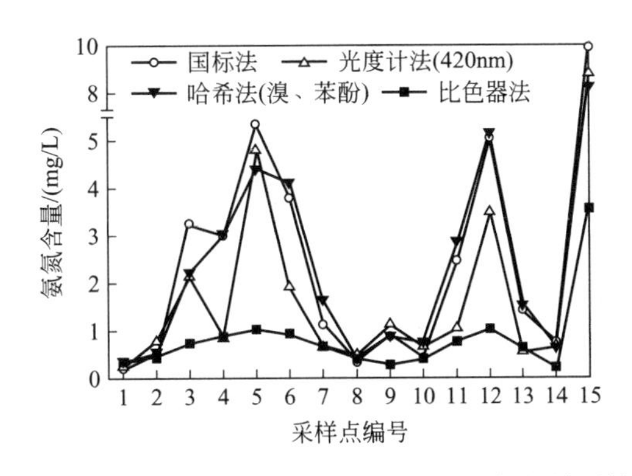

图 4-4　试剂盒法与国标法对 15 个水样氨氮的检测结果

表 4-12　试剂盒法相对国标法氨氮检测结果的偏差值（样本总数为 15）

试剂盒法	平均偏差值/(mg/L)
比色器法	0.6164
光度计法	0.4486
哈希法	0.2023

由图 4-4 和表 4-12 可以看出，针对水样中氨氮的检测，比色器法测试结果误差较大，平均偏差值达 0.6164mg/L，但不同采样点的相对变化趋势与国标法一致且结果稳定性较好；光度计法平均偏差值为 0.4486mg/L，与国标法响应度和一致性良好；哈希法平均偏差值为 0.2023mg/L，准确度高且稳定性好。

（3）结论

试剂盒法中哈希法最优，既保证了现场检测的时效性和快速性，又避免了将水样带回实验室过程中产生的误差，但哈希法仪器、试剂成本高，造价昂贵。比色器法由于目视读数比色，结果误差较大，但该法对不同点位水样的检测结果变化趋势与国标法一致，且携带极为方便，检测效率也最高，故可作为快速检测的半定量方法，对不同河段水样的污染情况进行初步的排列和筛选，以减少后续精确测量的工作量。

此外，朱兰等也分别运用国标法与试剂盒法（美国 CHEMetrics 公司）对水中氨氮、亚硝酸盐和总磷含量进行测定，结果表明：用试剂盒法进行快速检测具有操作简单、携带方便、检测快捷等优点，适用于水质中各种参数的测定。虽然其检测结果不如国标法准确度高，但定性判定的结果与国标法是一致的，所以结果相对稳定可靠。

刘桂英等分别采用水质耗氧量试剂盒（中国疾病预防控制中心营养与食品安全所，北京中卫食品卫生科技公司）和国标法（GB/T 5750—2006）对水质耗氧量进行测定。结果表明：试剂盒法检测的精密度不如国标法，但两者之间并无显著性差异。试剂盒法可以作为一种实用的半定量检测方法，对水样进行初筛，但精确定量还需以实验室国标方法为主。

综上所述，试剂盒技术中目视比色法适用于对污染情况进行初步排列与筛选，便携式光度计法适用于现场半定量检测，精确定量还需以实验室国标方法为主。

4.4.5.2 试剂盒技术的应用实例

试剂盒技术已经成为国家重大事件及自然灾害中基本的应急监测装备，下面以舒兰市细鳞河氨氮超标为例进行介绍。

（1）概述

细鳞河为舒兰市常规监测河流，2011 年 7、8 月份下游 2 个监测断面氨氮出现超标现象。

（2）现场监测

为帮助舒兰站排查污染源、查明超标原因，在使用 pH 试纸及温度计排除酸碱度和温度的干扰后，应急监测人员采用氨氮试剂盒对细鳞河两岸所有排污口进行逐一排查，由于试剂盒适用于现场快速测定，仅用半天时间就完成了 20 多个排污口的监测工作。造成细鳞河氨氮超标的原因认定为，有 3 个未经处理的生活污水排污口直接排入细鳞河。根据监测结果，舒兰市环保局协调相关部门对超标排污口进行了整治。现场平行测定 2 次，同时现场采样后送回实验室测定，其测定结果与现场氨氮试剂盒的测试结果基本相符。

4.5 便携式紫外-可见分光光度技术

4.5.1 便携式紫外-可见分光光度技术的基本原理

紫外-可见吸收光谱是一种分子吸收光谱，它是由分子中价电子的跃迁产生的。紫外-可见分光光度法是在紫外-可见光区（波长为 200～800nm）测定物质的吸光度，用于鉴别、杂质检查和定量测定的方法。综合指标和无机污染物的检测一般是用紫外-可见分光光度法进行定量，在最大吸收波长处测量一定浓度样品溶液的吸光度，采用吸收系数法求算出样品溶液的浓度。其基本原理是朗伯-比尔定律：当一束平行的单色光通过某一均匀、无色散的含有吸光物质的溶液时，在入射光的波长强度以及溶液的温度等影响因素保持不变的情况下，该溶液的吸光度 A 与溶液的浓度 c 及液层厚度 l 的乘积成正比关系，即

$$A=Kcl \tag{4-1}$$

式中　A——吸光度；

K——比例常数，与入射光的波长、溶液的性质、液层厚度及温度有关；

c——吸光物质的浓度；

l——透光液层的厚度。

在一定波长下，测定某种物质的标准系列溶液的吸光度绘制标准曲线，然后测定样品溶

液的吸光度，根据所测吸光度得出样品溶液的浓度。

4.5.2　便携式紫外-可见分光光度技术的特点

便携式紫外-可见分光光度技术一般具有以下特点：

① 相对于其他光谱分析仪，便携式紫外-可见分光光度计体积较小，质量较轻，携带方便，操作简单，因此是现场应急监测最常用的速测仪之一。

② 精密度和准确度高。其相对误差可减小到1%～2%，可用于微量组分的测定。试剂盒法结合紫外-可见分光光度计可满足现场准确快速监测的定量要求。

③ 灵敏度高，选择性好。由于分光光度法的入射光以棱镜或光栅为单色器，同时在狭缝的控制配合下可得一条谱带很窄的单色光，因此其测定的灵敏度、选择性和准确度均比比色法高。

④ 便携式紫外-可见分光光度技术使用范围广，适用于现场快速检测多种无机物，如总氯、余氯、硫化物、硫酸盐、氰化物、化学需氧量等十几种物质。

⑤ 样品性质、溶剂、被测溶液不均匀以及仪器不稳定等因素会影响检测结果的准确性。

4.5.3　便携式紫外-可见分光光度计

便携式紫外-可见分光光度计在应急监测领域使用非常广泛，而且市面上种类繁多。其中比较典型的代表有美国哈希（Hach）公司DR系列便携式分光光度计、上海722可见分光光度计、北京普析通用有限责任公司便携式快速光谱仪（PORS-15V）及北京华夏科创仪器技术有限公司多功能水质快速测定仪（SP-1）等。

目前，国际上的紫外-可见分光光度计正向高速、微量、小型和低杂散光、低噪声的方向发展。2011年，我国政府把科学仪器列为第十个五年计划期间国家二十九项重大科技攻关项目中的一项。北京普析通用有限责任公司在承担“光谱分析仪器的研制和开发”国家攻关课题期间，完成了快速便携式多功能紫外可见光谱仪和用CCD阵列作检测器的三维紫外可见光谱仪的研制，这两项技术均已初步形成产业化规模。光谱仪不限于测定单一参数，能够自动消除背景影响并实现全光谱的统一校准，其提供的测定数据与国家标准方法具有较好的可比性。目前，我国的快速便携式多功能紫外光谱仪已经达到国际上同类产品的领先水平。

下面以美国哈希（Hach）公司DR系列的DR300便携式比色计和北京普析通用有限责任公司便携式快速光谱仪（PORS-15V）为例介绍便携式紫外-可见分光光度计。

(1) 美国哈希（Hach）公司DR系列的DR300便携式比色计

美国哈希（Hach）公司DR系列的DR300便携式比色计如图4-5所示。

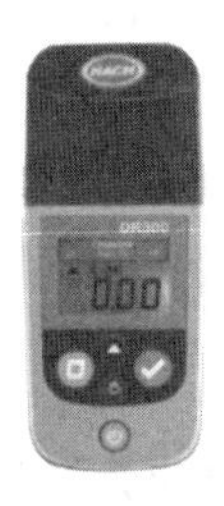

图4-5　美国哈希（Hach）公司DR系列的DR300便携式比色计

其技术参数如下：

光源：发光二极管（LED）；

检测器：硅光电二极管；

防护等级：IP67，1m 水深防护 30min；

波长准确度：视型号而定，±2nm；

光谱带宽：15nm 滤波器带宽；

吸光度范围：0～2.5；

样品池：1cm（10mL），25mm（10mL）；

监测项目：余氯、总氯、溴、硝酸盐、溶解氧、臭氧、磷酸盐、氨、pH、氨氮、二氧化氯等。

（2）北京普析通用有限责任公司便携式快速光谱仪（PORS-15V）

北京普析通用有限责任公司便携式快速光谱仪（PORS-15V）如图 4-6 所示。

图 4-6　北京普析通用有限责任公司便携式快速光谱仪（PORS-15V）

其技术参数如下：

波长范围：380～800nm（标配，主机配置钨灯）；

数据分辨率：0.6nm；

光谱带宽：4nm±1nm；

波长准确度：<1.0nm；

波长重复性：0.1nm；

基线平直度：±0.005；

扫描速度：>4200nm/s；

噪声：±0.003；

积分时间：0.005～5s；

测量精度：±2%；

主要检测项目：COD_{Cr}（低浓度）、COD_{Cr}（高浓度）、氨氮、六价铬、氰化物；

适合海水检测项目：COD_{Mn}、亚硝酸盐、硝酸盐（镉柱还原法）、无机磷、氨（次溴酸盐氧化法）；

可扩展检测项目：余氯、总氯、氯化物、总磷、挥发酚、苯胺、硫酸盐、亚铁、可溶性总铁、总铁、总锰、总铬、氟化物、硫化物、阴离子洗涤剂、甲醛、尿素、浊度。

4.5.4 便携式紫外-可见分光光度技术的应用

4.5.4.1 便携式紫外-可见分光光度法与实验室国标法的比对

本节以美国哈希公司 DR 系列便携式分光光度计为例，对比便携式分光光度法与实验室国标法，按污染物指标分述如下。

（1）余氯/总余氯——DPD法

① 测量范围。测量范围（以 Cl_2 计）为低量程 0.02～2.00mg/L 和高量程 0.1～10.00mg/L。

② 方法原理。余氯是指游离余氯（活性游离氯、潜在游离氯），以次氯酸、次氯酸盐离子和单质氯的形式存在于水中。样品中的余氯（以次氯酸和次氯酸盐离子形式存在）与DPD（*N*,*N*-二乙基对苯二胺）指示剂反应，使溶液呈粉红色。颜色的深浅程度与其中的余氯含量成正比。测试结果在波长为530nm的可见光下读取。

总余氯以游离余氯和氯胺两种形式存在。两者可同时存在，它们的量也可同时测试出来。样品中的游离余氯以次氯酸和次氯酸盐离子形式存在。氯胺则以一氯胺、二氯胺、三氯化氮及其他衍生物的形式存在。氯胺能将试剂中的碘化物氧化为单质碘。单质碘和余氯与DPD（*N*,*N*-二乙基对苯二胺）指示剂反应，使溶液呈粉红色。颜色的深浅程度与其中的氯含量成正比。若要确定氯胺的浓度，则需再测定游离余氯的浓度，从总余氯浓度中减去游离余氯的浓度就得到氯胺的浓度。测试结果在波长为530nm的可见光下读取。

③ 干扰。锰酸盐的干扰可加入碘化钾消除，铬酸盐的干扰可加入氯化钡消除。其他氧化剂如溴、碘、臭氧、二氧化氯、过氧化物等也有干扰，其中，溴、碘、臭氧、二氧化氯产生正干扰。酸度和碱度会干扰测定，测定时可用硫酸或氢氧化钠将pH调至6～7。硬度（以 $CaCO_3$ 计）小于1000mg/L时不会产生干扰。

④ 精密度和准确度。采用Hach-DR1900 DPD法测定某医院废水中的总余氯，5个平行样的测定结果分别为4.23mg/L、4.20mg/L、4.36mg/L、4.31mg/L、4.29mg/L，平均值为4.28mg/L，相对偏差为1.49%。该废水样品采用碘量法［《水和废水监测分析方法》（第四版）（增补版）］测得总余氯浓度为4.47mg/L。两种方法测定结果的相对偏差为4.30%。

（2）硝酸盐氮——镉还原法

① 测量范围。测定范围（NO_3^--N）为低量程 0.01～0.50mg/L、中量程 0.1～10.0mg/L 和高量程 0.3～30.0mg/L。

② 方法原理。样品中的硝酸盐被金属镉转化为亚硝酸盐。亚硝酸根离子在酸性条件下与磺胺酸发生反应，生成中间产物重氮盐。重氮盐与龙胆酸反应生成琥珀色溶液，测试结果在波长为500nm可见光下读取。

③ 干扰。氯化物、亚硝酸盐、氯胺、有机物和碳酸盐等对硝酸盐测定可产生干扰。

④ 精密度和准确度。采用Hach-DR1900测定某工业废水中的硝酸盐，5个平行样的测定结果分别为2.15mg/L、2.21mg/L、2.10mg/L、2.12mg/L、1.96mg/L，平均值为2.08mg/L，相对偏差为4.04%。该废水样品采用紫外分光光度法［《水质　硝酸盐氮的测定　紫外分光光度法》（HJ/T 346—2007）］测得硝酸盐浓度为1.95mg/L。两种方法测定结果的相对偏差为3.19%。

（3）亚硝酸盐氮——重氮化法

① 测定范围。测定范围（NO_2^--N）为低量程 0.002～0.300mg/L。

② 方法原理。样品中的亚硝酸盐与对氨基苯磺酸反应，生成中间产物重氮盐。重氮盐又与铬变酸偶联生成粉红色的复合物，该物质的量与样品中亚硝酸盐的含量成正比。测试结果在波长为507nm的可见光下读取。

③ 干扰。三价锑离子、金离子、铋离子、氯铂酸盐离子、三价铁离子、铅离子、汞离子、偏钒酸盐离子和银离子引起沉淀而产生干扰。亚铜离子和亚铁离子导致测试结果偏低。

④ 精密度和准确度。采用 Hach-DR1900 测定某工业废水中的亚硝酸盐，5 个平行样的测定结果分别为 0.063mg/L、0.067mg/L、0.071mg/L、0.058mg/L、0.065mg/L，平均值为 0.065mg/L，相对偏差为 7.43%。该废水样品采用分光光度法（GB 7493—87）测得亚硝酸盐浓度为 0.070mg/L。两种方法测定结果的相对偏差为 3.70%。

（4）磷酸盐——PhosVer 3（抗坏血酸）法

① 测定范围。测定范围（PO_4^{3-}）为 0.06～5.00mg/L 和 0.02～1.60mg/L。

② 方法原理。在酸性溶液中，钼酸盐与正磷酸盐反应，生成磷酸盐-钼酸盐配合物。该配合物又与抗坏血酸反应，生成颜色强烈的钼蓝复合物。测试结果在波长为 880nm 的光波下读取。

③ 干扰。砷含量大于 2mg/L 时有干扰，可用硫代硫酸钠去除。硫化物含量大于 2mg/L 时有干扰，在酸性条件下通氮气可以去除。六价铬大于 50mg/L 时有干扰，用亚硫酸钠去除。亚硝酸盐在大于 1mg/L 时有干扰，用氧化消解或氨基磺酸均可以去除。铁浓度 20mg/L 使结果偏低 5%。铜浓度低于 10mg/L 时不产生干扰，氟化物浓度低于 70mg/L 时也不产生干扰。水中大部分常见离子对显色的影响可以忽略。

④ 精密度和准确度。采用 Hach-DR1900 测定某工业废水中的磷酸盐，5 个平行样的测定结果分别为 1.56mg/L、1.53mg/L、1.49mg/L、1.50mg/L、1.48mg/L，平均值为 1.51mg/L，相对偏差为 2.16%。该废水样品采用紫外分光光度法［《水和废水监测分析方法》（第四版）（增补版）中的钼锑抗分光光度法］测得磷酸盐浓度为 1.45mg/L。两种方法测定结果的相对偏差为 2.02%。

（5）磷酸盐——钼锑抗法

① 测定范围。测定范围（PO_4^{3-}）为 0.3～45.0mg/L 和 1.00～100mg/L。

② 方法原理。正磷酸盐在酸性介质中与钼酸盐反应，生成一种磷酸盐-钼酸盐配合物。在钒存在的条件下，生成黄色的磷钼钒杂多酸。颜色的深浅程度与磷酸盐的含量成正比。测试结果在波长为 420nm 的可见光下读取。

③ 干扰。pH 值应大约为 7，否则会产生干扰。砷酸盐和硅在样品加热时产生干扰。铁、三价铁浓度小于 100mg/L 时，由三价铁引起的蓝色不会造成干扰。钼酸盐浓度大于 1000mg/L 时产生负干扰。硫化物、氟化物、钍、铋、硫代硫酸盐或硫氰酸盐造成负干扰。

④ 精密度和准确度。采用 Hach-DR1900 测定某工业废水中的磷酸盐，5 个平行样的测定结果分别为 11.3mg/L、12.1mg/L、10.9mg/L、11.6mg/L、12.5mg/L，平均值为 11.7mg/L，相对偏差为 2.16%。该废水样品采用紫外分光光度法［《水和废水监测分析方法》（第四版）（增补版）中的钼锑抗分光光度法］测得磷酸盐浓度为 11.0mg/L。两种方法测定结果的相对偏差为 3.08%。

（6）总磷——PhosVer 3 消解-抗坏血酸法

① 测定范围。测定范围（P）为 0.06～3.50mg/L 和 0.02～1.10mg/L。

② 方法原理。有机磷酸盐在酸液和过硫酸盐溶液中加热后转化为正磷酸盐。正磷酸盐与钼酸盐在酸性介质中发生反应，生成一种混合的磷酸盐-钼酸盐配合物。抗坏血酸还原磷酸盐-钼酸盐配合物使溶液呈深蓝色。测试结果在波长为 880nm 的可见光下读取。

③ 干扰。砷含量大于 2mg/L 时有干扰，可用硫代硫酸钠去除。硫化物含量大于 2mg/L

时有干扰，在酸性条件下通氮气可以去除。六价铬大于 50mg/L 时有干扰，用亚硫酸钠去除。亚硝酸盐在大于 1mg/L 时有干扰，用氧化消解或氨基磺酸均可以去除。铁浓度 20mg/L 使结果偏低 5%。铜浓度低于 10mg/L 时不产生干扰，氟化物小于 70mg/L 时也不产生干扰。水中大部分常见离子对显色的影响可以忽略。

④ 精密度和准确度。采用 Hach-DR1900 测定某工业废水中的总磷，5 个平行样的测定结果分别为 11.8mg/L、12.1mg/L、11.7mg/L、11.2mg/L、12.0mg/L，平均值为 11.8mg/L，相对偏差为 2.98%。该废水样品采用钼酸铵分光光度法（GB 11893—89）测得总磷浓度为 12.6mg/L。两种方法测定结果的相对偏差为 3.28%。

（7）总磷——PhosVer 3 消解-钼锑抗法

① 测定范围。测定范围（P）为 1.0～100.0mg/L。

② 方法原理。有机磷酸盐在酸液和过硫酸盐溶液中加热后转化为正磷酸盐。正磷酸盐与钼酸盐在酸性介质中发生反应，生成一种混合的磷酸盐-钼酸盐配合物。在钒的存在下，生成黄色的磷钼钒杂多酸。黄色的深浅和磷含量成正比。测试结果在波长为 420nm 的可见光下读取。

③ 干扰。pH 值应大约为 7，否则会产生干扰。砷酸盐和硅在样品加热时产生干扰。铁、三价铁浓度小于 100mg/L 时，由三价铁引起的蓝色不会造成干扰。钼酸盐浓度大于 1000mg/L 时产生负干扰。硫化物、氟化物、钍、铋、硫代硫酸盐或硫氰酸盐造成负干扰。

④ 精密度和准确度。采用 Hach-DR1900 测定某工业废水中的总磷，5 个平行样的测定结果分别为 12.3mg/L、12.8mg/L、11.9mg/L、12.7mg/L、11.4mg/L，平均值为 12.2mg/L，相对偏差为 4.75%。该废水样品采用钼酸铵分光光度法（GB 11893—89）测得总磷浓度为 12.6mg/L。两种方法测定结果的相对偏差为 1.61%。

（8）氨氮——水杨酸法

① 测定范围。测定范围（NH_3-N）为 0.02～2.50mg/L 和 0.4～50.0mg/L。

② 方法原理。氨的化合物与氯结合生成一氯胺。一氯胺与水杨酸盐反应生成 5-氨基水杨酸盐。在亚硝基铁氰化钠催化剂的作用下，5-氨基水杨酸盐被氧化成为一种蓝色的化合物。该蓝色化合物在呈黄色的过量试剂中使溶液显绿色。测试结果在波长为 655nm 的可见光下读取。

③ 干扰。氯胺在此条件下均被定量测定。钙、镁等阳离子的干扰可用酒石酸钾钠掩蔽。

④ 精密度和准确度。采用 Hach-DR1900 测定某工业废水中的氨氮，5 个平行样的测定结果分别为 11.4mg/L、11.6mg/L、11.1mg/L、11.3mg/L、11.0mg/L，平均值为 11.3mg/L，相对偏差为 2.12%。该废水样品采用纳氏试剂分光光度法（HJ 535—2009）测得氨氮浓度为 10.6mg/L。两种方法测定结果的相对偏差为 2.28%。

（9）氨氮——纳氏试剂法

① 测定范围。测定范围（NH_3-N）为 0.02～2.50mg/L 和 0.4～50.0mg/L。

② 方法原理。本方法中使用的矿物质稳定剂和样品中产生硬度的物质发生配合反应。聚乙烯醇分散剂在纳氏试剂与氨和某些胺类物质的反应中帮助显色。呈现的黄色的深浅和样品中氨的浓度成正比。测试结果在波长为 425nm 的可见光下读取。

③ 干扰。按照 1mg/L Cl_2 滴加 1 滴硫代硫酸钠溶液的比例，向 250mL 的样品中加入硫代硫酸钠溶液，以去除样品中的余氯。含有 500mg/L $CaCO_3$ 的溶液和镁硬度为 500mg/L

的 $CaCO_3$ 的混合溶液不会对测试产生干扰。如果硬度高于此浓度，则加入更多的矿物稳定剂（Mineral Stabilizer）试剂溶液。铁会与纳氏试剂反应形成浊度而干扰测定。硫化物会使纳氏试剂变得浑浊，故任何浓度水平都对测试产生干扰。

④ 精密度和准确度。采用 Hach-DR1900 测定某工业废水中的氨氮，5 个平行样的测定结果分别为 10.9mg/L、10.4mg/L、10.8mg/L、11.5mg/L、11.0mg/L，平均值为 10.9mg/L，相对偏差为 2.12%。该废水样品采用纳氏试剂分光光度法（HJ 535—2009）测得氨氮浓度为 10.6mg/L。两种方法测定结果的相对偏差为 1.40%。

（10）总氮——过硫酸盐氧化法

① 测定范围。测定范围（N）为 0.5～25.0mg/L 和 2～150mg/L。

② 方法原理。通过碱性的过硫酸盐消解过程把所有形式的氮都转化成为硝酸盐。消解结束后加入偏亚硫酸氢钠用于去除卤素类氧化性物质。然后硝酸盐与变色酸在强酸性环境下反应生成一种黄色配合物。测试结果在波长为 410nm 的可见光下读取。

③ 干扰。溴化物浓度大于 240mg/L 时产生正干扰。氯化物浓度大于 3000mg/L 时产生正干扰。

④ 精密度和准确度。采用 Hach-DR1900 测定某工业废水中的总氮，5 个平行样的测定结果分别为 15.3mg/L、15.9mg/L、14.8mg/L、15.1mg/L、14.6mg/L，平均值为 15.1mg/L，相对偏差为 3.32%。该废水样品采用碱性过硫酸钾消解紫外分光光度法（HJ 636—2012）测得总氮浓度为 14.6mg/L。两种方法测定结果的相对偏差为 1.68%。

（11）溶解氧——直接测量法

① 测定范围。测定范围（O_2）为 0～20mg/L 或饱和度 0～200%。

② 方法原理。低量程溶解氧 AccuVac 安瓿瓶中装有真空的试剂。当安瓿瓶在水样中被打破，含有溶解氧的水样进入其中，溶液就会从黄色转变为蓝色。蓝色的深度与样品中溶解氧的含量成正比。测试结果在波长为 610nm 的可见光下读取。

③ 干扰。若肼过量 100000 倍会减少氧化态形式的指示剂。连二亚硫酸钠会减少氧化态形式的指示剂，并产生较大的干扰。

④ 精密度和准确度。采用 Hach-DR1900 测定某工业废水中的溶解氧，5 个平行样的测定结果分别为 5.65mg/L、5.46mg/L、5.61mg/L、5.57mg/L、5.42mg/L，平均值为 5.54mg/L，相对偏差为 1.77%。该废水样品采用电化学探头法（HJ 506—2009）测得溶解氧浓度为 5.40mg/L。两种方法测定结果的相对偏差为 1.28%。

（12）化学需氧量——消解比色法

① 测定范围。测定范围（COD）为低量程 3～150mg/L 和高量程 20～1500mg/L。

② 方法原理。化学需氧量（COD，单位：mg/L）的定义是每升样品所消耗的 O_2 的量（单位：mg）。在本方法中，样品与强氧化剂（重铬酸钾）一起加热 2h。可氧化的有机混合物通过反应，将重铬酸盐离子（$Cr_2O_7^{2-}$）还原为绿色的铬离子（Cr^{3+}）。如果使用 3～150mg/L 比色法，可以确定 Cr(Ⅵ) 的残留量。如果采用 20～1500mg/L 比色法，可以确定铬离子（Cr^{3+}）的生成量。COD 试剂含有银离子和汞离子。其中，银是催化剂，汞用于去除复合氯化物的干扰。3～150mg/L 量程的测试结果在 420nm 波长下读取。20～1500mg/L 量程的测试结果在 620nm 波长下读取。

③ 干扰。氯化物是主要的干扰。每个 COD 小瓶都含有硫酸汞，能排除最高浓度为 2000mg/L 的氯化物干扰。

④ 精密度和准确度。采用 Hach-DR1900 测定某工业废水中的化学需氧量浓度，5 个平行样的测定结果分别为 565mg/L、543mg/L、526mg/L、519mg/L、537mg/L，平均值为 538mg/L，相对偏差为 3.30％。该废水样品采用重铬酸钾法（HJ 828—2017）测得化学需氧量浓度为 553mg/L。两种方法测定结果的相对偏差为 1.37％。

（13）总有机碳——直接法

① 测定范围。测定范围（C）为低量程 0.3～20mg/L、中量程 15～150mg/L 和高量程 100～700mg/L。

② 方法原理。在微酸性环境下对样品进行鼓气，以除去无机碳。在外部小瓶，样品中的有机碳被过硫酸盐和酸消解，形成二氧化碳。在消解的过程中，二氧化碳被内部安瓿瓶中的 pH 指示剂所吸收，生成碳酸。碳酸改变指示剂的 pH，进而改变指示剂的颜色。颜色的改变程度与样品的含碳量有关。测试结果分别在波长为 598nm 和 430nm 的可见光下读取。

③ 干扰。如果样品的碱度（以 $CaCO_3$ 计）大于 600mg/L，在测试前加入硫酸将样品 pH 调至 7 以下。样品中大部分的浑浊物会在消解过程中溶解或在冷却阶段沉淀下来。浊度小于 50 NTU 的样品在测总有机碳时不会有干扰。铝（＞10mg/L）、氨氮（＞1000mg/L）、溴化物（以 Br^- 计）（＞500mg/L）、溴（＞25mg/L）、钙（以 $CaCO_3$ 计）（＞2000mg/L）、氯化物（以 Cl^- 计）（＞5000mg/L）、氯（＞10mg/L）、氰化物（以 CN^- 计）（＞10mg/L）等干扰测定。

④ 精密度和准确度。采用 Hach-DR1900 测定某工业废水中的总有机碳浓度，5 个平行样的测定结果分别为 136mg/L、128mg/L、124mg/L、134mg/L、119mg/L，平均值为 128mg/L，相对偏差为 5.47％。该废水样品采用燃烧氧化-非分散红外吸收法（HJ 501—2009）测得总有机碳浓度为 114mg/L。两种方法测定结果的相对偏差为 5.79％。

（14）氟化物——SPADNS 法

① 测定范围。测量范围（F^-）为 0.02～2mg/L。

② 方法原理。在酸性溶液中，茜素磺酸钠与锆盐生成红色络合物，样品中的氟化物能夺取该络合物中的锆离子，生成无色的氟化锆离子，释放出黄色的茜素磺酸钠。无色氟化锆离子的量与样品中氟化物的含量成正比。测试结果在波长为 580nm 的可见光下读取。

③ 干扰。碱度（以 $CaCO_3$ 计）浓度为 5000mg/L 时产生－0.1mg/L F^- 的干扰。铝浓度为 0.1mg/L 时产生－0.1mg/L F^- 的干扰。为了避免铝产生的干扰，在添加试剂 1 分钟后读数，15 分钟后再次读数，若数值有明显增加则表明有铝干扰。2 小时后读数，这样可以消除高浓度（3.0mg/L）铝的影响。氯化物浓度为 7000mg/L 时产生＋0.1mg/L F^- 的干扰。SPADNS 试剂含有亚砷酸盐，能够消除高浓度（5mg/L）氯的影响。若氯的浓度更高，向 25mL 样品中加 1 滴亚砷酸钠溶液。三价铁离子浓度为 10mg/L 时产生－0.1mg/L F^- 的干扰。六偏磷酸钠浓度为 1.0mg/L 时产生＋0.1mg/L F^- 的干扰。硫酸盐浓度为 200mg/L 时产生＋0.1mg/L F^- 的干扰。正磷酸盐浓度为 16mg/L 时产生＋0.1mg/L F^- 的干扰。

④ 精密度和准确度。采用 Hach-DR1900 测定某工业废水中的氟化物，5 个平行样的测定结果分别为 1.25mg/L、1.32mg/L、1.26mg/L、1.30mg/L、1.28mg/L，平均值为 1.28mg/L，相对偏差为 2.23％。该废水样品采用离子选择电极法（GB 7484—87）测得氟化物浓度为 1.21mg/L。两种方法测定结果的相对偏差为 2.81％。

（15）氰化物——吡啶-吡唑啉酮法

① 测定范围。测量范围为 0.002～0.240mg/L。

② 方法原理。吡啶-吡唑啉酮当有游离氰化物存在时会产生强烈的蓝色。样品需要蒸馏

以测定和过渡金属或重金属结合的氰化物。测试结果在612nm波长下读取。

③ 干扰。当水样中有大量硫化物时，可加入适量碳酸镉粉末去除干扰。若样品中含有大量亚硝酸盐，可加入适量氨基磺酸去除干扰。

④ 精密度和准确度。采用Hach-DR1900测定某工业废水中的氰化物，5个平行样的测定结果分别为0.035mg/L、0.032mg/L、0.029mg/L、0.034mg/L、0.030mg/L，平均值为0.032mg/L，相对偏差为7.97%。该废水样品采用异烟酸-吡唑啉酮分光光度法（HJ 484—2009）测得氰化物浓度为0.036mg/L。两种方法测定结果的相对偏差为5.88%。

（16）硫化物——亚甲基蓝法

① 测定范围。测量范围为5～800μg/L。

② 方法原理。硫氢化合物、酸溶性金属硫化物与*N*,*N*-二甲基对苯二胺硫酸盐反应，生成亚甲基蓝。颜色的深浅程度与溶液中的硫化物含量成正比。测试结果在波长为665nm的可见光下读取。

③ 干扰。强还原性物质，如亚硫酸盐、硫代硫酸盐、连二亚硫酸盐等超过10mg/L时影响测定。高浓度硫化物样品会妨碍颜色形成，应稀释后测定，样品稀释时可能会损失某些硫化物。

④ 精密度和准确度。采用Hach-DR1900测定某工业废水中的硫化物，5个平行样的测定结果分别为0.45mg/L、0.40mg/L、0.42mg/L、0.39mg/L、0.38mg/L，平均值为0.42mg/L，相对偏差为5.71%。该废水样品采用亚甲基蓝分光光度法（GB/T 16489—1996）测得硫化物浓度为0.46mg/L。两种方法测定结果的相对偏差为4.55%。

（17）硫酸盐——试剂浊度法

① 测定范围。测量范围为2～70mg/L。

② 方法原理。样品中的硫酸根离子与钡离子反应，形成硫酸钡沉淀。溶液的浊度与其中硫酸盐含量成正比。测试结果在波长为450nm的可见光下读取。

③ 干扰。钙、镁（以$CaCO_3$计）浓度大于20000mg/L时会产生干扰。氯化物浓度大于40000mg/L时会产生干扰。二氧化硅浓度大于500mg/L时会产生干扰。

④ 精密度和准确度。采用Hach-DR1900测定某工业废水中的硫酸盐，5个平行样的测定结果分别为1286mg/L、1275mg/L、1285mg/L、1259mg/L、1295mg/L，平均值为1280mg/L，相对偏差为1.07%。该废水样品采用铬酸钡分光光度法（HJ/T 342—2007）测得硫酸盐浓度为1076mg/L，两种方法测定结果的相对偏差为8.66%。

（18）氯化物——硫氰酸汞法

① 测定范围。测定范围为0.1～25mg/L。

② 方法原理。样品中的氯化物与硫氰酸汞反应，生成氯化汞和游离的硫氰酸盐离子，硫氰酸盐离子再与三价铁离子反应生成橙色的硫氰酸铁复合物。复合物的浓度与溶液中氯化物的含量成正比。测试结果在波长为455nm的可见光下读取。

③ 干扰。极端pH会干扰测定，测试前将其pH调至7左右。

④ 精密度和准确度。采用Hach-DR1900测定某工业废水中的氯化物，5个平行样的测定结果分别为2123mg/L、2025mg/L、1952mg/L、2015mg/L、2136mg/L，平均值为2050mg/L，相对偏差为3.79%。该废水样品采用硝酸银滴定法（GB 11896—89）测得氯化物浓度为1913mg/L。两种方法测定结果的相对偏差为3.46%。

（19）碘——DPD法

① 测定范围。测定范围为0.07～7.00mg/L。

② 方法原理。碘与DPD试剂（*N*,*N*-二乙基对苯二胺）反应使溶液呈粉红色，颜色的深浅程度与其中的碘含量成正比。测试结果在波长为530nm的可见光下读取。

③ 干扰。极端pH会干扰测定，测试前将其pH调至6～7。溴、氯、臭氧、氯胺和二氧化氯任何浓度水平均会对测试产生干扰。有机氯胺和过氧化氢可能会对测试产生干扰。硬度（以$CaCO_3$计）小于1000mg/L时不会对测试产生干扰。

④ 精密度和准确度。采用Hach-DR1900测定某工业废水中的碘，5个平行样的测定结果分别为1.03mg/L、0.95mg/L、0.98mg/L、1.06mg/L、1.12mg/L，平均值为1.03mg/L，相对偏差为6.50%。该废水样品加入标液1mg/L，加标回收率为97.8%。

4.5.4.2　便携式紫外-可见分光光度计的性价对比

闫韫等选取市场上口碑好、占有率高的3款便携式紫外-可见分光光度计，通过准确度、精密度、检测时长及价格等指标，以权重积分法对3款仪器进行比较。

（1）仪器和试剂

DR1900多参数便携式分光光度计（美国哈希公司），PF-12多参数便携式分光光度计（德国MN公司），T-6500多参数便携式分光光度计（中国深圳清时捷公司），以上仪器均通过深圳市计量质量检测研究院校准。

检测试剂均为各仪器厂家的配套试剂包。

（2）比选项目和浓度

3款仪器所能检测的项目大致相同，按照如下原则进行挑选：①GB 3838—2002和GB 5749—2006中都包含的检测项目；②受关注度高、毒性强、危害严重的项目；③3款仪器均可检测的项目。按照以上原则，实验挑选了10个检测项目，其中综合指标和无机污染物指标有6个。比选项目及其浓度如表4-13所示。依据各仪器各项目检测量程，分别选取低、中、高3个浓度进行试验。

表4-13　比选的综合指标和无机污染物指标及其浓度

检测项目	质量浓度/(mg/L)		
	DR1900	PF-12	T-6500
氨氮	0.5,5,50	0.5,1,5	0.01,0.1,1
亚硝酸盐氮	0.005,0.02,0.1	0.005,0.02,0.4	0.005,0.02,0.5
总磷	1,15,25	0.5,1,15	0.1,1,4
硫化物	0.01,0.1,0.5	0.1,0.5,0.8	0.02,0.1,1
氰化物	0.005,0.05,0.2	0.01,0.1,0.2	0.005,0.1,0.4
氟化物	0.05,0.1,2	0.1,0.5,2	0.1,0.5,2
六价铬	0.02,0.1,0.5	0.02,0.1,0.5	0.005,0.1,1.5
挥发酚	0.005,0.05,0.2	0.2,1,4	0.1,1,5
铅	0.01,0.05,0.15	0.1,1,5	0.5,1,5
镍	0.01,0.1,0.5	0.1,1,1.5	0.1,5,20

（3）评价方法

比选采用权重积分法对3款仪器进行评价，总分100分，其中准确度（相对误差）30

分，精密度 30 分，检测时间 20 分，仪器价格 5 分，试剂价格 10 分，货期 5 分。

仪器价格和货期满分均为 5 分，优、中、差分别计 5、3、1 分。准确度、精密度、检测时间和试剂价格分为 10 个项目分别计分再合计，即每个检测项目中准确度和精密度满分均为 3 分，优、中、差分别计 3、2、1 分；检测时间满分为 2 分，优、中、差分别计 2、1、0 分；试剂价格满分为 1 分，优、中、差分别计 1、0.5、0 分。3 个浓度中任何一个相对误差超过±50%，则该仪器该项目的检测结果不能接受，准确度不得分。

（4）比选结果

3 台仪器的价格分别为：DR1900 为 33800.00 元，PF 12 为 12500.00 元，T 6500 为 21600.00 元。货期分别为：DR1900 为 4～8 周，PF-12 为 3～6 周，T-6500 为 1 周。各仪器的检测结果见表 4-14。根据检测结果及权重评分标准计算各仪器的得分情况，结果如图 4-7 所示。

表 4-14　3 款仪器的检测结果

检测项目	相对误差绝对值/%			精密度/%			检测时间/min			试剂价格/(元/次)		
	DR1900	PF-12	T-6500	DR1900	PF-12	T-6500	DR1900	PF-12	T-6500	DR1900	PF-12	T-6500
氨氮	7.13	7.33	20.7	6.41	4.72	3.66	25.0	5.0	17.0	20.5	60.0	1.50
亚硝酸盐氮	9.78	—①	—	6.34	0.41	0.29	17.0	11.0	12.0	4.22	52.5	1.50
总磷	3.10	6.75	16.0	0.13	1.75	4.12	42.0	12.0	45.0	21.8	68.0	3.00
硫化物	12.9	—	14.9	10.0	4.83	8.57	8.00	5.00	7.00	6.08	7.06	1.50
氰化物	11.3	6.56	2.69	3.49	3.13	1.90	33.0	18.0	18.0	9.88	7.43	3.60
氟化物	—	8.89	18.9	10.5	1.03	15.4	5.00	16.0	2.00	13.7	56.2	2.00
六价铬	13.5	3.00	—	1.90	0.42	1.47	7.00	5.00	14.0	3.67	3.87	2.00
挥发酚	13.0	10.6	17.2	1.10	2.51	2.42	20.0	7.00	12.0	21.3	55.4	2.50
铅	—	6.87	—	6.96	1.64	0	20.0	5.00	8.00	126	62.9	5.20
镍	14.1	10.4	—	2.59	8.95	0.54	20.0	3.00	9.00	16.6	5.04	5.20

① 该项目 3 个浓度的检测结果中，至少有一个浓度的相对误差超过了±50%，即该项不得分。

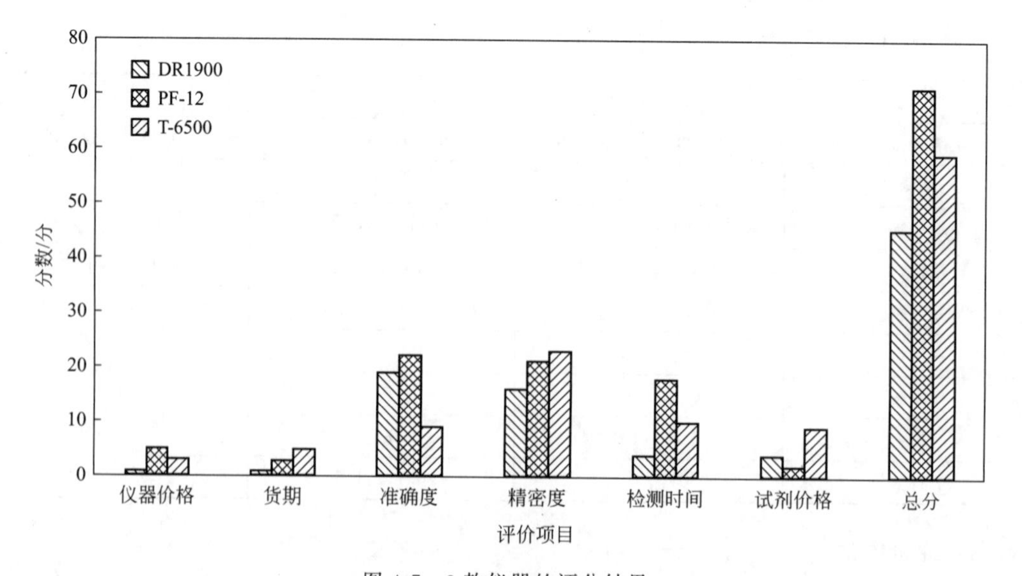

图 4-7　3 款仪器的评分结果

结果表明：DR1900 准确度较高，但仪器价格贵，检测时间长，精密度不高；PF-12 准确度、精密度高，检测时间短，缺点是试剂价格较高；T-6500 精密度高，试剂价格低廉，货期短，但准确度较差。依据（3）的评分方法，得分最高的是 PF-12。

（5）结论

德国 MN 公司的 PF-12 多参数便携式分光光度计的综合性能最优，最适合用于现场应急监测。

4.5.4.3　便携式紫外-可见分光光度技术的应用实例

（1）概述

2010 年 7 月，吉林市松花江支流温德河发生特大洪水，造成松花江水质中氨氮发生明显变化。

（2）现场监测

为确保距吉林市区 70km 处松花江吉林出境断面水质达标，应急监测人员携带便携式分光光度计在出境断面进行连续监测。首先使用 pH 试纸及温度计排除温度和酸碱度的干扰，然后通过采用实际水样做空白调零消除水样中由洪水带来的色度干扰。空白加标及样品加标测试结果表明，组分回收率均控制在 80%～120%之间。同时现场采样后送回实验室测定，现场采用便携式分光光度计检测水中氨氮的结果与实验室检测结果相比较，相对标准偏差小于 15%。

4.6　便携式电化学技术

电化学分析是使待测对象组成一个化学电池，通过测量电池的电位、电流、电导等物理量，实现对待测物质的分析。根据测定物理量的不同，电化学分析法又分为电位分析法、库仑分析法和伏安分析法等。在综合指标和无机污染物现场快速监测中常用的技术主要包括离子选择电极检测技术、电化学生物电极传感器检测技术和阳极溶出伏安检测技术等。其中，阳极溶出伏安检测技术主要适用于金属离子的测定，将在第 6 章中详细介绍。

4.6.1　离子选择电极检测技术

4.6.1.1　离子选择电极检测技术原理及使用方法

离子选择电极是利用膜电势测定溶液中离子活度或浓度的电化学传感器，一般主要由内参比电极、内参比溶液和敏感膜三部分组成（图 4-8）。内参比电极一般用银-氯化银电极，

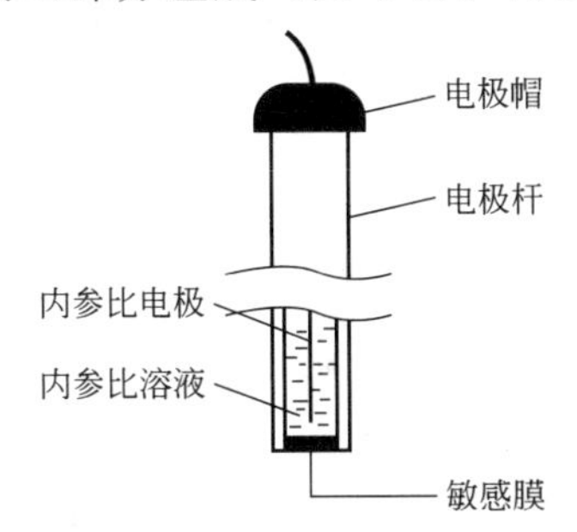

图 4-8　离子选择性电极的基本结构

内参比溶液含有该电极响应的离子和内参比电极所需要的离子。当电极和含待测离子的溶液接触时，在其敏感膜和溶液的界面上会产生与该离子活度直接相关的膜电势。离子选择电极对某一特定离子的测定就是基于这个膜电势。这类电极选择性好、平衡时间短，是电位分析法中应用最多的指示电极。

采用离子选择电极测定溶液中离子活度的方法一般是将离子选择电极和参比电极插入试液（复合电极只需将其插入即可），使之组成一个工作电池，然后测定此电池的电动势，根据其相应的定量方法计算出待测组分的含量。

4.6.1.2 离子选择电极的种类

离子选择电极的关键元件是选择性敏感膜，敏感膜可由单晶、液晶、液膜、功能膜及生物膜等构成。不同的膜材料制作出不同性能特点的电极。按照膜的组成和结构不同，可将离子选择电极分类，如图 4-9 所示。下面具体介绍几种综合指标和无机污染物现场快速监测中常见的离子选择电极。

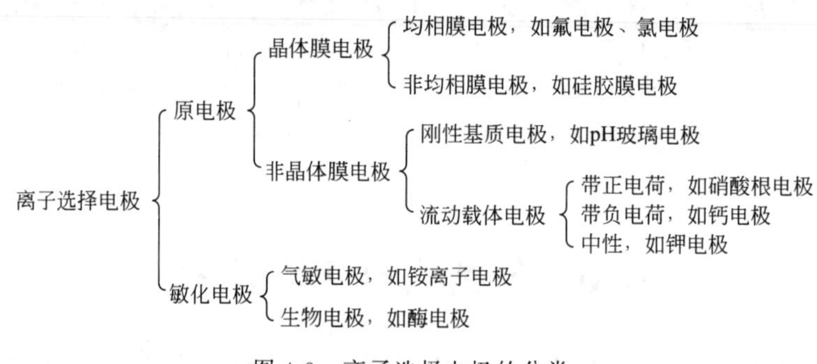

图 4-9 离子选择电极的分类

（1）晶体膜电极（如氟电极）

晶体膜电极可分为单晶（均相）膜和多晶（非均相）膜电极。前者多由一种或几种化合物均匀混合而成，后者除晶体电活性物质外，还加入了某种惰性材料，如硅橡胶、PVC、聚苯乙烯、石蜡等。

氟电极是一种典型的晶体膜电极。氟电极的敏感膜是氟化镧（LaF_3）单晶。内参比溶液是 0.1mol/L 的氯化钠（NaCl）和 0.1mol/L 氟化钠（NaF）溶液，氟离子（F^-）控制膜内表面的电位，氯离子（Cl^-）固定内参比电极的电位。

氟化镧（LaF_3）的晶格中有空穴，在晶格上的氟离子（F^-）可以移入晶格邻近的空穴而导电。离子的大小、形状和电荷决定其是否能够进入晶体膜内。当氟电极插入氟离子（F^-）溶液中时，氟离子（F^-）在晶体膜表面进行交换。25℃时膜电势为：$E_{膜}=K+0.059pF$。氟电极具有高选择性，最适 pH 为 5～7。pH 较高时，溶液中的氢氧根离子（OH^-）与氟化镧晶体膜中的氟离子（F^-）交换；pH 较低时，溶液中的氟离子（F^-）生成氟化氢（HF）或氟化氢离子（HF_2^-）。

除氟电极外，常见的晶体膜电极还有 Cl^-、Br^-、I^- 等卤素离子电极和 S^{2-} 电极。

（2）非晶体膜电极（如 pH 玻璃电极和硝酸根电极）

非晶体膜电极的敏感膜是由电活性物质和电中性支持体物质构成的。根据电活性物质的不同性质，可分为刚性基质电极和流动载体电极。刚性基质电极的敏感膜是由具有离子交换作用的刚性基质玻璃熔融烧制而成的。玻璃的成分和组成决定电极的选择性，有 H^+，

Li^+，Na^+，K^+，Rb^+，Cs^+，Ag^+，NH_4^+ 等具有选择性响应的玻璃电极。非晶体液膜电极是利用液态膜作敏感膜。通过将活性物质溶于适当的有机溶剂，渗透在多孔塑料膜内形成液体离子交换体。这种离子之间的交换将引起界面电荷分布不均匀，从而形成膜电势。

pH 玻璃电极是最早使用且使用最广泛的非晶体膜刚性基质电极。其敏感膜是在二氧化硅（SiO_2）基质中加入氧化钠（Na_2O）、氧化锂（Li_2O）和氧化钙（CaO）烧结而成的特殊玻璃膜，厚度约为 0.05mm；内参比电极为 Ag-AgCl 电极；内参比溶液为 0.01mol/L 的氯化氢溶液。其膜电势与试样溶液的 pH 呈线性关系。玻璃膜电势的产生不是起因于电子的得失。由于其他离子不能进入晶格产生交换，所以电极对氢具有高选择性。

硝酸根电极是一种常见的非晶体液膜电极。其内参比溶液是含硝酸根的水溶液。内外管之间装的是季铵类硝酸盐的邻硝基苯十二烷醚溶液。该溶液极易扩散进入微孔膜，但不溶于水，故不能进入试液溶液。载体是 PVC 膜电极，载体带正电荷。

（3）气敏电极（如铵离子电极）

气敏电极是一种气体传感器。由离子选择电极（如 pH 电极等）作为指示电极，与外参比电极一起插入电极管中组成复合电极，电极管中充有特定的电解质溶液——称为中介液，电极管端部紧靠离子选择电极敏感膜处用特殊的透气膜或空隙间隔把中介液与外测定液隔开，构成了气敏电极。

铵离子电极是将 pH 玻璃电极和指示电极插入中介液氯化铵溶液中，待氨气通过气体渗透膜与氯化铵反应，并改变 pH，从而得到铵离子的浓度。

4.6.1.3　离子选择电极的应用

（1）pH 的测定

以玻璃电极为指示电极，饱和甘汞电极为参比电极组成电池。在 25℃ 理想条件下，氢离子活度变化 10 倍，使电动势偏移 59.16mV，根据电动势的变化测出 pH 值。许多 pH 计都有温度补偿功能，用以校正温度对电极的影响，精密度可达到 0.01。

国家标准《水质　pH 值的测定　玻璃电极法》（GB 6920—86）和国家环境保护总局编写的《水和废水监测分析方法》（第四版）（增补版）第三篇第一章中都推荐了此方法。pH 为 6 时，重复性为±0.1，再现性为±0.3；pH 为 6～9 时，重复性为±0.1，再现性为±0.2；pH 为 9 时，重复性为±0.2，再现性为±0.5。

（2）氧化还原电位的测定

氧化还原电位是多种氧化性物质与还原性物质发生氧化还原反应的综合结果（可能已达到平衡，也可能尚未达到平衡），用于表征水样中可能存在的氧化性物质或还原性物质的种类及其存在量。国家环境保护总局编写的《水和废水监测分析方法》（第四版）（增补版）第三篇第一章中推荐了此方法。其测定方法是用贵金属（如铂）作指示电极，饱和甘汞电极作参比电极，测定相对于甘汞电极的氧化还原电位，然后再换算成相对于标准氢电极的氧化还原电位作为测定结果。

（3）溶解氧的测定

国家环境保护总局编写的《水和废水监测分析方法》（第四版）（增补版）第三篇第三章中推荐了此方法。测定溶解氧的电极由一个小室构成，室内有两个金属电极并充有电解质，用选择性薄膜将小室封闭住。水和可溶性物质离子不能透过这层薄膜，但氧和一定数量的其他气体及亲水性物质可透过这层薄膜。将这种电极浸入水中进行溶解氧的测定。由原电池作用或外加电压使电极间产生电位差，这种电位差使金属阳离子在阳极进入溶液，而透过膜的氧在阴极被还原。由此产生的电流直接与通过膜和电解质液层的氧的传递速度成正比，因而该电流与给定温度下水样中氧的分压成正比。因膜的渗透性随温度变化明显，所以必须进行温度补偿。

（4）氟离子的测定

氟的测定采用氟电极，其原理如4.6.1.2（1）所述。国家标准《水质　氟化物的测定　离子选择电极法》（GB 7484—87）和国家环境保护总局编写的《水和废水监测分析方法》（第四版）（增补版）第三篇第二章中均推荐了此方法。

氟离子选择电极法测定的是游离的氟离子浓度，某些高价阳离子（如三价铁、铝和四价硅）及氢离子能与氟离子络合而有干扰，所产生的干扰程度取决于络合离子的种类和浓度、氟化物的浓度和pH等。在碱性溶液中氢氧根离子的浓度大于氟离子浓度的1/10时影响测定。其他一般常见的阴、阳离子均不干扰测定。溶液的pH为5～8时不干扰测定。

氟离子选择电极法测定含1.0μg/mL、10倍量的铝（Ⅲ）、200倍量的铁（Ⅲ）及硅（Ⅳ）的合成水样，9个平行样测定的相对标准偏差为0.3%，加标回收率为99.3%。采集化肥厂、玻璃厂、磷肥厂等十几种工业废水，23个实验室的分析表明，回收率均在90%～108%之间。

（5）氯离子的测定

氯离子选择电极是由AgCl和Ag_2S的粉末混合物压制成的敏感膜，当将氯离子选择电极浸入含有氯离子的溶液中时，可产生相应的膜电势（膜电势的大小与氯离子活度的对数值呈线性关系）。

国家环境保护总局编写的《水和废水监测分析方法》（第四版）（增补版）第三篇第二章中推荐了此方法。以氯离子选择电极为指示电极，双液接甘汞电极为参比电极，插入试液中组成工作电池。当氯离子浓度在10^{-4}～1mol/L时，在一定条件下，电池电动势与氯离子活度的对数呈线性关系。采用标准加入法进行计算可得氯离子含量。

（6）硫离子的测定

《水质　硫化物的测定　硫离子选择电极电位滴定法（试行）》（HZ-HJ-SZ-0144）中推荐了此方法。硫离子选择电极主要有硫化银沉淀与硅胶调制的膜电极和硫化银压片感应膜电极等。以硫离子选择电极作为指示电极，双桥饱和甘汞电极作为参比电极，用标准铅离子溶液滴定硫离子，以伏特计测定电位变化指示反应终点。硫离子浓度变化8个数量级，电位变化8个数量级时，电位变化232mV，在终点时电位变化有突跃。确定终点时铅标准溶液的用量，即可求出样品中硫离子的含量。13个实验室对工业废水样品中硫化物浓度进行测定，结果表明在10～10^3mg/L范围，测定的相对标准偏差为3%，回收率为95%以上。

4.6.2　电化学生物电极传感器检测技术

在综合指标和无机污染物现场快速监测中常用的电化学生物传感器检测技术主要有微生物电极传感器检测技术和酶电极传感器检测技术。

4.6.2.1　微生物电极传感器检测技术

（1）微生物电极传感器的原理和分类

微生物电极传感器是指将微生物在生存状态下固定在高分子膜上，并与电化学传感元件相结合而构成的一种生物传感器。它利用细胞中酶对待测物的水解、氨解或氧化反应的选择性催化作用，以及电化学传感元件对反应物的选择性探测，依据反应的化学计量关系，定量地检测底物存在量的信息。

微生物电极传感器按其原理可分为微生物的呼吸活性型和代谢活性型两类。前者由好氧微生物固定化膜与氧电极组合而成，置于含有有机化合物的样品液中，有机物被微生物所摄取，使微生物的呼吸活性增加，呼吸活性的变化可由氧电极检测出来；后者是由厌氧微生物固定化膜与燃料电池型电极、离子选择电极或各种气敏电极组合而成，当微生物摄取有机物时产生各种代谢产物，如二氧化碳等电极活性物质，应用上述各种电极可检测这些代谢产物。微生物电极具有价格低廉、使用寿命长的优点。

（2）微生物电极传感器检测技术的应用

微生物电极传感器检测技术在环境综合指标和无机污染物检测中主要应用于生物化学需氧量（BOD）测定。测定水样中BOD的微生物传感器由氧电极和微生物菌膜构成，其原理是当含有饱和溶解氧的样品进入流通池中与微生物传感器接触时，样品中溶解性可生化降解的有机物受到微生物菌膜中菌种的作用，从而消耗一定量的溶解氧，使扩散到氧电极表面上氧的质量减少。当样品中可生化降解的有机物在菌膜上的扩散速度（质量）达到恒定时，此时扩散到氧电极表面上氧的质量也达到恒定，因此产生一个恒定电流。由于恒定电流的差值与氧的减少量存在定量关系，据此可换算出样品中BOD。

国家标准《水质　生化需氧量（BOD）的测定　微生物传感器快速测定法》（HJ/T 86—2002）和国家环境保护总局编写的《水和废水监测分析方法》（第四版）（增补版）第三篇第三章中都推荐了此方法。这种方法适用于测定BOD浓度在2～500mg/L的水样。4个实验室分析BOD含量为25.3mg/L和10.3mg/L的统一标准溶液，实验室内相对标准偏差分别为2.9%和2.6%，实验室间的相对标准偏差分别为3.4%和2.7%。4个实验室测定浓度为50.6mg/L的统一已知BOD浓度的样品，相对误差为0.4%。采用此方法测定BOD具有操作简便、分析周期短和灵敏度高等优点，能够满足应急监测的要求。但是，对于强酸、强碱和有毒废水的测定，以及提高菌膜中微生物的活性和使用寿命等方面还需要进一步研究。

4.6.2.2　酶电极传感器检测技术

（1）酶电极传感器检测技术的原理

酶电极是在离子选择电极的敏感膜表面覆盖一层很薄的含酶凝胶或悬浮液而制成的，有的电极外面还有一种渗透膜。其分析原理是通过电位法直接测定酶促反应中反应物的消耗量或生成物的产生量从而实现对底物的分析。它将酶活性物质覆盖在电极表面，这层酶活性物质与被测无机物反应，形成一种能被电极响应的物质。

（2）酶电极传感器检测技术的应用

① 硝酸根的测定。硝酸根生物传感器主要是通过测定硝酸根被还原成亚硝酸根时所产生的还原电流的大小来反映硝酸根的含量。目前有多种利用不同的硝酸根还原酶作为催化剂的生物传感器装置。Larsen等发明了用假单胞菌固定在小毛细管中，置于一氧化二氮（N_2O）电化学传感器的前端来测定硝酸根的小型微生物传感器，该传感器在小于400μmol/L时呈线性响应。Kjar等对Larsen等发明的传感器用电泳原理进行了改进，在培养基和被检测液中放入了电极，使得硝酸根能更接近敏感元件，得到了更好的检测效果。还有一种微生物传感器可以在黑暗和有光的条件下测定硝酸盐和亚硝酸盐，该微生物传感器由于在有盐的环境下进行测定，因而不受其他种类氮氧化物的影响。

② 亚硫酸根的测定。褐色肝细胞微粒体是亚细胞器，它含有不同的氧化酶，可以催化氧化亚硫酸根变成硫酸根，同时消耗分子氧。根据这一原理研制出固定的由细胞微粒体的多孔膜和氧电极组成的测定亚硫酸根的微生物传感器。将细胞微粒体通过多孔醋酸纤维素膜过滤，相当于将2.7mg蛋白质的亚细胞器固定在醋酸纤维素膜上。这张膜覆盖在氧电极表面，再用一层聚四氟乙烯气体渗透膜包住并固定，就构成了亚硫酸根传感器。

当含有亚硫酸盐的样品注入装有传感器的检测池时，二氧化硫通过渗透膜到达固定化细胞膜而被氧化酶氧化，同时消耗氧，引起传感器输出电流随时间显著降低，直到10分钟达到稳定值。实验结果表明，当样品中亚硫酸根浓度低于3.41×10^{-4}mol/L时，传感器输出电流的降低值与亚硫酸根浓度呈线性关系，据此可由传感器电流的改变测定样品中的亚硫酸根浓度。其最小检测浓度为0.6×10^{-4}mol/L。

用传感器测定亚硫酸根的选择性良好。然而传感器表面覆盖有气体渗透膜，使其对非挥发性的蔗糖、葡萄糖、丙酮酸、硫酸根、磷酸根及铵离子均不响应；一些挥发性物质如甲酸、乙酸、丙酸、乙醇等，虽能透过气体渗透膜，但不能被氧化酶氧化，所以也不能响应。

③ 硫化物的测定。白志辉等用硫化物杆菌制成了硫化物传感器，可以测定生活污水、工业废水、含硫化氢气体等基体复杂的样品中硫化物浓度。实验结果表明：该传感器响应硫离子质量浓度的线性范围为0.06～1.50mg/L，响应时间为3～6分钟，30天内测定500余次，灵敏度保持不变。

4.6.3 便携式电化学技术的其他应用

（1）化学需氧量的测定（库仑法）

库仑法测定化学需氧量（COD）的原理是以重铬酸钾为氧化剂，在10.2mol/L硫酸介质中回流氧化后，过量的重铬酸钾用电解产生的亚铁离子作为库仑滴定剂，进行库仑滴定。根据电解产生亚铁离子所消耗的电量，按照法拉第定律进行计算。仪器具有简单的数据处理装置，最后显示的数值即为COD_{Cr}值。此法简便、快速、试剂用量少，缩短了回流时间，且电极产生的亚铁离子作为滴定剂，减少了硫酸亚铁铵的配制及标定等繁杂的手续，满足现场快速测定的需求。

国家环境保护总局编写的《水和废水监测分析方法》（第四版）（增补版）第三篇第三章中推荐了此方法。此方法的测定范围为2～100mg/L。13个实验室用COD测定仪分析含50mg/L COD的统一邻苯二甲酸氢钾标准溶液，实验室内相对标准偏差为1.4%，实验室间相对标准偏差为2.8%，相对误差为2%。17个实验室分析含14～25.8mg/L COD的加标水样，单个实验室的相对标准偏差不超过6.2%。13个实验室分析含88.4～105mg/L COD的加标水样，单个实验室每个水样采用本方法测定6次，其相对标准偏差不超过8.3%。

（2）总需氧量的测定

总需氧量（TOD）是指水中能被氧化的物质，如烃类和含硫、含氮、含磷等化合物燃烧生成稳定的氧化物所需的氧量，是表示水质受有机污染程度的综合指标之一。TOD可反映水样中几乎全部有机物经氧化燃烧变成二氧化碳和水时所需要的氧量，比COD、BOD更接近理论需氧量。

TOD测定仪一般由氧透过装置、高温电炉、氧气检测器和数据处理系统四部分组成。以氮气作为载气，经稳压后进入渗氧硅橡胶管，在温度一定、大气流速一定时，从硅橡胶管外侧向内管的渗氧量一定，即氧浓度一定。含有一定量氧气的载气，一路进入管形氧化锆检测器内管参比室，另一路与水样在燃烧管内反应，燃烧后的气体进入氧化锆检测器管外侧测量室。测得氧化锆管内、外侧的电位差，即可求得耗氧量，得到 TOD 值。

(3) 多参数同时测定

多参数水质分析仪可以同时快速监测多个水质参数，可为现场快速、实时、动态分析提供简便、快捷的检测方法和手段。比如哈希 HQd 便携式水质多参数检测仪，可检测 11 种参数，具有较大的测量灵活性，可自动识别并快速更换各类电极。通过连接不同的电极，可用于测量 pH、电导率、溶解氧、生化需氧量、氧化还原电位以及钠、铵、氨、氟、硝酸盐、氯等参数。

4.6.4　便携式电化学技术的应用实例

(1) 概述

2007 年 5 月底，太湖西北部湖湾梅梁湖等出现蓝藻大规模暴发，小湾里、贡湖水厂水源恶臭、水质发黑，氨氮指标上升到 5mg/L，溶解氧下降到近 0mg/L；导致无锡市居民自来水臭味严重，由此引起无锡市饮用水水源地供水危机。5 月 31 日，太湖局立即启动流域片重要饮用水水源地突发水污染事件应急预案，并进入一级响应状态。监测局紧急启动应急监测预案，对水厂水源地加强监测，并派员多次深入现场巡查，进一步加强对流域水域情况和水量水质情况的掌握。

(2) 应急监测

按照应急监测方案，分别对无锡的锡东水厂、贡湖水厂和小湾里水厂等 3 个重要水源地进行监控，监测频次加密到 1 小时 1 次，通过便携式多参数水质分析仪和便携式多参数快速实验箱检测，应急移动监测设备实时上报，主要监测指标有氨氮、溶解氧、风速、风向、水温、水色、透明度和蓝藻分布情况等。同时，将望虞河口水质自动监测实验站的监测频次提高到 4 小时 1 次，监测指标包括风速、风向、水温、pH、电导率、溶解氧、浊度、氧化还原电位、叶绿素 a、高锰酸盐指数、总氮、氨氮、硝酸盐氮、总磷等；为做好水源地周边湖区水质状况的监控，增加水源地附近范围 3～10km 的大贡山、拖山、乌龟山等 6 个湖区监测站点，开展应急监测。应急监测的成功开展，也为后期进行应急应对措施采取后的水质改善效果分析、太湖蓝藻暴发及富营养化问题分析等工作提供了重要的基础数据和科学依据。

4.7　便携式离子色谱技术

4.7.1　便携式离子色谱技术的基本原理

离子色谱是以离子性物质为分析对象的液相色谱，是高效液相色谱的一个重要分支。它通常使用离子交换固定相作为分离柱，使用抑制器降低背景电导值，检测器通常为电导检测器。其原理主要是通过阴、阳离子与色谱柱固定相上的离子交换基团发生离子交换来实现离子分离。适用于亲水性阴、阳离子的分离。

便携式离子色谱检测技术是在实验室离子色谱检测技术的基础上发展起来的。它将泵、检测器和柱箱集成化形成便携式离子色谱分析仪，其结构经多次优化日趋合理。目前，便携式离子色谱仪采用的色谱柱与实验室使用的分离柱相同，分离度和灵敏度都很高，常用的有 IonPac 系列离子交换柱、Metrosep 系列离子交换柱、SH 系列离子交换柱等阴离子交换柱。

其输液泵一般为高压泵，其最大工作压力可达 20MPa。其抑制器也与实验室离子色谱仪使用的抑制器一样，主要用来降低淋洗液的背景电导值，将淋洗液转化成电导很低的弱电解质或水，常用的抑制器是可连续自动再生的自身再生抑制器，如 SHY-6 型离子色谱薄膜式 CO_2 后抑制器、电解水自再生微膜抑制器、MSM Ⅱ超微填充嵌体抑制器等。检测器通常采用电导检测器。数据处理分析系统一般采用 Chromeleon CE 变色龙控制分析软件。

4.7.2 便携式离子色谱技术的特点

便携式离子色谱技术主要具有以下特点：

① 分析速度快、精密度与准确度高、分离效果好。是快速准确测定微量阴离子组分的理想方法。

② 集成度高，小巧便携。一般便携式离子色谱仪内置集成进口液相泵、高性能在线脱气系统、前处理装置、免维护微膜抑制器和进口离子色谱柱。

4.7.3 便携式离子色谱仪及其使用方法

目前，常见的便携式离子色谱仪有 EP-600S Ⅰ、EP-600 Ⅰ、Metrohm761 和 PIA-1000 型，这些仪器在不同的淋洗条件下配置不同的分离柱可用于 F^-、Cl^-、NO_2^-、Br^-、NO_3^-、PO_4^{3-}、SO_4^{2-} 等常见阴离子的测定。下面以 EP-600 Ⅰ型便携式离子色谱仪为例进行说明。

（1）仪器构造

EP-600 Ⅰ型便携式离子色谱仪（图 4-10）由单柱塞可编程平流泵、分离柱、抑制器和电导检测器构成，其连接流路如图 4-11 所示。

图 4-10 EP-600 Ⅰ型便携式离子色谱仪

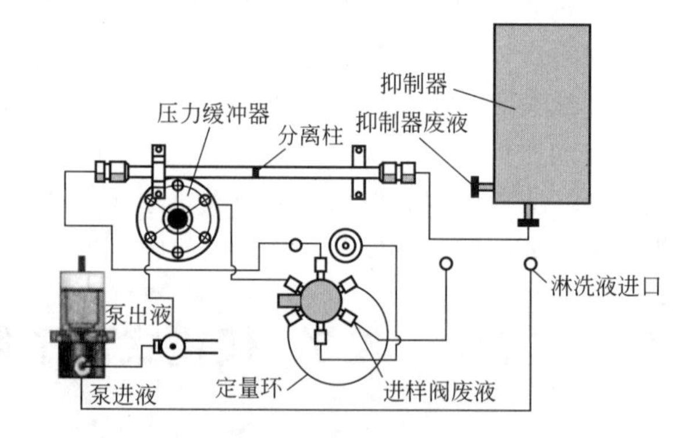

图 4-11 EP-600 Ⅰ型便携式离子色谱仪连接流路

（2）样品前处理

根据样品的性质、待分析离子和干扰离子等，选择相应的前处理方法。对于不含疏水性化合物、重金属或过渡金属离子等干扰物质的清洁水样，经抽气过滤装置过滤后，可直接进样，也可用带有水系微孔滤膜针筒过滤器的一次性注射器进样；对于含干扰物质的复杂水质样品，须用相应的预处理柱进行有效去除后再进样。

样品中的某些疏水性化合物可能会影响色谱分离效果及色谱柱的使用寿命，可采用 RP 柱或 C_{18} 柱处理消除或减少其影响。样品中的重金属和过渡金属会影响色谱柱的使用寿命，可采用 H 柱或 Na 柱处理减少其影响。对保留时间相近的两种阴离子，当其浓度相差较大而影响低浓度离子的测定时，可通过稀释、调节流速、改变碳酸钠和碳酸氢钠浓度比例，或选用氢氧根淋洗等方式消除和减少干扰。当选用碳酸钠和碳酸氢钠淋洗液，水负峰干扰氟离子的测定时，可在样品与标准溶液中分别加入适量相同浓度和等体积的淋洗液，以减小水负峰对氟离子的干扰。

（3）样品分析

根据待测样品选择合适的淋洗液和色谱分析系统。调试仪器，确认并设置仪器参数，如泵流量、抑制器电流、检测器量程等，排气泡，启动泵，打开抑制器，平衡 30min。依次进空白、标准溶液、有证标准样品和经适当处理的样品进行标准曲线的绘制、校准和样品测定。样品测定完成后，关机时应先关闭抑制器再关泵。然后将泵的进液管从淋洗液中取出，放入超纯水中，启动泵，用超纯水冲洗流路 20min 以上后，停泵关机。

4.7.4　便携式离子色谱仪的应用

目前突发环境事件应急监测中阴、阳离子的分析主要以实验室台式离子色谱仪为主，配备便携式离子色谱仪的单位还不是很多，一些监测站将某些小型的实验室台式离子色谱仪用于现场监测。下面简要介绍一下某监测站将体积较小的 ICS-1100 和 ICS-900 离子色谱仪应用于应急现场监测中的情况。

（1）高氯酸盐的分析

采用 ICS-1100 离子色谱仪，以 IonPac AS16 为分离柱，氢氧化钾为淋洗液等度淋洗分析水样中的高氯酸盐，分析条件和谱图如图 4-12 所示。

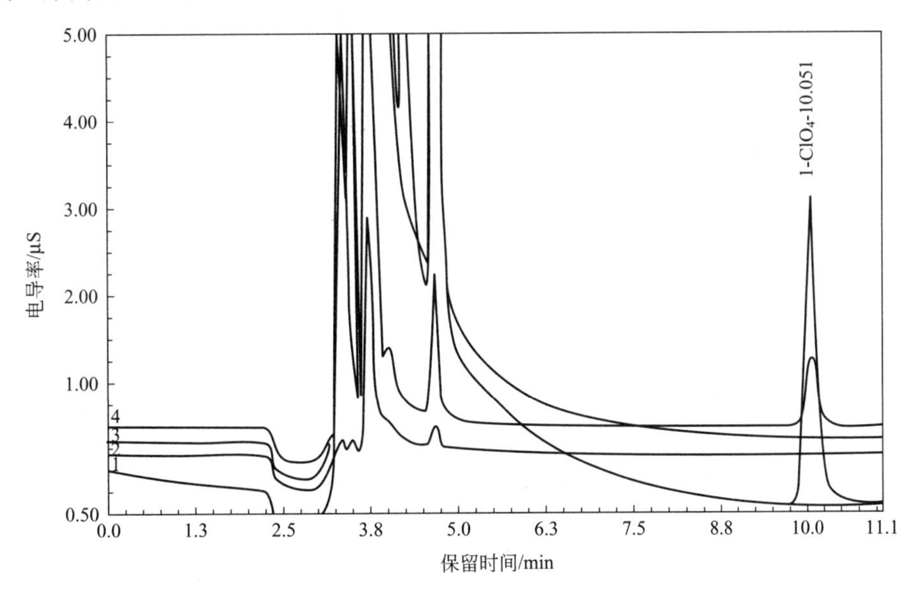

图 4-12　高氯酸盐分析谱图

1—稀释废水样品；2—空白水；3—地表水；4—50μg/L 溶液

淋洗液：40mmol/L KOH 等度淋洗　流速：1.2mL/min　分析柱：AS16（250mm×4mm）

保护柱：AG16（50mm×4mm）　柱温：30℃　检测：抑制电导 ASRS300，4mm，自抑制模式

定量环：1mL　采集时间：12min　背景电导：<1μS

（2）氨的分析

采用 ICS-900 离子色谱仪（配有“只加水”技术装置的淋洗液自动发生器、连续再生离

子捕获装置和自再生抑制器装置)，以 IonPac CS16 为分离柱，甲烷磺酸梯度淋洗分析水中的氨，分析条件和谱图如图 4-13 所示。

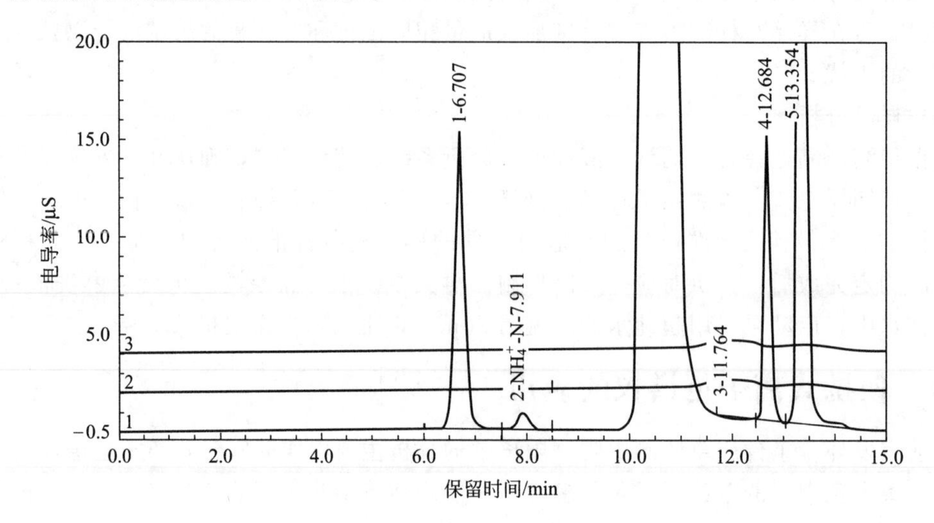

图 4-13　氨分析谱图

1—地表水；2—1.0mg/L NH_4^+-N；3—空白

淋洗液：梯度淋洗，0～8min（10mmol/L KOH），8.1～11.4min（40mmol/L KOH），11.5～15min（10mmol/L KOH）

分析柱：CS16（250mm×4mm）　保护柱：CG16（50mm×4mm）　柱温：30℃　检测：抑制电导

CSRS300，4mm，自抑制模式　定量环：67μL　采集时间：15min　淋洗流速：1.3mL/min

参 考 文 献

[1] 国家环境保护总局，《水和废水监测分析方法》编委会．水和废水监测分析方法［M］．第 4 版．北京：中国环境科学出版社，2002.

[2] 中国环境监测总站．应急监测技术［M］．北京：中国环境科学出版社，2013.

[3] 宁波市环境监测中心．快速检测技术及在环境污染与应急事故监测中的应用［M］．北京：中国环境科学出版社，2011.

[4] 王胜智，张平，谢思桃．试纸法及其在水质检测领域的应用研究［J］．给水排水，2008，34（S1）：216-220.

[5] 屈智慧，邹东雷，张思相，等．亚硝酸根试纸的开发与研制［J］．化学工程师，2005（7）：1-4.

[6] 何好启，袁斌，吕松，等．试纸技术快速测定锅炉水中磷酸盐的研究［J］．工业水处理，2007，27（5）：76-78.

[7] Capitán-Vallvey L F，Fernándcz-Ramos M D，Alvarez de Cienfuegos Gálvez P，et al. Characterisation of a transparent optical test strip for quantification of water hardness［J］. Analyica Chimica Acta，2003，481（1）：139-148.

[8] Ballesta Claver J，Valencia Mirón M C，Capitán-Vallvey L F. Determinatian of hypochlorite in water using a chemiluminescent test strip［J］. Analytica Chimica Acta，2004，522（2）：267-273.

[9] 李树华，白莉，刘松彦，等．在“快速”与“可靠”间寻求平衡：新颖的应急监测技术水质检测管法［C］//中国环境科学学会 2013 年学术年会论文集：第四卷，2013：2096-2100.

[10] 王丽丽，马清亮，王玲玲，等．两种水质快速检测方法的比较研究［J］．科技创新与生产力，2015（11）：101-103，105.

[11] 于立婷，赵振华，陶海强．几种水质现场快速检测方法的比较与优化［J］．安全与环境工程，2013，20（3）：73-76.

[12] 朱兰，战涛，余海芬，等．水质的国标检测方法与快速检测方法比较［J］．上海农业学报，2014，30（1）：121-123.

[13] 刘桂英，张艳君．水质耗氧量的快速测定法与国家标准方法的比较［J］．中国卫生检验杂志，2013（3）：263-264.

[14] 李昌厚．紫外可见分光光度计［M］．北京：化学工业出版社，2005.

[15] 闫韫，陶雪，宗栋良，等．3 种现场快速水质检测仪的性价对比［J］．分析测试技术与仪器，2018，24（3）：159-162.

[16] 王丽杰．离子选择电极测定炼化废水中可溶性硫化物试验研究［J］．中国化工贸易，2012，2：129-130.

[17] 周仕林，刘冬．生物传感器在环境监测中的应用［J］．理化检验（化学分册），2011，47（1）：120-124.

[18] Damgaard L R，Larsen L H，Revsbech N P．Microscale biosensors for environmental monitoring［J］．TrAC Trends in Analytical Chemistry，1995，14（7）：300-303.

[19] 白志辉，王晓军，罗湘南，等．硫化物微生物传感器的研究［J］．河北科技大学学报，1999，28（1）：10-13.

[20] 李花子，张悦，施汉昌，等．BOD 生物传感器在海洋监测中的应用［J］．海洋环境科学，2002，21（3）：14-17.

[21] 陆铭峰，陈方．太湖流域突发性水污染事件的监测和预警技术［C］//中国环境科学学会 2009 年学术年会论文集．2009：532-536.

第5章　石油类污染现场快速监测技术

5.1　概　　述

5.1.1　石油类污染来源

石油类物质是一类危害程度大、污染周期长的工业污染物，其性质较为复杂且种类繁多。常见的石油类物质有汽油、煤油、柴油、机油、液体石蜡等，主要由苯、饱和/不饱和链烃类、环烃类和芳香烃化合物等多种成分组成。石油开采过程中产生的废水（包括钻井废水、采油废水和洗井废水）和含油废泥浆、炼油过程中产生的石油附属产品均能引起水体石油类污染。同时，石油开采、冶炼、运输以及使用过程中很容易发生输油管道泄漏、船舶碰撞和溢油、石油渗漏等污染事故，特别是近年来石油类污染事件时有发生，给整个生态环境带来很大危害，影响较大的包括2007年俄罗斯油轮泄漏事件、2010年美国墨西哥湾原油泄漏事件等。

除此之外，石油类污染的另外一个主要来源是工业废水。工业生产中多伴随机油、柴油、润滑油等的使用，同时会产生大量含有石油类物质的工业废水。这些工业废水如果得不到很好的处理，经废水管网排入河流，则可能造成严重的污染。一旦被污染的河水流入大海，则会直接对近海海域的生态环境造成破坏。据报道，我国渤海、东海、黄海、南海等近海海域都不同程度地受到石油类污染。

5.1.2　石油类污染危害

石油类污染物进入水体后，对水体、水生动植物以及人类健康具有严重的危害。首先，石油类污染物漂浮在水面形成油膜，隔绝空气、阳光，破坏水体的复氧条件，导致藻类和浮游植物生长减缓甚至停止，从而影响水体中动物生存，最终将导致水体环境生态平衡失调。其次，植物体内所吸收和积累的石油类物质随时间呈指数增长，各种生物体内富集的石油类污染物通过食物链作用进入人体，对人体健康造成危害。其中，芳香烃类物质对人体的毒性较大，尤其是以双环和三环为代表的多环芳烃已被确认具有较强的致癌作用，可以通过呼吸、皮肤接触、饮食摄入等方式进入人或动物体内，影响肝、肾等器官的正常功能，甚至引起癌变。如果长期接触石油类中的苯、甲苯、二甲苯等物质，也会引起头疼、眩晕等症状。

5.1.3　石油类污染控制

为控制石油类对水体的污染，我国《地表水环境质量标准》（GB 3838—2002）、《海水水质标准》（GB 3097—1997）、《污水综合排放标准》（GB 8978—1996）等标准中严格规定了石油类污染物的浓度限值。此外，为应对可能发生的水体特大石油污染事件，我国先后制定了《中国海上船舶溢油应急计划》《北方海区溢油应急计划》《东海海区溢油应急计划》《南海海区溢油应急计划》及《台湾海峡水域溢油应急计划》，基本建立了船舶、码头、港口、海域、国家五级船舶溢油应急体系，交通部还分别在烟台、秦皇岛设立了专业的溢油应急反应中心。

5.1.4　石油类污染监测

受污染水体中的石油类通常以乳化、溶解、悬浮、漂浮等多种形式存在，水面打捞的只是漂浮的一部分，很多油分子与水中的杂质集结在一起形成悬浮颗粒，还有一部分以自由的形式游离在水体中，这就导致水体环境中的石油类污染物含量测定比较复杂。根据检测原理的不同，目前实验室用于石油类的分析方法主要有国家标准和《水和废水监测分析方法》（第四版）中规定的红外分光光度法、非色散红外光度法、重量法、紫外分光光度法等。然而，实验室分析方法中前处理过程烦琐复杂，样品分析周期长，且所用有机溶剂可能对环境造成二次污染，难以实现对石油类高质量、高效率检测，不能及时分析事故污染物的具体浓度及其扩散情况，无法满足污染现场环境监测和基层快速检测的需求。

目前，国内外已研究出一些高效、快速、无污染的前处理技术来代替传统的液液萃取，比如膜萃取技术。将先进的样品前处理技术与实验室定量检测技术相结合，可以使样品处理过程简单化，保证样品分析的时效性，满足应急监测中石油类快速检测的要求。此外，市场上也相继涌现出一些石油类现场快速检测设备，如便携式红外测油仪、便携式紫外测油仪、便携式傅里叶红外光谱仪、便携式地物光谱仪等，实现石油类污染物的高效、快速检测。本章重点阐述了工业带突发水环境污染事故中石油类污染物的快速检测技术，为实现突发水污染事故中石油类的快速检测提供重要的现实借鉴。

5.2　膜萃取-重量法

重量法是最早提出来的一种油类测定方法，我国城镇建设行业标准《城市污水水质标准检验方法》（CJ/T 51—2018）中规定，该法主要适用于城镇污水中油的测定。目前国内外主要运用重量法测定工业废水、生活污水和污泥中油含量。然而，传统重量法采用液液萃取前处理技术，耗时较长、操作烦琐、萃取溶剂毒性大，导致其在事故废水现场快速检测方面应用较为困难。因此，选择一种快速、高效的前处理手段对于实现油类重量法快速检测具有重大意义。

近年来，膜分离技术由于具有过程清洁、简单、化学试剂用量少、富集倍数高、能有效去除基体干扰，且易自动化等优点，在分离、净化和浓缩等技术领域显示出独特的魅力。至今，应用膜分离技术与其他技术的联用成功完成了液体样品、气体和蒸馏样品、某些固体样品的分离和浓缩。固相膜萃取技术是膜分离与固相萃取相结合的一种新型膜分离技术，既吸收了固相萃取富集的特点，又具有高效、简便、富集倍数高、易自动化等优点。在石油类污染物的分析分离方面，有研究将膜萃取技术与气相色谱、气相色谱-质谱等检测方法联用，用于水中石油类含量的测定、油类物质的分离和富集等。本节结合膜萃取前处理技术与重量法，建立一种快速高效、环保经济的石油类检测技术，并对该方法的准确性、重复性进行验证。

5.2.1 膜萃取-重量法基本原理与技术特点

（1）技术原理

固相膜萃取是利用固相萃取膜吸附、富集水样中的目标化合物，然后用合适的有机相将目标物洗脱下来。应用于膜萃取过程的微孔膜材料分为疏水性微孔膜、亲水性微孔膜和疏水-亲水复合膜。疏水性微孔膜进行膜萃取适用于 pH 适用范围大、化学稳定性好的体系，因此水中石油类检测时使用较多的是疏水性微孔膜。

膜萃取-重量法采用疏水性的聚丙烯纤维膜和正己烷从水中有效地提取石油类物质，提取液在 60℃下将溶剂蒸干，称重后计算其中石油类污染物的含量。

（2）干扰

从上述原理可以看出，萃取过程中使用的上样流速、洗脱剂的用量、洗脱速率等均会影响样品回收率。同时，有机溶剂对膜材料的浸润及溶胀，会引起膜孔隙率、厚度及膜结构发生变化，从而影响膜萃取溶质传递过程，因而膜材料的选择会影响油类物质的萃取率。此外，膜萃取-重量法测定的是可以被正己烷溶解的、在测试过程中不挥发的石油类物质的总量。在溶剂去除过程中，部分轻质石油类物质随之挥发，会有明显损失。又由于正己烷等对石油类物质的溶解具有选择性，石油类中一些较重组分可能含有不被溶剂萃取的物质，导致该法测定油类物质时往往结果偏低。

（3）特点

膜萃取-重量法在石油类检测中简单易行、经济适用性较强，不需要标准油品，不受矿物油种类的限制。同时，采用膜萃取作为前处理方式，使用低毒的正己烷作为溶剂，与液液萃取相比，不需大量有机溶剂，操作简单，环境友好性高；与固相萃取相比，所用萃取膜具有较大的截面积，大大缩短了样品前处理时间，且避免了超载、竞争吸附等问题，易于自动化，特别适合事故现场采样后就地制备样品。此外，收集的洗出液经干燥后，可用便携式电子天平称重，满足含油事故废水现场快速检测的要求。然而，小分子石油烃类在加热过程中存在一定量的损失，低沸点石油烃回收率仍然较低。

5.2.2 膜萃取-重量法应用

5.2.2.1 主要仪器与试剂

手动固相萃取仪：乔跃科技 QYCQ-24D；

固相萃取盘：47mm；

聚丙烯纤维膜：厚 0.18mm，直径 47mm；

数显恒温电热板：成辉仪器制造有限公司，上海；

便携式电子天平：赛多利斯 Sartorius（TE6101-L），规格 6100g/0.1mg；

正十六烷标准品：纯品，10g；

海水：采样点（东经 117.835193°，北纬 38.999209°）；

0# 柴油：武清油库（中石油），车/罐（枪）号 TD-202；

正己烷：赛默飞 Fisher，色谱纯。

5.2.2.2　分析过程

（1）样品制备

实验室模拟制备油污染事故废水，于干净的 5L 塑料桶中倒入 5L 海水，准确量取 0# 柴油 1.0g 加入桶中，充分搅拌，得到油污染水样。

（2）水中油类物质萃取

① 活化。固相萃取膜使用前先用 5mL 乙酸乙酯和 5mL 丙酮润洗，再分别用 5mL 甲醇溶液和 5mL 纯水活化，最终使萃取膜上形成一层均匀水膜。

② 上样。取上述配制的含油废水 500mL，用 1∶1 HCl 调节至 pH<2，以 15mL/min 的流速进行真空抽滤，直至萃取膜上无水分残留。

③ 洗脱。富集完全后，采用 10mL 正己烷为洗脱剂洗脱目标物质，所得洗出液经无水硫酸钠脱水后，至已称重的坩埚上，并于 60℃微控数显电热板上蒸发后称重，然后计算浓度。

5.2.2.3　结果与讨论

（1）固相萃取条件的优化

① 上样流速。在 5mL/min、10mL/min、15mL/min、20mL/min、30mL/min 的上样流速下，最后在洗出液中测出的油类含量递减，说明分析物的回收率与上样流速成反比。上样速度慢，则吸附效果好，但耗时长；上样速度过快，则会使回收率下降。因此选择 15mL/min 作为上样流速。

② 洗脱剂体积。为确保膜中富集的待测组分完全被洗脱下来，以 5mL、10mL、15mL、20mL、25mL 不同体积的正己烷洗脱含油量相同的水样，当洗脱剂的体积在 10mL 以上时，随着洗脱剂体积的增加，回收率基本不变，因此选用 10mL 正己烷进行洗脱。

③ 洗脱速率。以 10mL 正己烷为洗脱剂，洗脱速率从 1mL/min 增加到 3mL/min 时，洗脱回收率明显增加，继续提高洗脱速率，发现回收率开始出现下降趋势。这主要是因为洗脱速率过快导致吸附在萃取膜上的油类物质洗脱不充分，从而影响萃取效果。

（2）精密度和准确度验证

准确量取 7 份（1）中制备的样品各 500mL，其中 1 份样品作为样品空白，其余 6 份样品中加入 0.1g 十六烷标准品，按上述（2）中步骤分别测试加入十六烷标准品前后样品含油量，计算回收率和相对标准偏差（RSD），结果见表 5-1。

由以上数据可知，采用膜萃取-重量法对加标量为 0.1g 的实验室模拟油污染样品进行 6 次平行加标测定，目标物质回收率为 72.0%～96.0%，相对标准偏差小于 10%，精密度和准确度良好，满足分析测试要求。

（3）与传统重量法比较

为比较膜萃取-重量法与传统重量法，取 500mL 上述（1）中制备的水样两份，一份用石油醚进行 3 次萃取，同时另一份进行上述膜萃取实验。结果表明，二者所测石油类浓度相近，但应指出的是膜萃取的有机溶剂用量仅为液液萃取的 1/10，且有效缩短了样品前处理时间，大大提高了样品萃取效率。在现场快速检测的需求下，固相膜萃取优于液液萃取。

表 5-1　样品加标检测结果

序号	样品测定值/g	样品加标测定值/g	回收率/%
1	0.0801	0.1701	90.0
2		0.1682	88.1
3		0.1578	77.7
4		0.1761	96.0
5		0.1602	80.1
6		0.1521	72.0
均值	—	0.1641	84.0
相对标准偏差(RSD)/%	—	5.42	—

（4）实际样品分析

用该法分别对污水厂进水、污水厂出水、炼油厂废水、机修厂废水等 4 种不同种类水样进行 6 次平行实验分析，测定结果如表 5-2 所示。

表 5-2　膜萃取-重量法对不同样品测定结果　　单位：mg/L

次数	污水厂进水	污水厂出水	炼油厂废水	机修厂废水
1	11	5	44	25
2	10	2	49	25
3	11	2	43	26
4	10	3	42	27
5	9	4	46	23
6	10	3	45	26
均值	10	3	45	25
相对标准偏差(RSD)/%	8	39	6	5

从表 5-2 数据可以看出，膜萃取-重量法较适用于测定含油量为 5mg/L 以上的样品，且测定结果只能精确到 1mg/L，对于含油量较低（小于 5mg/L）的样品测定偏差较大，灵敏度较低。此外，该法测定的是溶剂可萃取物的总量，不能对油品成分、结构进行分析，导致其在环境水质大批量样品定性分析中的运用较为困难，多适用于工业废水、城市污水中石油类的定量测定。

5.3　便携式红外测油仪分析技术

5.3.1　便携式红外测油仪分析技术基本原理

5.3.1.1　技术原理

便携式红外测油仪分析技术用四氯化碳或四氯乙烯萃取水中的油类物质，测定总萃取物，然后将萃取液用硅酸镁吸附，经脱除动植物油等极性物质后，测定石油类。动植物油的含量按总萃取物与石油类含量之差计算。

（1）定性分析

一束指定波长范围的红外线射入样品物质时，如果样品物质分子中某一个键的振动频率和它一样，该键就吸收红外线使振动加强，产生一个特征吸收峰；如果分子中不含有同样振动频率的键，红外线就不会被吸收，无法产生特征吸收峰。若连续改变红外线的波长照射样品，则能通过样品吸收池的红外线，有些区域较强，有些区域较弱，从而产生红外吸收光谱。

（2）定量分析

当某单色光谱通过被测溶液时，其能量就会被吸收。光强被吸收的程度与被测物质的浓度成比例，即符合朗伯-比尔定律：

$$A=\lg(1/T)=\lg(I_0/I)=abc \tag{5-1}$$

式中　a——吸收系数；

b——吸收层厚度；

c——吸光物质的浓度。

石油类物质含量的测定，根据石油类（ISO）浓度计算公式：

$$C=XA_{2930}+YA_{2960}+Z(A_{3030}-A_{2930}/F) \tag{5-2}$$

式中　C——石油类物质含量；

A_{2930}，A_{2960}，A_{3030}——不同波数下的吸光度；

X，Y，Z，F——校正系数。

5.3.1.2　干扰

便携式红外测油仪法萃取时使用的溶剂是四氯化碳或四氯乙烯。这两种溶剂对于油类是优良的萃取溶剂，其沸点较高（四氯化碳 76.8℃，四氯乙烯 121.2℃），基本不会因外界温度变化而影响其使用。然而，该法对萃取溶剂的纯度要求较高，不同批号的萃取溶剂有时也会引起空白值较大的差异。因此，当同批样品较多时，应将多瓶萃取溶剂混合后使用，以减少溶剂空白值的波动对最终测定结果的影响。必须注意的是，四氯化碳或四氯乙烯是有毒溶剂，长期使用会影响操作者的身体健康，吸入过量会引起中毒，在通风良好的环境下方可进行操作。

5.3.1.3　特点

国家标准《水质　石油类和动植物油类的测定　红外分光光度法》（HJ 637—2018）中采取红外分光光度法对油分浓度进行测定，该法满足生态环境部对地下水、地表水、生活污水和工业废水中石油类和动植物油含量的测定要求，是目前国内广泛推广的测油分析技术之一。而便携式红外测油仪也是依据红外分光光度法来实现油分的测定。该法不受油品成分结构的影响，测定的油类物质种类比较完全，红外吸收光谱中不但考虑了亚甲基 CH_2 基团中的 C—H 键，甲基 CH_3 基团中的 C—H 键，还考虑了芳香环中的 C—H 键；用该方法萃取时使用的是四氯化碳或四氯乙烯等溶剂，该类溶剂只含有 C—Cl 键，不会影响上述三种 C—H 键的红外吸收，可以准确地测定石油类和动植物油。此外，红外法试剂用量少、检测过程不用加热，消除了重量法蒸发皿容易破裂等安全隐患，并能够防止四氧化碳挥发所造成的环境污染，对环境保护更为有利。

5.3.2 便携式红外测油仪简介

5.3.2.1 基本结构

红外测油仪的一般原理为恒定的光源通过滤光片调制成脉冲光信号，该信号再经由单色仪选出指定光谱范围内的单色脉冲光信号，单色脉冲光信号再通过样品池中的样品试剂能量吸收作用后，由热释电传感器接收剩余光信号，并将其转换为电信号，通过前置放大电路以及信号调理电路进行信号处理，并经 A/D 转换后将数据送入主控芯片中，进行数据处理。

红外测油仪总体结构框架如图 5-1 所示，其中：

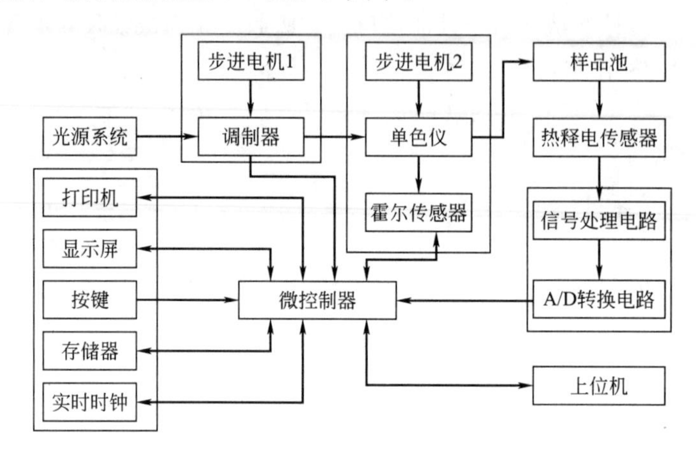

图 5-1 红外测油仪总体结构框架图

① 光源系统一般是钨丝卤素灯发出稳定的光信号。

② 调制器由一个滤光片和光电对管构成，光信号通过由步进电机 1 驱动光片转动，调制成脉冲光信号。

③ 单色仪带有多个光学反射镜和一个可以通过步进电机 2 驱动内部丝杠转动带动角度发生变化，从而改变透射光波长变化的光栅。光信号通过单色仪之后，被单色仪的狭缝选中的单色光便投射到样品池中。此处的霍尔传感器用于定位单色仪的初始点以及 $2930cm^{-1}$、$2960cm^{-1}$、$3030cm^{-1}$三个波数的位置。

④ 样品池用来放置待测的样品溶剂以及空白的参比试剂。处理后的光信号透射过样品池中的溶剂，通过其成分中亚甲基（CH_2）、甲基（CH_3）、芳环中的C—H 键的伸缩振动吸收能量。

⑤ 热释电传感器将经过样品池内能量吸收后剩余的单色脉冲光信号转换为电信号。

⑥ 从热释电传感器传送出来的电信号在送入主控芯片之前要经过信号处理模块，包括前置放大电路、信号调理电路和 A/D 转换电路。

⑦ 显示屏和按键作为人机交互的接口，每个主功能可对测油仪实现菜单式管理及控制，包含测量、记录、设置、联机及帮助共五项功能，每个主功能点击进入后还分别包含其他功能。实时时钟作为测油仪的系统时钟提供报时功能。存储器提供存储数据的功能。微型打印机提供打印测量结果及谱图的功能。

⑧ 主控芯片是 ARM7 系列的 LPC2136 芯片，它作为系统核心，对测油仪进行控制，并通过 RS232 接口与上位机进行连接通信。

5.3.2.2 主要优势

与台式红外测油仪相比，便携式测油仪能够方便技术人员直接对污染源进行实地分析，在环境应急监测迫切需要监测结果的情况下，不需制作标准曲线、调零点、调满度、定标等，可直接对现场和野外的环境污染问题进行研究分析。从另一个角度来讲，便携式测油仪自身携带方便，设备上可以同时显示光谱图、测量步骤和测量结果，从光谱图中还可以读出光谱任一点的波数位置、吸光度和透射比，为工作人员记录数据提供便捷。现在市场上提供的便携式测油仪均可实现与计算机的通信交流，对监测结果及时存储，方便管理人员后期查阅数据、打印数据内容。

5.3.2.3 国内现有部分厂商产品特点

当遇到突发环境污染事故需要进行污染监测、污染源集中监测、环境例行监测时，传统的台式红外测油仪需要 PC 机协助进行数据处理和显示，体积庞大，对使用环境要求苛刻，智能化水平低，不适合移动运用（如现场监测分析）。为此，许多科学工作者致力于水质中油类污染快速检测技术的研究，目前有报道基于单片机、ARM-Linux 等系统的便携式红外测油仪，它们能完全脱离 PC 机，独立完成对水中的矿物油和动植物油的测量，具有较高的稳定性和准确度。表 5-3 是国内市场上部分厂商产品特点。

表 5-3 国内市场部分厂商便携式红外测油仪比较表

产品	生产厂家	测量范围/(mg/L)	检出限/(mg/L)	波数范围/cm^{-1}	测量准确度/%	控制方式
JC-OIL-6B	聚创环保	0～100	0.1	4000～2400	±2	内置单片机或通过 USB 接口连接台式电脑或笔记本电脑
SC-OIL-6B	首创环保	0～10000	0.1	4000～2400	±2	内置单片机或通过 USB 接口连接台式电脑或笔记本电脑
DL-SY8100	动力伟业	0～150	≤0.03	3400～2400	±1	笔记本电脑、平板电脑或手机控制系统
HM-OIL6	山东会盟电子科技	0.15～150	<0.15	3400～2400	≤1	笔记本电脑、平板电脑
Flyscience 1000	飞翔赛思	0～800	0.01	3400～2400	±1	10 寸触摸平板电脑，内嵌打印机，不需键盘鼠标、外接计算机及打印机
JLBG-130U	吉光科技	0～100（油）	0.60	3400～2400	±10	笔记本电脑、平板电脑
SN-OIL8Y	尚德仪器	0.001～100	≤0.1	3400～2400	±2	内置单片机或外接计算机
InfraCal HATR-T2	莱伯泰科	0.1～>5000	8	3400～2400	—	油含量可直接读取，可通过与计算机通信或者与小型打印机相连用于数据输出

5.3.3 便携式红外测油仪分析技术应用

便携式红外测油仪分析技术是现阶段国内外比较先进的测量水中动植物油和石油的一种快速检测方法，具有技术先进、操作简便、方便快捷和结果准确可靠的特点。在测定样品时，分析效率高，重现性好，精度也相当高，能够对大批水样的油类进行快速分析。近来，有研究报道应用OilTech121便携式测油仪对突发性溢油水污染事件的污染水样进行石油类浓度快速检测。首先，对OilTech121便携式测油仪进行仪器的自校准、线性范围验证及误差分析，确保待测水样石油类浓度处于线性范围内，且该仪器测试结果与国标方法结果偏差在5%以内，保证能提供可靠、合理的数据。其次，结合事故现场分别在污染水域上游断面、沿程及拦截带设置采样点，并用OilTech121便携式测油仪成功分析了沿程浓度变化情况以及拦截带（由围油栏和吸油毡组成）的油污拦截效率。据此可知，便携式红外测油仪分析技术具有快速、便捷、准确的特点，能够为判断拦截吸附处置效率、水厂取水是否安全等重要决策提供大量及时的第一手数据，可为突发水污染事件中石油类浓度检测和预警提供强有力的技术支撑。

5.4 便携式紫外测油仪分析技术

5.4.1 便携式紫外测油仪分析技术基本原理与特点

5.4.1.1 基本原理

石油类的含量与吸光度符合朗伯-比尔定律。在pH≤2的条件下，用正己烷萃取样品中的油类物质，经无水硫酸钠脱水后，再用硅酸镁吸附除去动植物油类等极性物质，于225nm波长处测定吸光度。

（1）定性分析

一定频率的紫外光照射被分析的有机物时，物质中的分子和原子吸收入射光中的某些特定波长的光能量，相应地发生分子振动能级跃迁和电子能级跃迁，由于物质具有各自不同的分子、原子和不同的分子空间结构，其吸收光能量的情况也就不同，因此，每种物质有其特有的、固定的吸收光谱曲线，根据光谱曲线中的特征吸收波长实现定性分析。其中，带有苯环的芳香族化合物主要吸收波长为250～260nm；带有共轭双键的化合物主要吸收波长为215～230nm。一般原油的两个吸收波长为225nm及256nm。石油产品中，如燃料油、润滑油等的吸收峰与原油相近。

（2）定量分析

紫外分光光度法测定水中的油，是基于油中含有的带有共轭双键和苯环的芳香族化合物在紫外区有特征吸收的原理，因而可借助该法测定含有共轭双键结构的物质含量从而确定水样中的含油量。本方法的理论基础是朗伯-比尔定律：

$$A=abc$$

式中　A——吸光度；

a——吸收系数；

c——浓度；

b——光程。

水中石油类的质量浓度：

$$\rho=(A-A_0-a)\times V\times V_1/b \qquad (5\text{-}3)$$

式中　ρ——水中石油类的质量浓度，mg/L；

A——试样的吸光度；

A_0——空白试样吸光度；

a——标准曲线的截距；

V_1——萃取液体积，mL；

V——水样体积，mL；

b——标准曲线的斜率。

5.4.1.2　干扰

（1）水样成分

紫外吸光度易受水体成分影响，水体中同量级颗粒物、盐分、温度以及有机物均会造成干扰。采样分析时，采样点位的湍流、波浪、采样深度等因素都使得水中油分是一个动态变化的量，引起测量结果不稳定。

（2）萃取剂

石油醚和正己烷是紫外分光光度法测油中的重要萃取剂，一般出厂的分析纯石油醚或正己烷透光率在 74%左右，主要原因是其中含有带苯环的芳香族化合物，即芳香烃。芳香烃对 250～260nm 的紫外光具有吸收作用。因此，使用前应于波长 225nm 处，以水做参比测定透光率，透光率大于 90%方可使用，否则需做脱芳处理。脱芳处理方法：将 500mL 正己烷加入 1000mL 分液漏斗中，加入 25mL 硫酸萃洗 10min，弃去硫酸相，重复上述操作，直至硫酸将近无色，再用蒸馏水萃洗 3 次，至透光率大于 90%（脱芳步骤提前完成，实验室应随时备有可直接用于测试的溶剂）。

5.4.1.3　特点

紫外测油分析技术既可以通过对比样品紫外吸收光谱图与标准油品指纹图实现油品的定性鉴别，又可以根据样品吸光度实现定量分析。当取样体积为 500mL，萃取液体积为 25mL，对石油类的最低检测浓度为 0.01mg/L，灵敏度较红外法更高，且具有选择性强、费用低等特点。此外，紫外测油分析技术所用溶剂毒性要比红外法小得多，可广泛应用于地表水、地下水、海水及工业废水中石油类及动植物油类的测定。但对于组成变化较大的工业废水和成分复杂的自然水体，由于不同物质的紫外吸收强度差异较大，可能使紫外分光光度法数据可靠性和准确性相对较差。

5.4.2　便携式紫外测油仪简介

5.4.2.1　主要部件

便携式紫外测油仪主要由光源、光学系统、电路转换系统、控制和分析系统四大部分组成。基本组成示意如图 5-2 所示。

5.4.2.2　光源

便携式紫外测油仪的光源主要有钨灯、氘灯及 DT-MINI 钨-氘灯组合光源等。

（1）钨灯和氘灯

氘灯和钨灯是最常见的光源，其中氘灯波长使用范围一般为 190～360nm，而钨灯波长使用范围一般为 360～1100nm，两者的供电电压均为 24V。然而需设计驱动电路才可正常工作，自身不具备散热功能，若长时间工作还需另加散热装置，不利于光源系统微型化的发展。

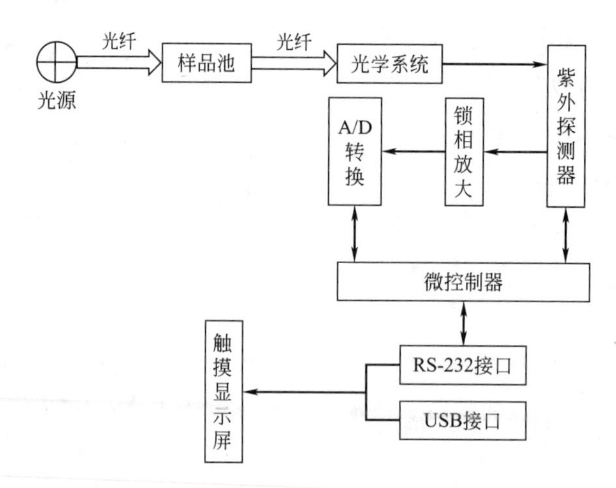

图 5-2　便携式紫外测油仪组成示意图

（2）DT-MINI 钨-氘灯组合光源

DT-MINI 钨-氘灯组合式光源集成了一个用于紫外光的射频激发氘灯光源和一个用于可见光/近红外光的钨卤光源，能够在一个光程中提供紫外/可见/近红外波段的连续输出光谱，且输出稳定性＜0.1%。该光源内部结构紧凑，集成化程度大大提高，体积仅为 14mm×50mm×125mm，带有 SMA905 通用光纤口，在光通量不足的情况下，纤维探针测量仍可工作。此外，氘灯和钨灯也可单独工作，为环境较恶劣的户外工作减少不必要的杂散光提供了便利。

5.4.2.3　紫外探测器

紫外探测器是最基本的部件，起关键性的紫外波段检测作用。国内外针对探测器做了大量研究，普通的电荷耦合器件（CCD）在紫外波段的响应效果较差，目前采用背照式 CCD 的减薄技术和前照式 CCD 的紫外增敏技术两种方式提高其紫外波段的响应。其中背照式 CCD 的减薄技术加工精密复杂，成本较高。为取得良好的紫外光谱响应并降低探测器成本，国内外研究大部分采用在前照式线阵 CCD 上镀一层荧光薄膜的方式，利用荧光薄膜的变频性能实现紫外波段的转换检测。国内浙江大学在灵敏度高、暗电流低的线阵快门型 CCD 探测器 Toshiba TCD 1304 表面上添加了 Lumogen 荧光材料，紫外波段量子效率提升了 15% 左右，为紫外测油仪灵敏度的提升提供了有益的探索。

5.4.3　便携式紫外测油仪主要特点

近年来，随着现代化技术的发展，国内外针对便携式紫外光谱仪已经做了大量的研究，电子芯片集成化程度越来越高使电路系统小型化成为可能，多通道光电检测器件（例如 CCD 和 MOS 器件）和平场凹面全息光栅的出现使色散系统的小型化成为可能，小型化光纤光源的出现推动了光源小型化的发展，光谱仪的小型化已经不再成为技术难题。目前市场上研发出多种高效、环保、精准、快捷的便携式紫外测油仪，该类测油仪依据国家标准《水质　石油类的测定　紫外分光光度法（试行）》（HJ 970—2018），可以选择性测量石油类、动植物油类或油类。其设备本身能够对测量结果进行合理的分析，并将测量结果直观地显示在监测人员面前，实现水污染中油类物质的检测。

便携式紫外测油仪操作简单、精密度好、灵敏度高、性能稳定，可用于石油化工、机械加工、教学科研、食品加工等行业的水质检测分析，也适应于海水、河水、地表水、地下水等领域。便携式紫外测油仪对萃取液的测定仅需几秒钟，能够实现多个样品同时测定，并可直接现场打印测量数据。满足事故污染现场快速检测要求，可以保证得到第一手数据，及时为应急决策提供数据支撑。

5.4.4 便携式紫外测油仪分析技术应用

本节主要采用 JC-OIL-10 型便携式紫外测油仪对标准油品进行分析，验证其精密度、准确性是否满足现场快速检测要求。

（1）实验试剂

石油类标准贮备液：1000mg/L。

石油类标准使用液：100mg/L。准确移取 10.00mL 石油类标准贮备液于 100mL 容量瓶中，用正己烷定容，摇匀。

硅酸镁（$MgSiO_3$）：150～250μm（100～60 目）于 550℃下灼烧 4h，冷却后称取适量硅酸镁于磨口玻璃瓶中，根据硅酸镁的质量，按 5%（质量分数）的比例加入适量蒸馏水，密塞并充分振摇数分钟，放置 12h，备用。

硫酸：分析纯。

正己烷/石油醚：脱芳烃。

（2）分析过程

① 标准曲线的建立。准确移取 0.00mL、0.25mL、0.50mL、1.00mL、2.00mL 和 4.00mL 石油类标准使用液于 6 个 25mL 容量瓶中，用萃取剂稀释至标线，摇匀。标准系列浓度分别为 0.00mg/L、1.00mg/L、2.00mg/L、4.00mg/L、8.00mg/L 和 16.0mg/L。在波长 225nm 处，使用 2cm 石英比色皿，以萃取剂作参比，测定吸光度。以石油类浓度（mg/L）为横坐标，以相应的吸光度为纵坐标，建立标准曲线，其线性相关系数能达到 0.999。此过程可提前完成，便携式紫外测油仪在现场分析使用前可以内置标准曲线。

② 样品测定。分别配制加标浓度为 2.50mg/L、5.27mg/L、11.0mg/L、15.4mg/L、20.8mg/L 和 25.7mg/L 的 6 个平行样品，在与标准曲线选用的相同波长处，测量样品吸光度。

（3）结果分析

用便携式紫外测油分析技术分别对加标浓度为 2.50～25.7mg/L 的水样进行 6 次平行测定，准确性和重复性如表 5-4 所示，从表中可以看出该分析技术准确性和精密度良好，符合分析测试质控要求。

表 5-4　水样测定准确性和重复性

加标浓度/(mg/L)		2.50	5.27	11.0	15.4	20.8	25.7
测定浓度/(mg/L)	第一次	2.54	5.25	11.12	15.35	20.5	25.22
	第二次	2.50	5.22	11.09	15.51	20.62	25.69
	第三次	2.57	5.41	11.11	15.16	20.57	25.26
	第四次	2.46	5.24	10.95	15.33	20.07	25.33
	第五次	2.51	5.31	10.78	15.45	20.55	24.41
	第六次	2.55	5.26	11.07	15.69	20.69	25.60
	均值	2.52	5.28	11.02	15.42	20.50	25.25
相对标准偏差/%		1.58	1.32	1.20	1.17	1.07	1.80
回收率/%		100.8	100.2	100.2	100.1	98.6	98.2

5.5 便携式傅里叶红外光谱分析技术

5.5.1 便携式傅里叶红外光谱分析技术基本原理及特点

5.5.1.1 基本原理

物质的红外光谱图与其分子结构密切相关。石油类主要是由烷烃、环烷烃、芳烃以及硫、氧等的化合物组成，这些物质中主要有C—C、C—H、C＝O、C＝S键等基团。因油品中上述物质的种类和含量不同，产生的红外光谱也不同，以此来区分不同油品。而红外光谱的解析就是从分子结构入手，在掌握影响振动频率的因素及各类化合物的红外特征吸收光谱带的同时，按峰区分析，指认某谱带的归属。一般由三个以上原子组成的基团具有多种振动模式，但并非每种振动模式都出现强度较高的吸收峰，只有达到一定强度的吸收峰才能称其为特征吸收峰，所在位置称为特征频率。在分析特征吸收峰的归属时，需要全面分析峰形、峰位等多种因素，若某特征频率有吸收峰，但峰强显著低于该特征频率官能团的振动峰强，则只能说明该物质含有少量该杂质。

正构烷烃和芳烃是石油的主要成分，表5-5和表5-6中总结了芳烃及烷烃中各基团不同振动形式的振动频率。

表5-5 芳烃化合物特征基团振动频率

振动模式	振动频率/cm^{-1}	强度	注释
C—H伸缩振动	3100～3000	弱	—
C—H面内弯曲振动	1150～900	强	—
C—H面外弯曲振动	900～670		通常有1～3个吸收峰
芳环骨架振动	1625～1365		通常出现3～4个尖锐吸收峰，为1625～1550cm^{-1}，1550～1430cm^{-1}，1430～1365cm^{-1}

表5-6 烷烃化合物特征基团振动频率

基团	振动模式	振动频率/cm^{-1}	强度	注释
CH_3	不对称伸缩振动	2960±5	强	饱和长链烷基链所有碳原子
	对称伸缩振动	2875±5	强	呈Z字构型，端基CH_3，振动频率为2955cm^{-1}和2871cm^{-1}
	不对称弯曲振动	900～670	强	—
	对称伸缩振动	1625～1365	强	异丙基和叔丁基在1380cm^{-1}附近会分裂为双峰
	摇摆振动	1100～810	弱	—
	不对称伸缩振动	2925±5	强	饱和长链烷基链排列有序时(所有碳原子呈Z字构型)
	对称伸缩振动	2855±5	强	—
CH_2	弯曲振动	1465±5	中强	—
	$(CH_2)_n$面内摇摆	720±4($n\geqslant4$) 729～726($n\geqslant3$) 743～734($n\geqslant2$) 785～770($n\geqslant1$)	弱	当分子中含有4个以上CH_2所组成的长链时，在720cm^{-1}附近出现较稳定的$(CH_2)_n$面内摇摆振动弱吸收峰，峰强度随相连的CH_2个数增加而增强，若$n\geqslant4$，在液态或溶液态测定时只有1个峰
	面外摇摆	1340～1150	弱	—
	扭曲振动	1300±10	弱	—

红外光谱作为“分子指纹”广泛用于分子结构和物质化学组成的研究。根据分子对红外光吸收后得到谱带频率的位置、强度、形状以及吸收谱带和温度、聚集状态等的关系确定分子的空间构型，求出化学键的力常数、键长和键角。从光谱分析的角度看主要是利用特征吸收谱带的频率推断分子中存在某一基团或化学键，由特征吸收谱带频率的变化推测邻近的基团或化学键，进而确定分子的化学结构，当然也可选取合适的定量吸收峰，测定吸收峰的吸光度，依据朗伯-比尔定律，计算待测组分含量，进行定量分析。

5.5.1.2　干扰

红外光谱定性分析时要将测得的图谱与已知样品图谱进行对比，同一化合物在不同状态、不同溶剂中都会显出不同的光谱，浓度、温度、样品纯度、仪器的分辨率等因素对分析结果也有干扰。另外，水在中红外区有较强吸收，干扰油品的红外“指纹”，试样应当干燥处理。

5.5.1.3　基本特点

便携式傅里叶红外光谱分析技术的主要特点有：

① 灵敏度高。与传统色散型红外光谱仪相比，没有狭缝的限制，光通量大，提高了光能的利用效率。

② 多路优点。狭缝的废除大大提高了光能利用效率，样品置于全部辐射波长范围下的吸收必然改进信噪比，使测量灵敏度和准确度大大提高。

③ 分辨率提高。分辨率决定于动镜的线性移动距离，距离增加，分辨率提高，一般可达 $0.5cm^{-1}$，高的可达 $0.01cm^{-1}$。

④ 波数准确度高。由于引入激光参比干涉仪，用激光干涉条纹准确测定光程差，从而使波数更为准确。

⑤ 扫描速度极快。在不到 1s 内可获得图谱，速度比色散型仪器高几百倍。

5.5.2　便携式傅里叶红外光谱仪简介

5.5.2.1　主要部件

便携式傅里叶变换红外（FT-IR）光谱仪（简称便携式傅里叶红外光谱仪）组成见图 5-3。

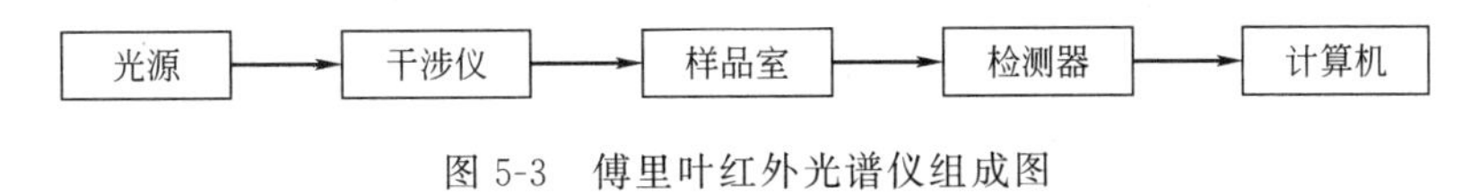

图 5-3　傅里叶红外光谱仪组成图

5.5.2.2　光源

便携式傅里叶红外光谱仪的光源主要有碘钨灯、硅碳棒、高压汞灯和金属陶瓷光源等。

① 碘钨灯原理是当灯丝发热时，钨原子被蒸发后向玻璃管壁方向移动，当接近玻璃管壁时，钨蒸气被冷却到大约 800℃并与卤素原子结合在一起，形成卤化钨。卤化钨向玻璃管中央继续移动，又重新回到被氧化的灯丝上，由于卤化钨是一种不稳定的化合物，遇热重新分解，这样钨又在灯丝上沉积，弥补被蒸发的部分。通过这种循环过程，灯丝寿命不仅得到了延长，同时可以在更高温度下工作，从而提高亮度、色温和发光效率。使用范围为 $24000\sim4500cm^{-1}$，具有功率大、能量高、寿命长、稳定性好等特点。

② 硅碳棒是以碳化硅为主要原料制成的高温电热元件，使用范围为 15000～50cm^{-1}，功率大、能量高、范围宽。

③ 高压汞灯是由石英电弧管、外泡壳、金属支架、电阻件和灯头组成。电弧管为核心元件，内充汞与惰性气体。放电时，内部汞蒸气可达 2～15 个标准大气压（1 标准大气压=101325Pa），因此称为高压汞灯。

④ 金属陶瓷光源具有多晶氧化铝陶瓷制造的电弧管管壳，这种陶瓷材料能承受比石英高 200℃以上的高温，制成电弧管后正常运转温度可高达 1200℃，其热导率较高，电弧管本身温度分布均匀，即使冷端也在 900℃以上，因此充入其中的金属氯化物能充分蒸发。这也是陶瓷金卤灯光效和显色指数高而稳定的原因。

5.5.2.3 检测器

便携式傅里叶红外光谱仪的检测器主要有热释电检测器和光电导检测器。

① 热释电检测器是一种红外辐射的探测器件，利用热释电体的自发极化随温度变化的特性制成。这种器件在室温下工作，具有很宽的光谱范围和较高的探测率。热释电检测器所利用的温度变化率对波长没有选择性，因而能探测快速变化的辐射信号。主要用途包括辐射测量与定标、红外光谱测量、辐射温度测量等。

② 光电导检测器主要用于傅里叶变换红外光谱仪，代表性的有 MCT 检测器。采用 Hg-Cd-Te 半导体材料薄膜，吸收辐射后非电导性的价电子跃迁至高能量的导电带，从而降低了半导体的电阻，产生信号。该检测器用于红外与远红外区，灵敏性较热释电检测器好，在 FT-IR 及 GC/FT-IR 仪器中应用广泛。

5.5.2.4 工作原理

便携式傅里叶变换红外（FT-IR）光谱仪是根据光的相干性原理设计的，因此是一种干涉型光谱仪，大多数傅里叶变换红外光谱仪使用迈克尔逊（Michelson）干涉仪，因此实验测量的原始光谱图是光源的干涉图，然后通过对干涉图进行快速傅里叶变换计算，从而得到以波长或波数为函数的光谱图，谱图称为傅里叶变换红外光谱。

图 5-4 是典型光路系统，来自红外光源的辐射经过凹面反射镜形成平行光后进入迈克尔逊干涉仪，离开干涉仪的脉动光束投射到一摆动的反射镜 B，使光束交替通过样品池或参比池，再经摆动反射镜 C（与 B 同步），使光束聚焦到检测器上。

傅里叶变换红外光谱仪无色散元件，没有狭缝，故来自光源的光有足够的能量经过干涉后照射到样品上然后到达检测器。傅里叶变换红外光谱仪测量部分的主要核心部件是干涉仪，图 5-5 是单束光照射迈克尔逊干涉仪时的工作原理图。干涉仪是由固定不动的反射镜 M_1（定镜），可移动的反射镜 M_2（动镜）及光分束器 B 组成，M_1 和 M_2 是互相垂直的平面反射镜。B 以 45°角置于 M_1 和 M_2 之间，B 能将来自光源的光束分成相等的两部分，一半光束经 B 后被反射，另一半光束则透射通过 B。在迈克尔逊干涉仪中，来自光源的入射光经光分束器分成两束光，经过两反射镜反射后又会聚在一起，再投射到检测器上，由于动镜的移动，使两束光产生了光程差。当光程差为半波长的偶数倍时，发生相长干涉，产生明线；光程差为半波长的奇数倍时，发生相消干涉，产生暗线。若光程差既不是半波长的偶数倍，也不是奇数倍，则相干光强度介于前两种情况之间。当动镜连续移动，即连续改变两束光的光程差，在检测器上记录的信号呈余弦变化，每移动四分之一波长的距离，信号则从明到暗周期性地改变一次。

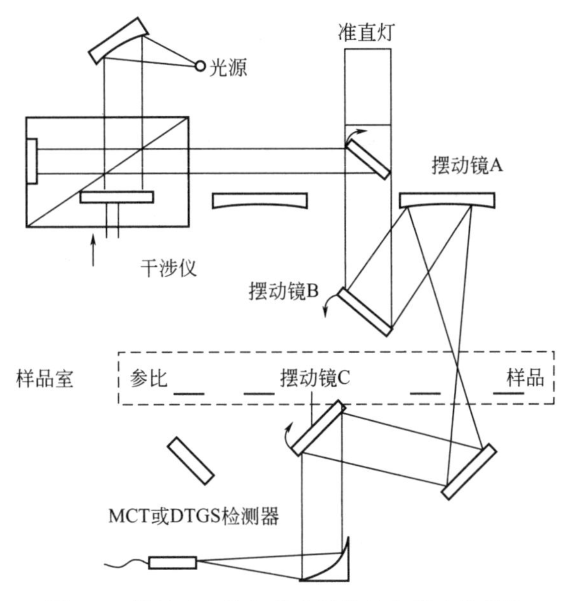

图 5-4　傅里叶变换红外光谱仪的典型光路系统

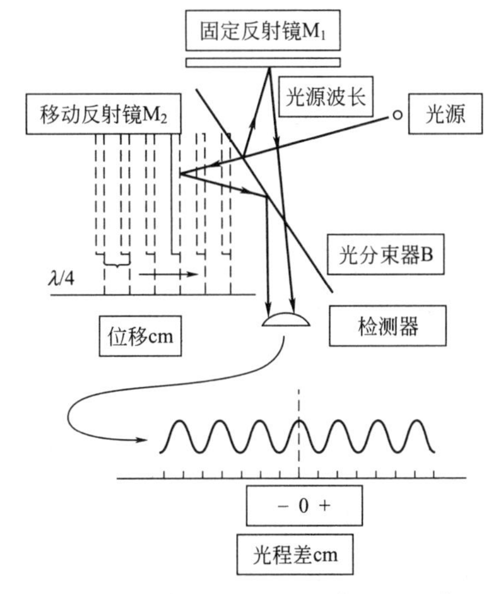

图 5-5　单束光照射迈克尔逊干涉仪时的工作原理图

5.5.3　便携式傅里叶变换红外光谱仪产品简介

近年来，一些仪器厂商致力于研究便携式光谱仪，用于紧急环境污染状况。红外光谱仪的便携化可以通过简化仪器的电路或者最小化干涉仪的途径来实现。便携式傅里叶红外光谱仪的一个重要特点是进样技术的革新，这使得测试能做到实地测量，实时跟踪。漫反射及红外显微镜技术特别是 ATR 技术（衰减全反射法，也叫内反射法）的出现使得样品只需稍加准备甚至无需制备就能进行无损测试，极大地拓宽了红外光谱仪的使用范围。

值得一提的是，ATR 技术的加载只需在原有红外光谱仪基础上装配 ATR 附件即可。一般 ATR 晶体为具有高折射率的晶体，如 KSR-5、锗（Ge）、硅等。为增强折射，也可镀上金属如金或银。市售便携式傅里叶红外光谱仪多数配置 ATR 附件，对样品的状态没有严格限制。按照传统的方法测试前必须把样品制成溴化钾压片或者石蜡研糊，但是实际上有些样品是很难压片或者预制备的。气体测试则需有 ATR 气体池。有仪器商还会配置特别的卡口转换，以支持不同样品界面的互换。测试完成后，样品平台的清洁也比较简单。由于操作及清洗便捷，这些比较新型的红外光谱仪附件在要求迅速提供测试结果的情况下极为常见。

便携式光谱仪的设计特点之一就是整个仪器能适应各种机械的振动。这就要求仪器在被移动或振动下光源仍能够保持原来的方向不变及光路准直。有制造商在设计仪器时，改进了迈克尔逊干涉仪，采取自补偿技术，避免使用传统角棱镜及动态对线，从而使光学系统不再需要从外部进行调整，而是永久自动对准，这也就保证了整个系统的抗震性，使其在紧急污染事故中得到良好的应用。

目前，便携式傅里叶红外光谱仪有多种产品。按检测对象分类包括：专门分析液体样品、固体粉末或胶体的有德国产 Mobile-IR 便携式傅里叶红外光谱仪，美国产的 Transpot Kit 便携式傅里叶红外分析仪和 MLp 便携式傅里叶红外光谱仪；专门分析气体的有芬兰产 GASMET 便携式傅里叶红外气体分析仪和美国产 GasID 便携式傅里叶红外气体分析仪等。表 5-7 是上述几种光谱仪及部分厂商产品特点。

表 5-7　部分厂商便携式傅里叶红外光谱仪产品比较表

产品	生产厂家	尺寸/(cm×cm×cm)	显示器	波长范围/cm^{-1}	质量/kg	特点
Mobile-IR	Bruker	—	嵌入式的计算机和超大的触摸显示屏	4500～600	—	防爆、防水，可整体洗消，在极其恶劣环境中可使用；可进行无线数据传输，可根据需要随时添加图库
Transpot Kit	Thermofisher	—	内置计算机及全彩色显色器	7800～375	14.5	ATR 附件，无须样品制备，含有超过 15000 种化合物的标准谱图
MLp	美国 A2	20×28×17	PDA(掌上电脑)或笔记本电脑	4000～600	7	宝石 ATR 进样系统，可分析各种形态样品，并在 2min 内快速完成定性和定量分析
OPAG22	Bruker	40×37×25	IBM 兼容电脑	1300～700	18	专利 RockSolid 干涉仪，被动测量单程系统，气体分析光谱仪
Model 102FW	Designs and Prototypes	36×20×23	太阳能液晶显示屏	1600～200	7	气体云传感，热稳定干涉器，内置 PC，热电稳定黑体及液氮冷却探测器
Interspec 300-X/Interspec 301-X/Interspec 308-X	Interspectrum OU	49×39×20	外置电脑	7000～400，15000～3850	18	KBr、ZnSe、CaF_2 及石英分束器可选。迈克尔逊自补偿干涉器，屋脊镜式干涉仪，ATR 附件（ZnSe，CaF_2）
RovIR	Hamilton Sundstand Applied Instrument Technologies	94×84×74	远程电脑	2200～1300	145	车载式，适合中试规模的化学反应和连续工艺流，实时动态监测，互换样品界面
RAM601 Roaming Air monitor	MIDAC Corp	40×40×30	手提电脑	4500～600	16	开孔或者传统闭孔模式下均能运行
Open-Path FTSpectrometer	OPTRA，Inc	27×22×18	图形用户界面	1400～700	30	装置有适合主动测量的角锥棱镜

续表

产品	生产厂家	尺寸/(cm×cm×cm)	显示器	波长范围/cm^{-1}	质量/kg	特点
IRO×2000	Petrolab	20×32×22	背光图形显示	4000～200	11	自动进样，内置密度表，特配软件用于精细燃料分析
HazMatID	Smiths Detection Danbury	45×28×18	触摸屏，嵌入式显示屏	4000～600	10	金刚石 ATR 附件，ZnSe 分束器，适应极度潮湿天气、防水。无线上网，配套谱图库
GASMET FITRDx4020	芬兰	—	手提电脑	4200～900	—	直接连续采样，实时连续分析，随机提供近 300 种物质的参考谱图库
GasID	美国 Smiths Detection	50×35×20	触摸屏，嵌入式显示屏	6000～600	12	测试快速，几分钟内可鉴定 5500 种物质，可用吸附管和 TedLar 取样袋采样

5.5.4　便携式傅里叶变换红外光谱分析技术应用

便携式傅里叶变换红外光谱分析技术在石油化学领域应用十分广泛，如在重油的组成、性质与加工方面，应用 IR 表面自硅胶色谱得到胶质和沥青质。在润滑油及其应用方面的进展体现在：用于鉴别未知油品和标定润滑油的经典物理性质（如黏度、总酸度、总碱度）、润滑油表面摩擦化学过程及产物的原位监测与表征等。应用于轻质油品生产控制和性质分析方面的主要进展包括：应用红外光谱预测汽油的辛烷值，应用 IR 测定汽油中含氧化合物的含量。此外，还应用 ATR FT-IR 与 GC 联用测定汽油中的芳烃含量。

近来也有报道在突发性环境污染事故中采用便携式傅里叶红外光谱仪与其他监测仪器互为补充，为应急事故处置提供准确可靠的监测数据。如用气相色谱-傅里叶变换红外联用技术测定水中的污染物，结合了毛细管气相色谱的高分辨能力和傅里叶变换红外光谱快速扫描的特点，对 GC-MS 不能鉴别的异构体，提供了完整的分子结构信息，有利于化合物官能团的判定。应用气相色谱-傅里叶变换红外-质谱联用技术测定汽油中的甲醇、乙醇、1-丙醇、2-丙醇、1-丁醇、2-丁醇、异丁醇、叔丁醇、苯、甲苯、邻二甲苯、间二甲苯、对二甲苯等，其准确度为 1%，相对标准偏差为 0.155%。此外，应用傅里叶变换红外光谱分析技术还可以定量分析气态烃类混合物。

5.6　便携式地物光谱仪分析技术

5.6.1　便携式地物光谱仪分析技术基本原理与技术特点

（1）光谱测量原理

不同种类的石油类产品的分子构成有所差异，而分子由原子核和原子核外电子所组成的基本单元构成。原子核外电子处于一定的运动状态，正常状态下，运动的电子围绕原子核运动时保持一定的能级，处于稳定的状态，被称为基态。但当有光线照射时，围绕原子核的运动电子不再保持稳定的能级，吸收光线的能量后和一些粒子、电子发生碰撞运动，之后由原始的能级激发到更高的能级上。当来自光束的能量大到满足核外电子激发到脱离原子核束缚的能级上时，电子脱离原子使得原子变为离子，而处于激发状态的逃脱的电子不能保持在稳定状态，其所吸收的能量会在短时间内以一定波长的电磁波的形式辐射出去，而电子又会跃迁至能量较低的能级上。相应辐射的能量 ΔE 可表示如下：

$$\Delta E = E_2 - E_1 = h\nu = \frac{hc}{\gamma} \tag{5-4}$$

式中 ΔE——电磁辐射能量；

E_2——较高能级；

E_1——低能级；

c——光在真空中的传播速度；

h——普朗克常量；

γ——辐射出的电磁波的波长；

ν——辐射出的电磁波的频率。

不同种类的原子激发后，在跃迁至较低能级的过程中能级的变化存在差别，从而其对应的辐射出的电磁波的波长亦有所不同，但同一种类的原子在发生电磁辐射现象时会满足一定的定律。辐射出的不同波长的电磁波按照波长大小依次排列构成的电磁辐射可称为光谱。不同种类的石油类产品对应的光谱差异性较大，因此可根据光谱的差异性对溢油油膜的种类或者厚度进行分析鉴别，这就是反射光谱监测溢油的基本原理。

按照光谱分辨率的高低不同可以把光谱遥感依次分为多光谱、高光谱和超光谱。根据在不同电磁波波段内光谱响应的差别，可选择不同的波段用于监测不同的物质，具体分类如表5-8所示。

表 5-8 各波段范围和适用监测项目

波段	波长范围	适用监测项目
紫外	200～390nm	COD、溢油
	400～435nm	黄色物质、COD
	440～480nm	富营养化程度、带色污染、叶绿素浓度
可见光	500～580nm	叶绿素浓度、黄色物质、悬浮泥沙
	580～595nm	荧光、悬浮泥沙、带色污染、叶绿素浓度
近红外	605～700nm	COD、悬浮泥沙、荧光
	730～900nm	大气校正
红外	3～5.5μm	岸带
	5.5～12.5μm	热污染、海温

地物光谱仪涉及紫外、可见光、近红外、红外等多个波段，并且分辨率极高，可达到纳米级别，工作的电磁波段基本覆盖可见光-短波红外。由于涉及电磁波段较长，可根据需求将光谱通道分为数十个甚至数百个；采样的电磁波波长间隔为1～2nm，光谱数据曲线可以做到连续而非间断，能够获得更多的光谱反射率峰值、峰宽度等细节特征。

水面溢油主要发生在近海水域或海上，相对城市地物高光谱而言，水面溢油高光谱信息简单得多，大部分都是水体且溢油种类单一。适用于溢油油膜监测的波段基本处于350～900nm。在油膜光谱数据采集完成后，根据采样间隔分离出数十个乃至数百个窄波段，特征增强之后可分析海水水体表面溢油种类等信息。相比传统的单一依靠图像数据进行遥感监测的方法，便携式地物光谱仪分析技术精确度有了质的飞跃。

（2）光谱形成方式

当水面有诸如石油类液体污染物覆盖时，电磁波在覆盖有油膜的水面发生光学反射现象。反射的光透过大气进入地物光谱仪的采集视野，依次经过扫描镜和物镜后进入地物光谱仪的光学模块，入射狭缝的存在使得进入物镜的光能够做到有选择性地仅扫描水面的待测目标，从而避免了能降低光谱数据采集精度的其他干扰目标反射光进入采集系统。油膜目标反射光经入射狭缝进入具有色散功能的棱镜模块，在输出端按照光谱完成色散，之后再经会聚镜头把色散的像投在光谱形成的焦平面上。最后由焦平面处安置的线阵或者面阵探测元器件接收并完成由油膜反射出的光学信号到数字信号的采集和转变过程。

（3）干扰

光谱仪在采集光谱数据时，会受地形、大气环境、采集方法和采集位置等诸多因素影响，所以会造成获得的原始水上油膜光谱和实际情况之间产生一定的偏差，难以从光谱数据分析中获得符合实际的油膜厚度和反射率的数学函数规律。因此需要对原始光谱数据进行预处理，即进行油膜光谱数据的重建，这一过程体现在需要把光谱仪传感器测得的原始油膜辐照亮度值转化为油膜光谱的反射率值。

同时，光照条件的不一致会导致水面油膜对光的反射在经过大气层时相应的辐照亮度发生误差，大气散射的光会和油膜反射的光相互叠加进入光谱的采集传感器，使得光谱产生噪声，降低了光谱分析的可识别精确度；传感器的自身固有参数特性也会对结果造成影响。

此外，在实际自然环境中，对光谱测量结果精度影响因素种类较多的情况下，在实际的水面油膜光谱曲线上会叠加一组离散的干扰数据，表现在曲线上的特征为光谱曲线出现“毛刺”，从而削弱了真实的光谱波段特征。为此，在较为恶劣的自然环境下，需要对所测量的光谱数据进行平滑处理，以消除“毛刺”对结果分析的影响。

（4）技术特点

便携式地物光谱仪分析技术具有便捷、稳定、高分辨率等特点，能够快速实现紫外-可见光-近红外（350～2500nm）全波段波谱稳定测量，同时全线阵探测器单元、全息光栅、无运动光学部件，提高了测量的可靠性。此外，集成蓝牙无线通信、可替换的高性能轻便锂离子充电电池、可切换的前置光学系统和光纤系统，使其在野外测量方面应用更为广泛。目前该技术使用的大多数仪器内置光闸和漂移锁定自动校准功能、配备掌上电脑（PDA），为应急监测工作提供了更大的便利。

5.6.2　便携式地物光谱仪简介

（1）主要部件

便携式地物光谱仪由光源系统、样品反射测量系统、分光系统、电路系统、控制和分析系统五部分组成。基本组成示意如图 5-6 所示。

样品反射测量系统通常由透镜和光纤组成。透镜使视场范围内目标反射均匀地照亮入射光纤束，从而使反射样品光经过光纤耦合进入分光系统。

分光系统主要由平场凹面光栅和线阵列探测器组成，是仪器的核心部分。平场凹面光栅集分光、会聚、像差校正功能于一体，将入射狭缝的光谱图像会聚到一个平面上，由线阵列探测器同时探测多个光谱的强度信号。探测器输出的模拟信号经过滤波及放大后进行 A/D 转换，由主控电路完成数字信号的存储和显示。

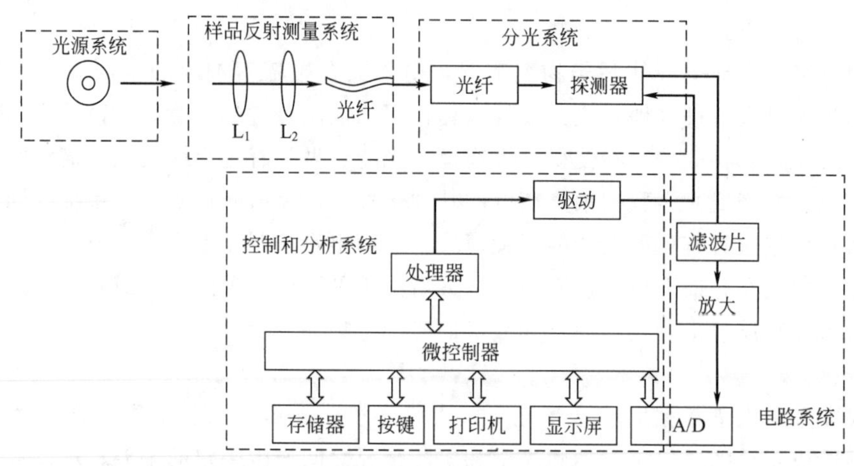

图 5-6　便携式地物光谱仪基本组成示意图

（2）主要特点

便携式地物光谱仪与其他便携式光谱仪器相比，在测量时需要综合考虑各种光谱影响因素的复杂过程，所获取的光谱数据是太阳高度角、太阳方位角、云、风、相对湿度、入射角、探测角、仪器扫描速度、仪器视场角、仪器的采样间隔、光谱分辨率、坡向、坡度及目标本身光谱特性等各种因素共同作用的结果。因此，使用前要根据实验目标与任务制定相应的实验方案，排除各种干扰因素对所测结果的影响，使所得的光谱数据尽量反映目标本身的光谱特性，并在观测时详细记录环境和仪器参数以及其他辅助信息。只有这样，所测结果才是可靠的并具有可比性，为以后的遥感图像解译和光谱重建提供依据。

（3）便携式地物光谱仪产品简介

近年来，随着光电器件的发展，CCD 线阵、CMOS 线阵等阵列器件广泛应用，市场上出现了基于线阵列探测器的地物光谱仪，该类仪器体积小、测量速度快、质量轻，广受市场欢迎。目前，国内外已经有相对成熟的产品，如美国 Ocean Optics 公司的 USB2000 型光纤光谱仪，美国 SVC 公司的 SVC HR-1024i 型光谱仪，荷兰 Avants 公司生产的 AvaSpec-1024-USB2 型光纤光谱仪，澳大利亚生产的 PIMA SP 型光谱仪，及国产的 SR 2500 型、iSpecField-NIR 型光谱仪等。表 5-9 是部分厂商便携式地物光谱仪产品特点。

表 5-9　部分厂商便携式地物光谱仪产品比较表

产品	生产厂家	光谱范围/nm	光谱分辨率/nm	信噪比	质量/kg	尺寸/(mm×mm×mm)	主要特点
USB2000	美国 Ocean Optics	200～1100	0.3～10	250∶1	0.19	89.3×63.3×34.4	具有 16 位 A/D 转换，可兼容 Linux、Mac 或 Windows 等多种操作系统
AvaSpec-1024-USB2	荷兰 Avants	200～1100	0.07～20	2000∶1	1.7	175×110×44	适合于需要低噪声/高分辨的应用领域，可以与其他光谱仪一起配置成双通道或多通道光谱仪
AvaField-2	荷兰 Avants	300～1700	1.4/5.0	2000∶1	5.0	360×300×140	紫外区和近红外区灵敏度高，主机防尘防水，结实耐用
PIMA SP	澳大利亚	130～2500	<8.0	2500∶1	4.0	260×180×110	具有动态温度补偿系统，在 10～45℃的外界温度下具有较好的稳定性
SPECTR ORES	日本 TAKAYA	1200～2500	<8.0	500∶1	8.8	300×120×130	单光谱测量时间较短，且内部电池可持续工作 8 小时

续表

产品	生产厂家	光谱范围/nm	光谱分辨率/nm	信噪比	质量/kg	尺寸/(mm×mm×mm)	主要特点
SR 2500	安洲科技	350～2500	3.0/3.5	500∶1	3.4	215.9×292.1×88.9	内置光闸和漂移锁定自动校准功能,无须连接计算机即可独立完成野外测量
iSpec Field-NIR	莱森光学	250～2500	1.5/3.0	2000∶1	4.5	340×300×143	主机与工业级触控显示手柄探头一体化结构,野外测量无须额外配置计算机,操作灵活
FieldSpec4 Hi-Res	美国 ASD	350～2500	3.0/8.0	2500∶1	5.4	356×292×127	内置光闸,漂移锁定,暗电流补偿和分段二级光谱滤片,可提供无差错数据,同时具有无线 Wi-Fi 接口,可接收远达 300m 的无线数据
SVC HR-1024i	美国 SVC	350～2500	3.5/6.5/9.5	250∶1	3.3	220×290×80	可同时连接湿度传感器或温度传感器等,这些数据能一并存储在光谱数据中,方便了解操作环境状况

5.6.3　便携式地物光谱仪分析技术应用

便携式地物光谱仪由于体积小、光谱分辨率高、操作简单方便，可用于测量辐射度、光谱反射率和光谱透过率等特点而被广泛应用于现场遥感测量、农作物监测、森林研究、工业照明测量、海洋学研究、矿物勘察和环境保护等各个方面。

近年来，环保工作者致力于研究地物光谱仪在溢油鉴别方面的应用，其中有报道研究了海面溢油的可见光波段地物光谱特征，分别对不同厚度（单位为 μm）原油、润滑油和柴油进行了光谱测量，结果如图 5-7 所示，3 种油反射总体趋势是柴油随厚度的增加而增大，润滑油和原油随厚度的增加而减小。

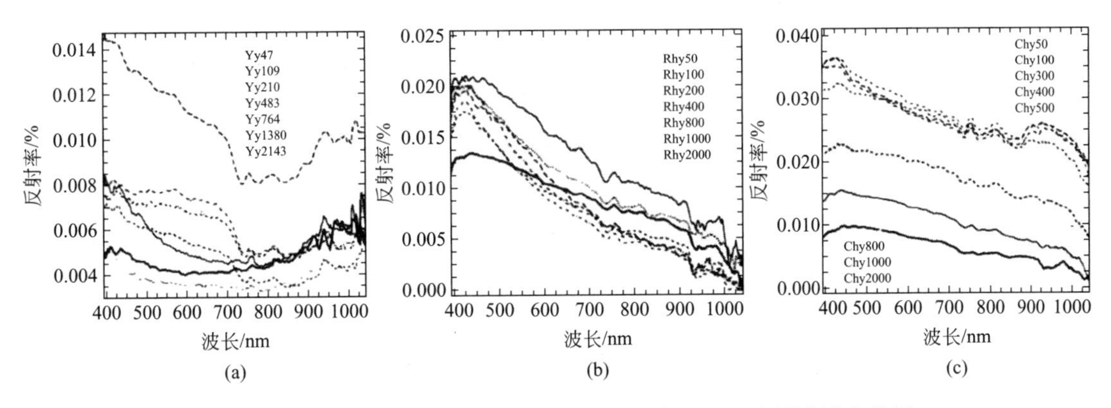

图 5-7　不同厚度原油（a）、润滑油（b）和柴油（c）实测光谱曲线图

随后该研究选取了 3 种油品同一厚度（2000μm）时的实测光谱曲线图［图 5-8(a)］和连续变化光谱曲线图［图 5-8(b)］进行比较，结果表明：柴油的反射率高于原油，与润滑油的曲线形式基本接近，只是近红外波段处有一定的差异；而原油的反射率曲线最平缓，在近红外部分则趋于润滑油。值得注意的是，在 752nm 处，有一突起的反射峰，其趋势是柴油大于润滑油，大于原油。由于三者均为烃类产品，因此这反映了 3 类油品的共同特征。

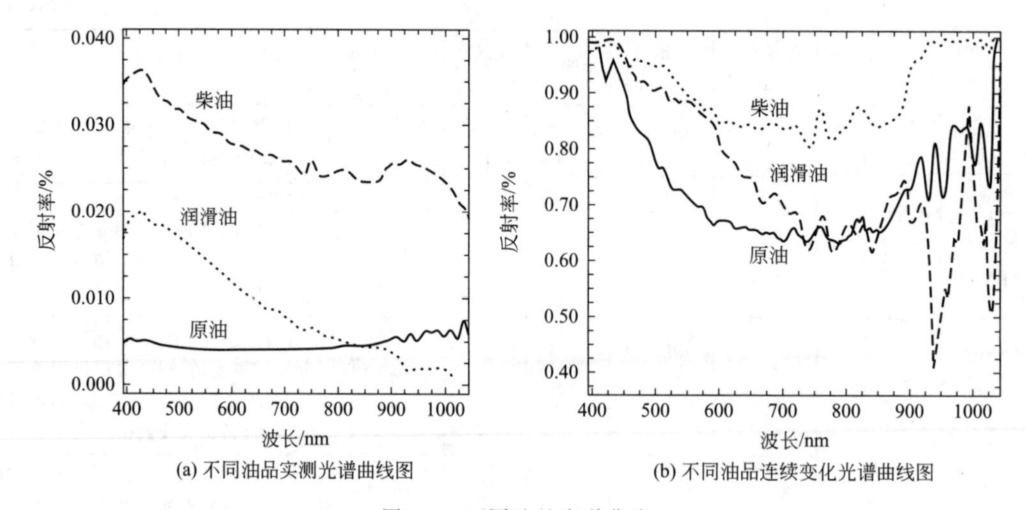

图 5-8 不同油品光谱曲线

从吸收特征分析可知，原油的特征吸收带为 453～853nm，润滑油为 662nm 至近红外方向，柴油则为 627nm 至近红外方向。由连续变化光谱曲线可知，3 类油品的相同特征吸收峰在 736nm 和 774nm 处，反映了三者共同的成分特征，三者的差异在近红外波段，即 884nm 处，柴油在此波段为弱吸收，原油表现为中等强度的吸收，而润滑油的吸收最强，对应的两个吸收峰分别为 933nm 和 1025nm 处。

最后，为了区分海水与油膜之间的差异，准确确定油膜的范围，对 3 类油品和海水进行对比分析（图 5-9）。由图 5-9 可知，柴油的反射率远高于海水，润滑油的反射率在蓝绿光波段高于海水，在红光 673nm 和近红外波段则低于海水，而原油在可见光波段低于海水，在近红外波段高于海水。海水的吸收在 725nm 处至近红外方向，其在 736nm 和 774nm 处有两个较弱的吸收峰，而在近红外波段 928nm 和 1036nm 处的吸收较强。3 种油品与海水的差异在不同波段位置是不同的，柴油和海水反差在 399nm 和 426nm 处，润滑油和海水的反差主要是在 400nm 处，并逐渐向红光方向降低，原油和海水的反差在蓝绿光波段最低，向两侧增高，在紫外和红外方向均有出现油水反差峰值的可能。

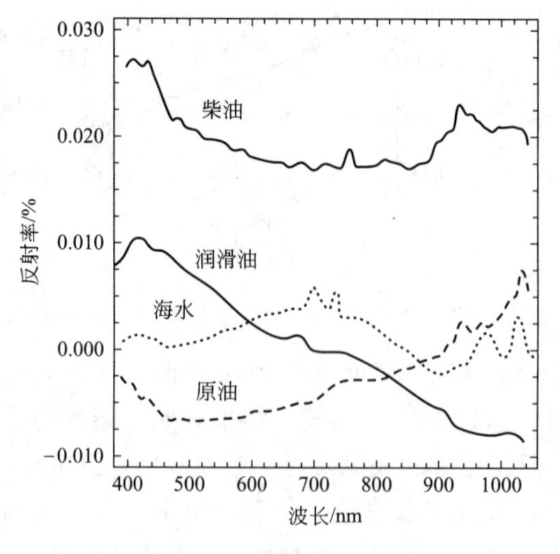

图 5-9 油品与海水光谱差值图

上述研究揭示了原油、润滑油和柴油三者之间的光谱特征，随厚度的变化规律、油水反差等关系，这些对采用可见光、近红外卫星遥感手段尤其是高光谱手段监测海面溢油，估算油膜厚度、区分油膜与海水和鉴别油种可以提供帮助，从而使通过卫星遥感手段实时监测海面溢油成为可能。

同时，也有研究考察了高光谱技术对海洋溢油种类的鉴别能力，进行了模拟溢油实验。采用紫外波长光源（254nm、302nm 和 365nm）和可见光两种光源（日光灯和阳光），使用地物光谱仪采集 5 个油品（汽油、柴油、煤油、机油、花生油）的高光谱数据（200～1600nm）。结果表明，阳光下光谱识别率最高，日光灯下的识别效果最差，紫外灯在 302nm 波长下识别率最高，在 254nm 和 365nm 下识别效果相当。研究筛选了对油种识别有意义的光源，对溢油鉴别具有一定的意义。

除上述报道外，也有研究基于地物光谱仪的溢油监测，探索了水面油膜光谱的特征波段，设计了实验室内模拟水面油膜光谱测量实验。在所模拟的自然无限深水体环境下测量获得的结果显示：在较薄油膜状态下，油膜的厚度和油膜光谱的反射率之间呈现较高的线性关系，光谱特征主要集中在可见光的紫外、绿光和红光波段内。结合对野外光谱数据的拟合分析，处理结果显示：在较薄油膜厚度下，水面油膜厚度和相应的光谱反射率呈现很强的指数函数关系，证明了根据水面油膜地物光谱测量结果判别水面溢油油膜厚度的方法的可行性，切实提高了水面溢油油膜厚度的识别能力，为海上石油污染快速鉴别提供了强有力的技术支撑。

参 考 文 献

[1] 韩晓嫣．水体中油类物质测定方法：红外光度法和重量法的比较［J］．上海水务，2006（2）：33-35.

[2] 苏毅，杨亚玲，胡亮．膜萃取技术及其应用研究进展［J］．化工装备技术，2002（1）：15-18.

[3] 吕艳冰．浅论石油烃的检测方法［J］．工业技术，2011（32）：91.

[4] 朱国斌，李标国．支撑液膜分离技术原理及展望［J］．稀土，1988（1）：5-13.

[5] 蔡锋，陈刚才，鲜思淑，等．OilTech121 便携式测油仪在突发性水污染事件中的应用［J］．环境工程学报，2016，10（6）：3354-3358.

[6] 王明智．傅里叶红外光谱仪（FTIR）的基本原理及其应用［J］．科技风，2014（6）：112-113.

[7] 邵志鹏，王双保，李学青．基于 ARM-Linux 的便携式红外测油仪的设计［J］．仪表技术与传感器，2015（5）：46-52.

[8] 张凯．基于单片机的红外测油仪的研究［D］．保定：河北农业大学，2006.

[9] 何姝，王志苗，李凌伟，等．便携式仪器的优点及其在环境应急监测中的运用［J］．环境与发展，2018，30（10）：154-155.

[10] 潘宇．基于 μC/OS-Ⅱ便携式紫外可见光谱仪的软件系统构建和研究［D］．昆明：云南师范大学，2016.

[11] 王国栋．便携式紫外-可见光谱仪设计及关键技术研究［D］．合肥：合肥工业大学，2019.

[12] 冯芳芳．基于 C8051 单片机的便携式紫外可见光谱仪的研究［D］．天津：河北工业大学，2017.

[13] 赵友全，邹瑞杰，陈玉榜，等．一种快速在线水中油污检测技术研究［C］//中国仪器仪表学会分析仪器分会，中国仪器仪表行业协会．节能、减排、安全、环保：第四届中国在线分析仪器应用及发展国际论坛论文集．2011：164-168.

[14] 杨琨．傅里叶变换红外光谱仪若干核心技术研究及其应用［D］．武汉：武汉大学，2010.

[15] 冯骏豪．基于 Cortex-M4 便携式傅里叶变换红外光谱仪［D］．武汉：武汉大学，2017.

[16] 张国岩．浅谈傅里叶变换红外光谱仪的基本原理及其应用［J］．中国科技投资，2013（11）：138.

[17] 宁波市环境监测中心．快速检测技术及在环境污染与应急事故监测中的应用［M］．北京：中国环境科学出版社，2011.

[18] 旃秋霞．ATR-FTIR 结合 GC-FID 快速识别油指纹技术研究［D］．大连：大连海事大学，2017.

[19] 蔡丹枫，陈义龙，徐春明，等．溢油事故中水质石油类检测技术研究进展［J］．油气田环境保护，2013，23（4）：48-51.

[20] 郑志忠，陈春霞，修连存．便携式野外现场近红外地物光谱仪研究与测试［J］．现代科学仪器，2008（2）：25-28.

[21] 赵冬至，丛丕福．海面溢油的可见光波段地物光谱特征研究［J］．遥感技术与应用，2000（3）：160-164.

[22] 刘东东．基于地物光谱仪的水面溢油污染监测方法研究［D］．长春：长春工业大学，2017.

[23] 张海波，李峰．ASD 地物光谱仪测量技术及使用方法［J］．山东气象，2014（34）：46-48.

[24] 韩仲志，刘杰，刘康炜，等．紫外/可见光下海洋溢油油种光谱识别方法［J］．光学技术，2016（42）：337-341.

第6章 重金属污染现场快速监测技术

6.1 重金属污染及重金属现场快速监测技术概述

6.1.1 重金属污染简介

突发水环境重金属污染事故主要是由机械加工、矿山开采、钢铁、有色金属冶炼及部分化工企业生产过程中含金属废水、污泥的排放，以及原辅料的泄漏造成的突发水环境污染事件。常见突发水环境污染的重金属包括汞、砷、铅、镉、镍、铬、钴、银、铜、锌等。暴露于不同种类重金属污染中会导致消化道、肾脏、肝脏、甲状腺、骨髓、神经系统等不同器官病变，从而严重影响人体健康。从毒性和对生物体的危害来看，水环境重金属污染有以下特点：①持久性。重金属在水体中不能被微生物降解，而只能发生各种形态的相互转化，因此重金属一旦进入环境，就将在环境中持久保留。②富集性。重金属可经过食物链的生物放大作用逐级在较高级生物体内成千上百倍地富集，然后通过食物进入人体，在人体的某些器官中蓄积起来造成慢性中毒，危害人体健康。③高毒性。天然水中，只要有微量重金属即可产生毒性效应，一般重金属产生毒性的浓度范围大约在1～10mg/L之间，毒性较强的金属如汞、镉等产生毒性的浓度范围在0.001～0.01mg/L之间。④复杂性。重金属的毒性和稳定性取决于其存在形态，其形态又随水环境条件（如pH和氧化还原条件）而转化，而且重金属的价态不同，其活性与毒性不同。

6.1.2 重金属现场快速监测技术的类型

重金属污染事件一般具有很强的突发性，可在很短的时间内迅速扩散和蔓延，因此在突发重金属环境污染事件发生后必须在最短的时间内清楚重金属种类、浓度和污染范围，以便为应急处置决策提供快速准确的技术依据，从而有效控制事件的环境影响。作为污染防控的重要手段之一，重金属应急监测工作一直受到政府的关注，应急监测技术直接影响到污染防治工作的效率和质量。传统经典的重金属检测方法有原子吸收光谱法（AAS）、原子发射光谱法（AES）、原子荧光光谱法（AFS）、电感耦合等离子体质谱法（ICP-MS）和分光光度法等。这些方法和技术具有特异性强、灵敏度高等优点，是目前普遍采用的重金属检测方法，但这些方法样品测试前都需要前处理，致使整个分析过程费力费时，而且所用仪器价格昂贵、运行费用高、不易携带、无法连续监测及现场测定。当面临突发水环境重金属污染事故时，传统的检测技术已无法满足需求，快速、简便、成本低的检测方法和仪器的开发已成为当今的研究热点。

目前重金属应急快速检测技术主要有试纸/检测管/试剂盒法、便携式阳极溶出伏安法、便携式分光光度技术、便携式X射线荧光光谱法、车载式电感耦合等离子体光谱法/质谱法等。

6.1.2.1 试纸/检测管/试剂盒法

试纸/检测管/试剂盒法是利用金属与相应显色剂发生颜色反应的原理，将显色剂涂覆/装填到纸片、玻璃管或聚乙烯管、塑料试剂盒，与待检样品反应后将颜色与标准色卡（颜色与浓度对应关系）进行比较得出待测物质的种类和含量。重金属试纸/检测管/试剂盒法与传统检测技术相比，灵敏度和准确度较低，对重金属污染物的检测只能是定性/半定量，但是试纸/检测管/试剂盒法具有方便、快速、经济的优点，非常适用于紧急情况下的快速检测。

6.1.2.2 便携式阳极溶出伏安法

阳极溶出伏安法是将恒电位电解富集与伏安法测定相结合的一种电化学分析方法。这种方法一次可连续测定多种金属离子，而且灵敏度高、分辨率好、样品无须前处理、反应时间快，所用仪器比较简单，操作方便，因此成为重金属应急现场常用的快速检测方法之一。便携式阳极溶出伏安法也有一定的弊端，如因电极制作成本及使用寿命的限制导致费用提高，传统的汞电极、汞膜电极等对环境和分析人员有一定危害，因此在选取重金属现场快速检测技术时也需要考虑这些因素。

6.1.2.3 便携式分光光度技术

便携式分光光度技术是利用重金属与显色剂（常为有机化合物）发生络合反应，生成有色大分子基团，溶液颜色深浅与浓度成正比，在特定波长下进行比色检测的一种方法。便携式分光光度法的优点有灵敏度和准确度较高、适用范围广、所用试剂易于获得等，但检测重金属时相对于试纸/检测管/试剂盒法和便携式阳极溶出伏安法步骤烦琐，且耗时较长。

6.1.2.4 便携式X射线荧光光谱法

便携式X射线荧光光谱（PXRF）法的基本原理是：通过一次X射线激发，被测样品中的每种元素会放射出具有特定的能量特性或波长特性的二次X射线，根据它们的能量及数量信息转换成样品中各种元素的种类及含量来进行定性和定量分析。X射线荧光光谱检测技术具有分析速度快、检测元素范围广、前处理简便、光谱干扰少等优点，缺点是检测精度和重复性不如分光光度法。

6.1.2.5 车载式电感耦合等离子体光谱法/质谱法

车载式电感耦合等离子体光谱法是根据处于激发态的待测元素原子回到基态时发射的特征谱线对待测元素进行分析的方法。车载式电感耦合等离子体质谱法是以独特的接口技术将电感耦合等离子体的高温电离特性与四极杆质量分析器的灵敏快速扫描的优点相结合而形成的一种元素和同位素分析方法。车载式电感耦合等离子体光谱法/质谱法具有分析元素覆盖面广、多元素快速分析、检出限低、线性范围宽、选择性好、样品用量小等优点，但运行费用高，需要在应急监测车等平台上运行和操作仪器。

6.1.2.6　其他重金属现场快速检测方法

其他重金属现场快速检测方法有免疫分析法，酶分析法和生物化学传感器法等。

① 免疫分析法的原理是选择合适的化合物与重金属离子结合，获得一定的空间结构，产生反应原性，再将与重金属离子结合的化合物连接到载体蛋白上，产生免疫原性。免疫分析法具有检测速度快、灵敏度高和选择性好等优点，但重金属离子单克隆抗体的制备非常困难，而较容易制备的多克隆抗体无法满足对重金属离子的特异性要求，这在一定程度上限制了免疫分析法在重金属现场快速检测上的应用。

② 酶分析法原理是：重金属具有一定的生物毒性，可使酶活性下降，使底物-酶反应系统中的 pH、颜色和电导率等理化参数发生变化，这些变化可直接通过肉眼或借助于光信号、电信号等加以区分，因此可以建立重金属浓度与酶系统变化的定量关系。但由于不同重金属离子对酶活性的抑制效应相差很大，以及重金属离子对酶活性抑制的广谱性，该方法的选择性较差。

③ 生物化学传感器法的原理是利用生物化学识别物质与待测物质结合，通过信号转换器转变为可输出的光、电等信号，通过信号与重金属浓度存在的线性关系来实现定量检测。生物化学传感器法具有操作简单、分析速度快、灵敏度高、所需试样少等优点，但该方法对操作人员的技术水平要求较高，且操作相对烦琐，因此在重金属现场快速检测上的应用不多。

本章主要针对这几种技术方法的原理、特点和应用进行逐一介绍，以期为突发水污染事故重金属检测过程中建立高效、准确、快速及高灵敏度的检测方法提供依据。重金属现场快速检测方法的选择应依据污染物的类型、污染情况、具备的人员物资等多个方面综合考虑，表 6-1 列出了目前在重金属现场快速检测上应用较多的五种方法的基本原理、优缺点、可检测金属种类/灵敏度，可供参考。

表 6-1　五种常用重金属现场快速检测方法

检测方法	基本原理	优、缺点	可检测金属种类/灵敏度
试纸/检测管/试剂盒法	重金属离子与显色剂发生显色反应进行重金属含量的检测	方便、快速、经济；只能定性/半定量，一次只能测一种元素	20 多种/检测下限多为 mg/L 级
便携式阳极溶出伏安法	以电流对电位的关系曲线为基础的新的电化学分析方法	简便、快速、灵敏度高、选择性好、可同时测定几种元素；常用电极易损坏且有害	30 多种/检测下限为 μg/L 级
便携式分光光度法	基于被测物质对光辐射具有选择性吸收来进行测定，通常需要加入显色剂	灵敏度和准确度好，测试范围大；操作比较烦琐，干扰因素多	10 多种/检测下限为 mg/L 级
便携式 X 射线荧光光谱法	利用一次 X 射线激发待测物质中的原子，使之产生荧光而进行物质成分的定性和定量分析	无损检测，快速，干扰少；准确度和灵敏度较差	30 多种/检测下限为 mg/L 级
车载式电感耦合等离子体质谱法	利用电感耦合等离子体使样品气化，然后进行质谱分析	灵敏度高、选择性好，能同时分析多种元素；价格昂贵，易受污染	70 多种/检测下限为 μg/L 级

6.2 试纸/检测管/试剂盒法

6.2.1 试纸/检测管/试剂盒法的原理

在重金属检测方法中，化学显色反应应用较为广泛，主要通过重金属离子与显色剂发生显色反应进行重金属含量的检测。这些方法与试纸、检测管、试剂盒技术等结合后，可对重金属进行快速检测。

(1) 试纸法的原理

试纸法是将纤维类滤纸（涂覆显色剂）作为显色反应载体的一种快速检测方法（原理详见第4章4.2）。用于重金属检测的试纸大都基于重金属与显色剂发生络合反应的原理（图6-1），如有学者利用二苯碳酰二肼与汞离子在酸性条件下发生络合反应，生成紫红色的络合物，利用此原理制成重金属汞离子的快速检测试纸，当汞离子含量在0～10mg/L区间内时，试纸的颜色深浅与汞离子的含量呈正相关，通过目视观察，并将显色结果与标准图谱进行比较，即可对水样中的汞离子及汞离子含量进行定性和半定量测定。

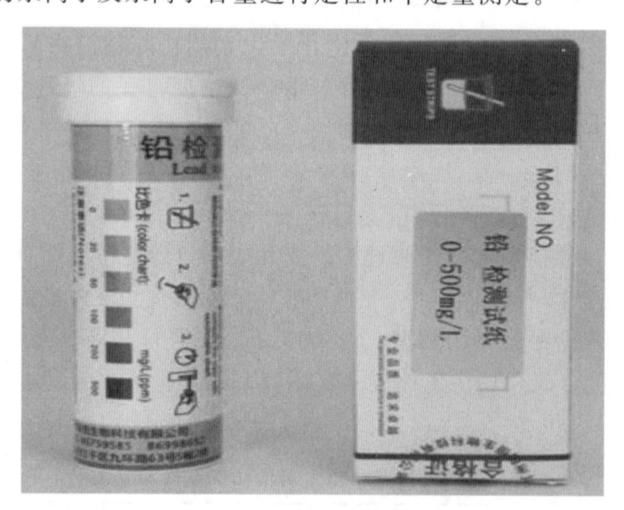

图 6-1 重金属试纸条

(2) 检测管法的原理

检测管是将玻璃管或聚乙烯管（装填一定量的检测剂）作为显色反应载体的一种快速检测方法（原理详见第4章4.3）。用于重金属检测的检测管（图6-2）分为直接检测管和色柱检测管。直接检测管原理和试纸法原理相同。色柱检测管比如汞检测管，采用的指示粉主要成分是碘化亚铜，与汞的反应原理为 $Hg+2CuI_2 \longrightarrow Cu_2[HgI_4]$（橘红色），在汞发生器中加入待测水样以及硫酸和高锰酸钾试剂，将各种形态的汞转化成二价汞离子，然后再加入氯化亚锡试剂还原过剩的氧化剂，同时将二价汞转化成金属汞，通气使汞汽化并使之通过检测管，根据检测管中指示粉的变色长度直接读出汞的浓度。

(3) 试剂盒法的原理

试剂盒法（原理详见第4章4.4）的原理是首先将金属显色反应所需的试剂如缓冲剂、金属显色剂等装在塑料盒中，分别命名如试剂A、试剂B，然后按照步骤依次加入水样、试剂A、试剂B后显色，最后与标准色卡进行比较（图6-3）。

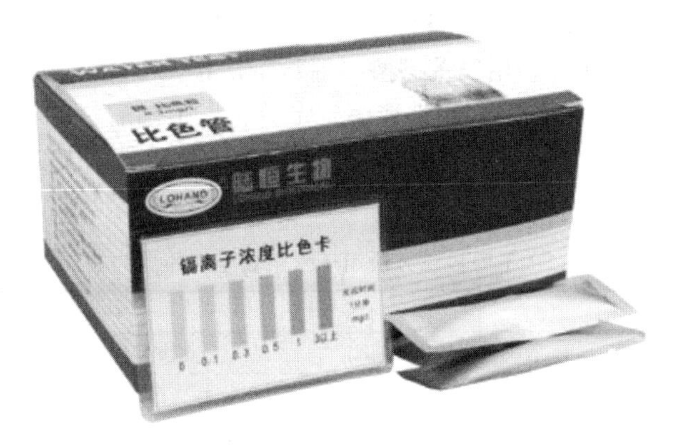

图 6-2　重金属检测管

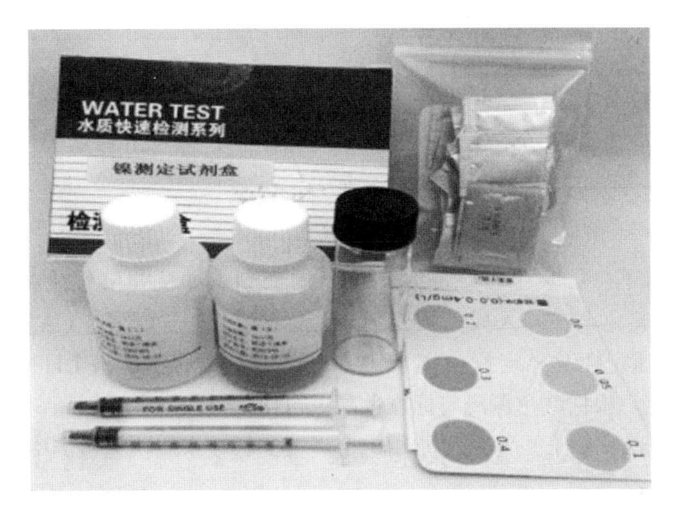

图 6-3　重金属试剂盒

6.2.2　试纸/检测管/试剂盒法的特点

重金属试纸/检测管/试剂盒法一般具有操作简单、分析快速、特异性好的特点，不需用贵重仪器，使用者不需专门训练就能掌握，而且价格便宜、携带方便、一次性使用，无须检修维护，非常适用于现场实时快速监测。但该法存在承载反应试剂有限导致检测种类不全面的问题，并且仅能检测重金属总量，检出限也相对较高，目前多为定性或半定量检测。

6.2.3　试纸/检测管/试剂盒法的应用

(1) 试纸法的应用

目前，国内外生产重金属检测试纸的厂家已经有很多，如德国默克公司、美国哈希公司、德国 MN 公司、日本共立公司等，也有很多学者研制试纸对水中的重金属进行检测。表 6-2 列出了常见的重金属检测试纸法及其检出限，不同金属的显色方法大都不同，同一种金属选用不同的显色方法检出限也不一样。如戈润涛等利用碘化亚铜、结晶紫等显色剂可以与汞离子反应产生有颜色的产物的原理，通过目视比色法快速测定汞含量，两种方法检出限分别为 820μg/L 和 50μg/L；郭玉香等利用维多利亚蓝 B、结晶紫、孔雀石绿做 Cd^{2+}、Hg^{2+}、Pb^{2+} 检测试纸的显色剂，最低检出限分别为 100μg/L、50μg/L、500μg/L；周焕英等利用铜试剂试纸与 Cu^{2+} 在弱碱性条件下反应生成棕黄色络合物，2min 即可观察结果，检出限约为 500μg/L；段博等利用二苯碳酰二肼试纸法检测 Cr^{6+}，能检测的范围为 $0\sim1\times10^5$μg/L。以上介绍的这些方法均为定性或半定量分析，但随着适用于试纸法检测的微型仪器的出现，定量分析已成为现实。如试纸与小型光电检测仪联合用于测铅，反应时间约为 2min，方法检出限为 1000μg/L。

表 6-2　不同显色方法用于水中重金属检测的研究

试纸法	检测离子	检出限/(μg/L)
碘化亚铜试纸法	Hg^{2+}	820
结晶紫试纸法	Hg^{2+}	50
孔雀石绿试纸法	Pb^{2+}	500
镉试剂试纸法	Cd^{2+}	1×10^3
维多利亚蓝 B 试纸法	Cd^{2+}	100
铜试剂试纸法	Cu^{2+}	500
二苯碳酰二肼试纸法	Cr^{6+}	5.20×10^3
硝酸镁铵试纸法	As^{5+}	1.02×10^5
亚铁氰化锌试纸法	Fe^{3+}	7.8×10^3

（2）检测管法的应用

目前，国内外有不少厂家生产检测管，常见的检测管如杭州陆恒生物科技有限公司的铜 LH3019 显色管，其显色剂在吸入样品后变色，与标准色卡进行比较（浓度从低到高，颜色由无色到蓝色），可快速定性及半定量检测水中 0.1～5mg/L 的铜；铬 LH3016 显色管，其显色剂在吸入样品后变色，根据颜色深浅与标准色阶进行比较（浓度从低到高，颜色由无色到紫红），可快速检测水中 0.5～20mg/L 的总铬。常用重金属检测管在水质快速检测中的应用见表 6-3。

表 6-3　常见重金属检测管在水质快速检测中的应用

检测管名称及型号	检测金属	检出范围/(mg/L)	生产单位
砷 As 202	砷	0.01～0.3	日本 Gastec
砷 LH3018	砷	0.2～10	杭州陆恒
六价铬 Cr^{6+} 273	六价铬	0.5～50	日本 Gastec
六价铬 LH3017	六价铬	0.05～5	杭州陆恒
六价铬比色柱	六价铬	0～1.0	美国哈希
铜 Cu 284	铜	1～20	日本 Gastec
铜 LH3019	铜	0.1～5	杭州陆恒
铜比色柱	铜	0～2.5	美国哈希
VISOCOLOR 系列铜测试盒	铜	0.1～3.0	德国 MN
汞 Hg 271	汞	1～20	日本 Gastec
汞 Hg 203	汞	0.005～0.04	日本 Gastec
镍 Ni 291	镍	5～50	日本 Gastec
镍 LH3015	镍	0.1～10	杭州陆恒
总铬 LH3016	总铬	0.5～20	杭州陆恒
镉 LH3020	镉	0.1～3	杭州陆恒

（3）试剂盒法的应用

重金属快速检测试剂盒检测水样，首先用所测水样对比色管进行润洗，然后取水样至刻度线，向管中定量加入所需的试剂，摇匀，待显色完全后与标准色卡自上而下目视比色，管中溶液色调相近的色柱即为水样中污染物的含量。目前，已经有很多厂家出售总铬、铜、镍、锰、六价铬、砷等试剂盒，常见的试剂盒厂家有美国哈希公司、德国默克公司、德国MN公司、日本共立公司、杭州陆恒公司等，以铜、镍、锰为例，对比主要的几个厂家的检测试剂盒及其技术性能，见表6-4。

表6-4　常见水质重金属检测试剂盒及其技术性能

测试参数	厂家	测试范围/(mg/L)	测试次数/次
铜	德国默克	0.3～10	100
	美国哈希	0～5	100
	德国MN	0～1.5	100
	日本共立	0～10	50
	杭州陆恒	0.2～5	25
镍	德国默克	0.02～0.5	125
	德国默克	0.5～10	500
	德国MN	0～1.5	150
	日本共立	0.5～10	50
	杭州陆恒	0～0.4	24
锰	德国默克	0.3～10	110
	美国哈希	0～3	100
	德国默克	0～1.5	70
	日本共立	0.5～20	50
	杭州陆恒	0.1～10	25

也有学者研制重金属检测盒用于污水检测研究，例如哈尔滨工业大学的王娜娜开发研制了重金属快速判别试剂盒，分析水样时，以0.2mL 0.08%锌试剂为显色剂，1mL pH为9的硼酸-氯化钾-氢氧化钠缓冲溶液提供碱性介质，在此条件下，铜、锌、镍、铅、钴、锰与锌试剂分别生成蓝色、蓝色、粉灰色、玫红色、蓝绿色和黄绿色的络合物，检出限分别为2mg/L、1mg/L、1mg/L、2mg/L、1mg/L、0.5mg/L；利用双环己酮草酰二腙作为显色剂可以进一步对铜和锌进行区别，双环己酮草酰二腙在氨性溶液中可以与铜形成蓝色络合物，与锌无颜色反应，对铜的检出限为0.5mg/L；将二苯碳酰二肼制成试剂盒，与六价铬生成紫红色物质可以检测六价铬，检出限为0.05mg/L。综上所述，试纸/检测管/试剂盒法在重金属污染现场快速监测的应用是非常广泛的。

6.3　便携式阳极溶出伏安法

6.3.1　便携式阳极溶出伏安法的原理

阳极溶出伏安法，简称ASV。早在20世纪70年代，伏安法就已经被用来检测环境水体中的重要金属离子。1996 年美国环境保护署（USEPA）分别确定了液体样品及提取物中砷（方法 7063）和汞（方法 7472）的 ASV 标准分析方法。我国《水和废水监测分析方法》（第四版）中收录了“阳极溶出伏安法测定 Cd，Cu，Pb，Zn”的方法，同时国标方法《化学试剂　阳极溶出伏安法通则》（GB/T 3914—2008）中规定了采用阳极溶出伏安法测定化学试剂中杂质金属时，对仪器的要求和测定方法。阳极溶出伏安法包含电解富集和电解溶出两个过程，其电流-电位曲线如图 6-4 所示。首先将工作电极固定在产生极限电流的电位上进行电解，使被测物质富集在电极上。经过一定时间的富集后，停止搅拌，再逐渐改变工作电极电位，电位变化的方向应使电极反应与上述富集过程中的电极反应相反。记录所得的电流-电位曲线，称为溶出曲线，呈峰状，峰电流的大小与被测物质的浓度有关。例如在盐酸介质中测定痕量铅、镉时，先将悬汞电极的电位固定在－0.8V，电解一定时间后，此时溶液中的一部分铅、镉在电极上还原，并生成汞齐，富集在悬汞滴上。电解完毕后，使悬汞电极的电位均匀地由负向正变化，首先达到可以使镉汞齐氧化的电位，这时由于镉的氧化产生氧化电流。当电位继续变正时，由于电极表面层中的镉已大部分被氧化，而电极内部的镉又来不及扩散，所以电流迅速减小，因此就形成了峰状的溶出伏安曲线。同样，当悬汞电极的电位继续变正，达到铅汞齐的氧化电位时，也得到相应的溶出峰，如图 6-5 所示。

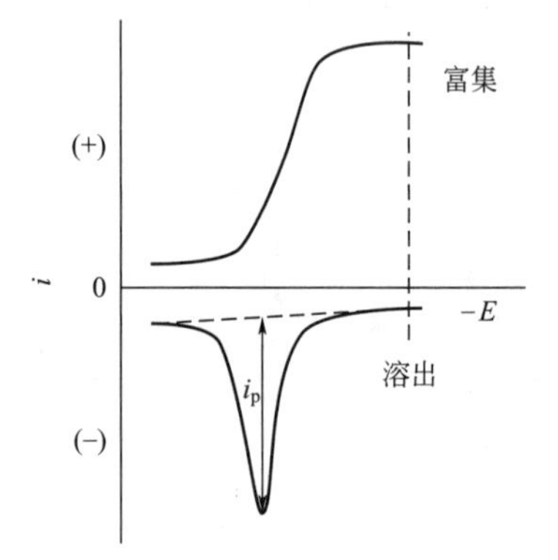

图 6-4　阳极溶出伏安法的富集和溶出过程电流-电位曲线

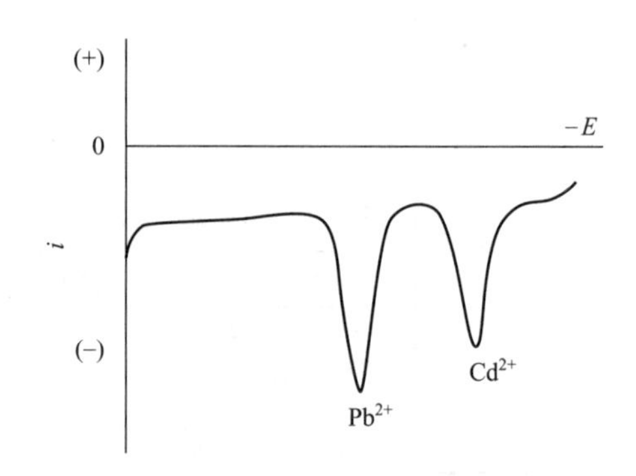

图 6-5　盐酸介质中铅、镉离子的溶出伏安曲线

阳极溶出伏安法主要包括一个预富集阶段、一个静止阶段以及一个溶出阶段。阳极溶出伏安法测量痕量金属离子多是在汞膜电极或悬汞电极上进行的，其原理是采用汞膜电极或悬汞电极作为工作电极，将被测离子在适当的底液及外加电压下先电解富集于工作电极上，然后使外加电压向正方向增加，使预先还原在工作电极上的金属重新氧化，产生氧化电流，记录可获得尖峰状的溶出曲线，根据曲线的高度可确定被测离子的含量，因此峰电位和峰电流可作为定性和定量分析的基础（图 6-6）。

6.3.2　便携式阳极溶出伏安法的特点

阳极溶出伏安法能通过富集作用，将待测样重金属元素的浓度提高，从而提高检测的灵敏度，并且可以对含多种元素的样本进行分析，无须预先分离。在突发水污染事故中，重金属污染往往是多样的，因此这也是溶出伏安法成为应急检测分析方法之一的重要原因。在用阳极溶出伏安仪进行检测前需要准备几分钟，检测只需要 20 秒～5 分钟，非常适用于现场应急检测。此外，阳极溶出伏安法检测电极检测范围为 4μg/L～300mg/L，非常适于在突发

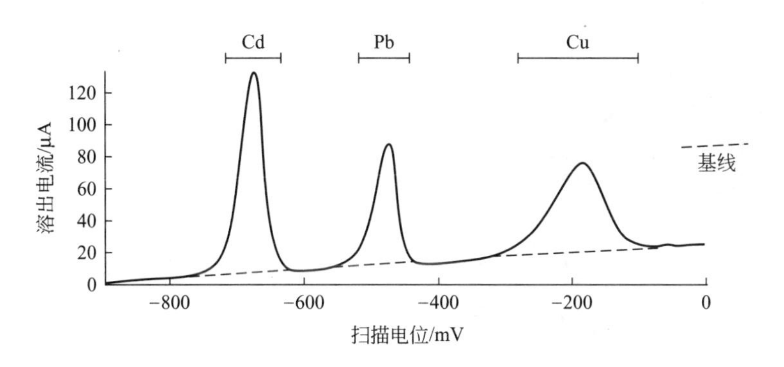

图 6-6　阳极溶出伏安法分析原理

注：1. 每种金属都有特征溶出电位。

2. 金属浓度与峰面积成正比。

水污染事故中对未知浓度的污水进行检测（表 6-5）。但是，溶出伏安法易受几个因素影响(预电解时间、预富集电位、溶液搅拌速度或电极旋转的速度、溶出过程的电位扫描速度、电极形式和性质的不同、温度等)，所以测量的重现性差，需要严格控制实验的操作条件，对操作者的要求较高。此外，ASV 法因为电极的制造成本和使用寿命问题，导致检测费用较高。

表 6-5　ASV 法电极主要技术参数

电极类型	元素	检测范围
汞膜电极	Cd	1μg/L～30mg/L
	Cu	1μg/L～32mg/L
	Pb	1μg/L～300mg/L
	Zn	1μg/L～32mg/L
金电极或镀金碳电极	As	1μg/L～8mg/L
	Hg	1μg/L～6mg/L
玻碳电极	Cr	1μg/L～20mg/L
	Mn	1μg/L～30mg/L
	Ti	1μg/L～300mg/L

便携式重金属分析仪（ASV 法）的主要特点：①普遍采用三电极系统，如对电极、参比电极和工作电极；②独立操作，完全便携，包含套件，不需将样品送至实验室；③可同时测量水中铜、镉、铅、锌、汞、砷等多种元素；④可自行更换电极，参数和测量种类可扩展；⑤直接在水源中或通过烧杯进行测量，水样中不需添加电解液和试剂，运行成本低；⑥测量快速，5 分钟以内即可出结果。便携式重金属分析仪（ASV 法）见图 6-7。

6.3.3　便携式阳极溶出伏安法的应用

目前，便携式 ASV 仪器应用于水中重金属污染检测已经相当成熟，国内外已有多个厂家生产，常见的仪器品牌和型号详见表 6-6。多数仪器对 5 种严控重金属标示的检出限分别是：砷＜1.0μg/L，汞、镉和铅为 0.5μg/L，铬为 1.0～4.0μg/L，常见仪器的检测范围见表 6-7。

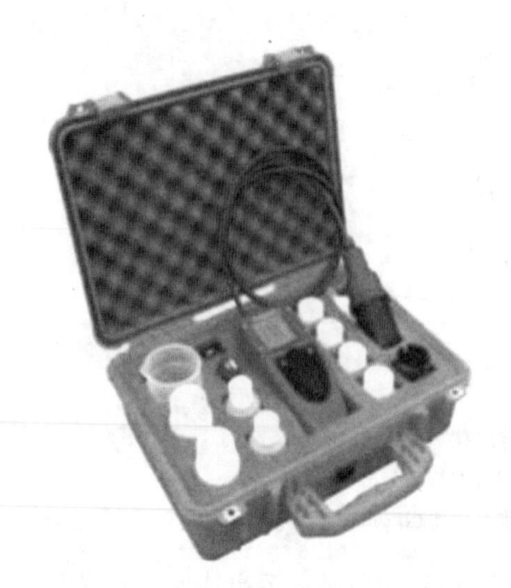
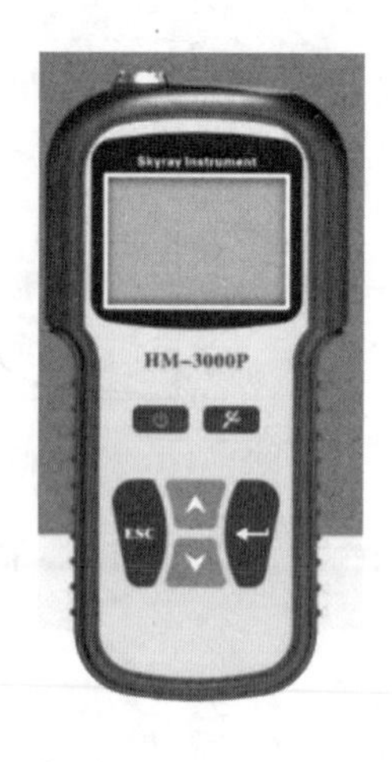

图 6-7 便携式重金属分析仪（ASV 法）

表 6-6 常见便携式 ASV 仪器品牌和型号

产地及品牌	型号	主要生产商/代理商
加拿大 AVVOR	AVVOR 8000	德国 WTW 中国技术服务中心
英国 Wagtech 公司	Wagtech Metalyser HM1000	北京华夏科创仪器技术有限公司
澳大利亚 Cogent 公司	PDV 6000	广州格维恩科技有限公司
德国 GAT	TEA®4000AS	瑞信科技(广州)有限公司
瑞士万通	946	瑞士万通中国有限公司
中国江苏天瑞	HM 3000P/5000P	江苏天瑞仪器股份有限公司
中国天津兰立科	LK4600	天津市兰立科化学电子有限公司
美国 TraceDetect	Explorer Ⅱ	北京普力特仪器有限公司
中国广东深圳朗石	NanoTek2000	深圳市朗石生物仪器有限公司

表 6-7 常见便携式 ASV 仪器金属检测范围

检测项目	检测范围/(mg/L)	准确度/[(μg/L)/(100μg/L)]
砷(As)	0.005～8.0	±5
汞(Hg)	0.001～6.0	±5
镉(Cd)	0.001～30.0	±5
铅(Pb)	0.005～30.0	±5
铬(Cr)	0.001～20.0	±5
铜(Cu)	0.005～32.0	±5
锰(Mn)	0.001～30.0	±5
镍(Ni)	0.005～30.0	±5
铁(Fe)	0.005～10.0	±5

便携式重金属分析仪（ASV 法）应用于污水重金属检测已有很多学者进行过研究。李进才运用 PDV 6000plus 便携式重金属测定仪测定地表水中的铅和镉，检出限可以达到 5μg/L，

满足现行地表水评价标准中除Ⅰ类地表水以外对检出限的要求，而且从准备工作开始到完成标准样品测定，所需时间约50min，1个样品测定时间约3～5min，可以满足应急监测工作的需要。冯媛等使用便携式重金属测定仪 Wagtech Metalyser HM1000 测定水样中的铜和锌，实验结果相对标准偏差为3.37%和3.31%（见表6-8），加标回收率为90%和93%（见表6-9）。综上所述，便携式重金属分析仪（ASV法）可满足重金属污染现场快速监测的要求。

表6-8 HM1000测污水样中铜和锌的精密度结果

样品	真值/(mg/L)	Cu-1/(mg/L)	Cu-2/(mg/L)	Cu-3/(mg/L)	Cu-4/(mg/L)	Cu-5/(mg/L)	相对标准偏差/%
Cu-1-5	1.02±0.14	1.18	1.09	1.16	1.19	1.20	3.37
样品	真值/(mg/L)	Zn-1/(mg/L)	Zn-2/(mg/L)	Zn-3/(mg/L)	Zn-4/(mg/L)	Zn-5/(mg/L)	相对标准偏差/%
Zn-1-5	2.77±0.28	2.45	2.71	2.65	2.61	2.59	3.31

表6-9 HM1000测污水样中铜和锌加标回收实验数据

项目	测量值/(mg/L)	加标量/(mg/L)	测定结果/(mg/L)	回收率/%
铜	1.56	2.00	3.79	90
锌	0.46	0.30	0.58	93

6.4 便携式分光光度法

6.4.1 便携式分光光度法的原理

便携式分光光度法是利用金属与显色剂反应，显色后在一定的波长下吸收光，基于朗伯-比尔定律，对该物质进行定性定量分析。可依据实验室标准方法，采用便携式分光光度计实现。铜的测量，在氨性溶液中（pH=8～10），铜与二乙基二硫代氨基甲酸钠作用生成黄棕色络合物，在440nm波长处测量吸光度。铅的测量，在pH值为8.5～9.5的氨性柠檬酸盐-氰化物的还原性介质中，铅离子与双硫腙生成淡红色双硫腙铅络合物，在波长510nm处测量。常见的便携式分光光度法检测重金属的方法原理及检测范围见表6-10。

表6-10 便携式分光光度法检测重金属的方法原理及检测范围

指标	方法原理	检测范围/(mg/L)
镍	在氨溶液中，碘存在条件下，镍与丁二酮肟作用，形成组成比为1∶4的酒红色可溶性络合物。于波长530nm处进行分光光度测定	0.08～5.0
总铬	在酸性溶液中，试样中三价铬被强氧化剂氧化为六价铬，与二苯碳酰二肼反应生成紫红色化合物，于波长540nm处进行分光光度测定。当三价铬共存时，可将其氧化成六价，然后进行总铬的测定	0.005～2.0
六价铬	在酸性溶液中，试样中六价铬与二苯碳酰二肼反应生成紫红色化合物，于波长540nm处进行分光光度测定	0.005～2.0

续表

指标	方法原理	检测范围/(mg/L)
铜	在氨性溶液中(pH=8～10),铜与二乙基二硫代氨基甲酸钠作用生成黄棕色络合物,在440nm波长处测量吸光度	0.04～2.0
铅	在pH值8.5～9.5的氨性柠檬酸盐-氰化物的还原性介质中,铅离子与双硫腙生成淡红色双硫腙铅络合物,在波长510nm处测量	0.05～2.0
锌	在pH=4.0～5.5的乙酸盐缓冲介质中,锌离子与双硫腙生成红色螯合物,用四氯化碳萃取后于波长535nm处进行分光光度测定	0.02～1.0

6.4.2 便携式分光光度法的特点

便携式分光光度法的优点是灵敏度和准确度较高、稳定性好、分析速度快、适用范围广、体积小、质量轻、可检测多种重金属元素、所用试剂和仪器设备易于获得，因此，便携式分光光度法是水质应急监测中的一项关键技术方法，已广泛用于应急现场快速监测。但是分光光度法试剂使用量大，操作步骤相对烦琐，因此需要专业人员操作。另外还有一个缺点，就是受基体干扰程度大。

6.4.3 便携式分光光度法的应用

常用的便携式分光光度金属快速测定仪通常由几个固定波长、圆柱形比色瓶（玻璃比色皿）、新型光学系统、信号控制放大系统、微处理器智能控制和分析结果自动显示系统构成，可测定数十种重金属，如德国默克公司的NOVA60和美国哈希公司的DREL2800等便携式多参数分光光度计（波长范围为340～900nm，有的甚至可达紫外区200nm的波长）。常见的便携式分光光度重金属测定仪品牌、型号及检测技术指标见表6-11。

表6-11 常见的便携式分光光度重金属测定仪品牌、型号及检测技术指标

产地及品牌	型号	重金属检测技术指标
美国哈希	DREL2800	As:0.02～2mg/L,Cd:0.0007～0.08mg/L,Cr^{6+}:0.03～1.0mg/L,Cu:0.04～5mg/L,Zn:0～3mg/L,Pb:0.2～2mg/L等
德国默克	NOVA30/NOVA60	As:0.001～0.1mg/L,Cr^{6+}:0.01～3.0mg/L,Cd:0.002～0.5mg/L,Cu:0.05～8mg/L,Pb:0.01～5.0mg/L,Ni:0.02～5.0mg/L等
意大利Systea	QVIS-100	Cr^{6+}:0.01～0.7mg/L,Zn:0.01～3.0mg/L,Cu:0.04～5.00mg/L等
中国北京华夏	SP-1	Cu:0.5～4.0mg/L,Zn:0.05～1.0mg/L,Hg:0.03～0.6mg/L,Cd:0.05～0.4mg/L,Cr^{6+}:0.05～5.0mg/L,Pb:0.5～8mg/L,Ni:0.05～1.0mg/L等
中国郑州沃特	ZZW	Hg:0.2～8.0mg/L,Pb:0.2～2.0mg/L,Cd:0.05～0.5mg/L,Cr^{6+}:0.01～6.0mg/L,Cu:0.2～30mg/L,Ni:0.1～4.0mg/L等
中国江苏盛奥华	6B-1600	Pb:0～4mg/L,Cu:0～2mg/L,Ni:0～5mg/L,Cr:0～2mg/L,Cr^{6+}:0～2mg/L,Zn:0.02～1mg/L等
中国深圳源易测	YC7100-Z	Cr^{6+}:0～5mg/L,Cr:0～5mg/L,Cu:0～50mg/L,Ni:0～4mg/L,Zn:0～15mg/L等
中国北京连华科技	LH-MET100	Cr^{6+}:0～5mg/L,Cr:0～5mg/L,Cu:0～25mg/L,Ni:0～40mg/L,Zn:0～10mg/L等
中国北京斯达沃	SDW-810	Cr^{6+}:0～6mg/L,Cr:0～6mg/L,Cu:0～30mg/L,Ni:0～45mg/L,Zn:0～15mg/L等

以6B-1600型多参数重金属测定仪为例（如图6-8），按照国家标准，内置标准曲线，配置自动消解模块，测定污水中镍、总铬、六价铬、铜、铅、锌。

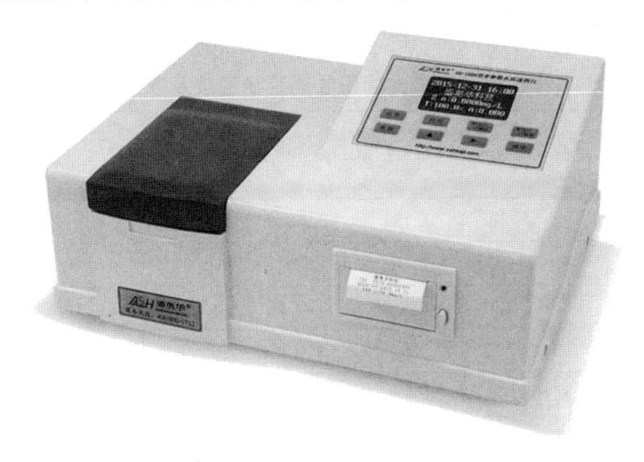

图6-8　6B-1600型多参数重金属测定仪

（1）检测步骤

按照使用说明，0号密封试管加蒸馏水10mL做空白，其他密封试管加水样10mL。向每个试管中各加相应的检测试剂，盖紧摇匀后将试管放入消解孔中消解。消解完成后，将试管全部放入水池中，冷却，加入相应试剂，摇匀，静置，将试管中的溶液倒入比色皿中，放入速测仪中，在各金属相应的检测波长下比色读数，记录实验数据。

（2）方法检出限测试

根据《环境监测　分析方法标准制修订技术导则》（HJ 168—2010）附录A，按照样品分析的全部步骤，配制接近检出限浓度的样品进行7次平行测定。按下列公式计算方法检出限（MDL）。

$$MDL=t_{(n-1,0.99)}S \tag{6-1}$$

式中　$t_{(n-1,0.99)}$——置信度99%、自由度为n-1时的t值；

n——重复分析的样品数，连续分析7个样品，在99%的置信区间，$t_{(n-1,0.99)}=3.143$；

S——n次平行测定的标准偏差。

对金属快速测定仪各指标检出限进行测试，结果见表6-12，镍、总铬、六价铬、铜、铅、锌的检出限分别为0.023mg/L、0.012mg/L、0.004mg/L、0.010mg/L、0.008mg/L、0.005mg/L。

表6-12　方法检出限测试　　单位：mg/L

检测指标	测定结果							平均值	标准偏差	检出限
	1	2	3	4	5	6	7			
镍	0.110	0.101	0.101	0.120	0.106	0.117	0.107	0.109	0.007	0.023
总铬	0.111	0.113	0.112	0.119	0.106	0.114	0.112	0.112	0.004	0.012
六价铬	0.102	0.100	0.101	0.100	0.098	0.099	0.100	0.100	0.001	0.004
铜	0.110	0.103	0.103	0.108	0.109	0.105	0.103	0.106	0.003	0.010
铅	0.100	0.098	0.102	0.097	0.098	0.097	0.094	0.098	0.002	0.008
锌	0.115	0.114	0.115	0.117	0.112	0.113	0.113	0.114	0.002	0.005

(3) 精密度及准确度测试

在实验室内，对两个浓度水平的标准溶液进行 5 次平行测定，计算相对标准偏差、回收率，验证方法精密度及准确度，结果见表 6-13。

表 6-13　空白加标回收测定精密度及准确度

指标	加标量/(mg/L)	测定结果/(mg/L)					平均值/(mg/L)	相对标准偏差/%	空白加标回收率/%
		1	2	3	4	5			
镍	0.5	0.521	0.460	0.494	0.428	0.449	0.470	7.82	94.10
	1.5	1.55	1.57	1.51	1.47	1.48	1.52	2.91	101.00
总铬	0.5	0.547	0.564	0.559	0.559	0.553	0.556	1.18	111.20
	1.50	1.51	1.50	1.51	1.49	1.48	1.50	0.70	99.90
六价铬	0.500	0.559	0.558	0.559	0.560	0.563	0.560	0.32	112.00
	1.50	1.50	1.49	1.50	1.50	1.48	1.49	0.66	99.40
铜	1.00	1.20	1.19	1.16	1.22	1.22	1.20	2.23	119.60
	4.36	4.32	4.37	4.34	4.45	4.44	4.38	1.36	109.60
铅	1.00	1.16	1.13	1.16	1.08	1.14	1.13	2.67	113.50
	2.00	2.16	2.14	2.20	2.29	2.19	2.20	2.71	109.80
锌	0.200	0.229	0.224	0.225	0.224	0.226	0.226	0.98	112.80
	0.800	0.830	0.828	0.830	0.855	0.849	0.838	1.48	104.80

对金属快速测定仪各指标精密度和准确度进行测试，镍、总铬、六价铬、铜、铅、锌的相对标准偏差为 0.32%～7.82%，空白加标回收率为 94.10%～119.60%，精密度和准确度均满足要求。

(4) 实际样品检测结果与分析

取 3 个工业废水样，采用上述方法对废水中镍、总铬、六价铬、铜、铅、锌浓度进行测定。检测结果见表 6-14。

表 6-14　废水快速检测结果　　单位：mg/L

样品名称	镍	总铬	六价铬	铜	铅	锌
废水样 1	0.123	<0.012	<0.004	0.057	<0.008	0.031
废水样 2	5.32	<0.012	<0.004	0.017	<0.008	0.059
废水样 3	0.082	<0.012	<0.004	0.026	<0.008	1.94

为验证本方法测定的准确度，采用国家标准方法进行对比检测，检测结果见表 6-15。

表 6-15　废水国家标准方法检测结果　　单位：mg/L

样品名称	镍	总铬	六价铬	铜	铅	锌
废水样 1	0.09	<0.03	0.005	0.05	<0.008	0.05
废水样 2	4.85	<0.03	<0.004	<0.05	<0.008	0.04
废水样 3	0.08	<0.03	<0.004	<0.05	<0.008	1.45

通过对比检测可以看出，金属快速测定仪结果与国家标准方法基本保持一致，可以定量

表征水体受金属污染的程度。便携式分光光度法金属快速测定仪操作简单、便于携带，可以用于金属污染物现场快速监测。但由于采用分光光度法测定水中重金属时，消解过程的方法比较简单，可能存在消解不完全的现象，因此水中本底色度、浊度以及不能消解的物质会对检测结果造成干扰。因此，本方法在测定水质较为清洁的废水时比较适用，对于复杂水质检测，准确度可能较差。

6.5　便携式 X 射线荧光光谱法

6.5.1　便携式 X 射线荧光光谱法的原理

便携式 X 射线荧光光谱仪（便携式 XRF 仪）是一种能够实现野外现场多元素快速测定的新型分析仪器，仪器种类包括 EDXRF、手持 XRF、小型全反射 XRF（TXRF）等。该方法原理是：通过一次 X 射线激发被测样品中的每一种元素，会放射出具有特定的能量特性或波长特性的二次 X 射线，根据它们的能量及数量信息转换成样品中各种元素的种类及含量，因此只要测出 X 射线的波长或能量，就可以知道元素的种类，并且 X 射线的荧光强度与元素含量有一定的关系，从而可以用于对元素进行定性和定量分析。便携式 X 射线荧光光谱仪由高压电源、检测器、放大器和多道脉冲分析器四部分组成，见图 6-9。

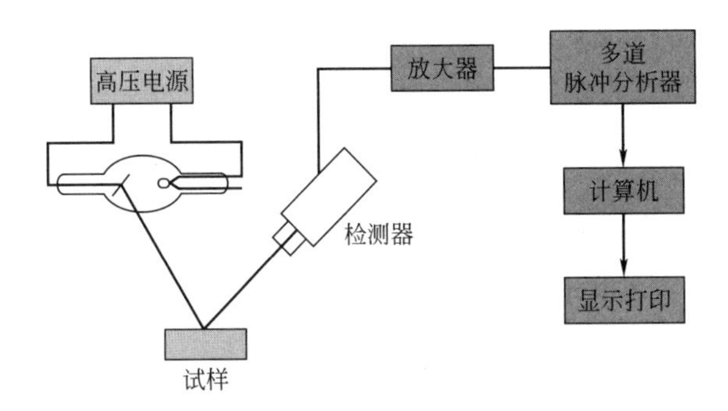

图 6-9　便携式 X 射线荧光光谱仪结构图

6.5.2　便携式 X 射线荧光光谱法的特点

便携式 X 射线荧光光谱法（便携式 XRF 法）样品制备简便、环境友好性强、分析速度快、可分析元素范围广，十分适合野外现场快速和原位分析。便携式 XRF 法分析无机元素具有以下优点：被测样品不需前处理，仪器操作方便、快捷，实时得出分析结果；对大块样品非破坏性、无损检测，特别适合贵金属成分分析；便携式 XRF 仪对液体能做到现场实时分析得出结果，是野外工作者很好的分析工具；因为不需用到任何化学试剂，整个分析过程不会对环境造成污染，同时有效保护分析人员身体健康；分析成本低，是大型化学分析仪器无法比拟的；在极短的时间内，同时分析几十种元素，检测精度可达到实验室水平。

便携式 XRF 法分析无机元素也存在一定缺点，例如：对轻质元素分析灵敏度较低，无法准确定量分析，可以定性；XRF 仪检出限无法做到像化学分析仪器那么低，故对样品中含量很低的元素分析偏差较大，或检测不到；容易受到同类元素的干扰，产生光谱峰叠加，影响测试结果准确度；只能对单质元素进行分析，无法分析无机化合物和有机化合物；理论上能对全元素分析检测，但实际应用中只对三十几种元素分析效果非常好。

6.5.3 便携式X射线荧光光谱法的应用

目前，已经有很多厂家生产便携式XRF仪，如美国赛默飞、德国布鲁克、日本合泰、中国聚光科技等，主要的品牌型号见表6-16，本节以赛默飞Niton XL2为例（图6-10），对污水中重金属检测进行研究。

表6-16 常见便携式XRF仪品牌和型号

产地或品牌	型号	主要生产商/代理商
中国聚光科技	MIX5	聚光科技(杭州)股份有限公司
美国赛默飞	Niton XL2/XL3	深圳市聚创科技有限公司
中国江苏天瑞	Explorer	江苏天瑞仪器股份有限公司
中国江苏实谱	XRF5000/9000	苏州实谱信息科技有限公司
美国XOS	HDXRF	苏州实谱信息科技有限公司
德国布鲁克	S1 TITAN	北京华欧世纪光电技术有限公司
德国仪德	SPECTRO	广州仪德精密科学仪器股份有限公司
日本合泰 Holtek	OURSTEX 200TX	厦门市吉龙德环境工程有限公司
英国牛津	X-MET5000	英国牛津仪器公司
德国斯派克	SPECTRO-xSORT	德国斯派克分析仪器公司
美国伊诺斯	Innov-X DELTA	美国伊诺斯(Innov-X Systems)公司
中国北京普析	XRF7	北京普析通用仪器有限责任公司
中国江苏百学	Real 900	百学仪器(苏州)有限公司

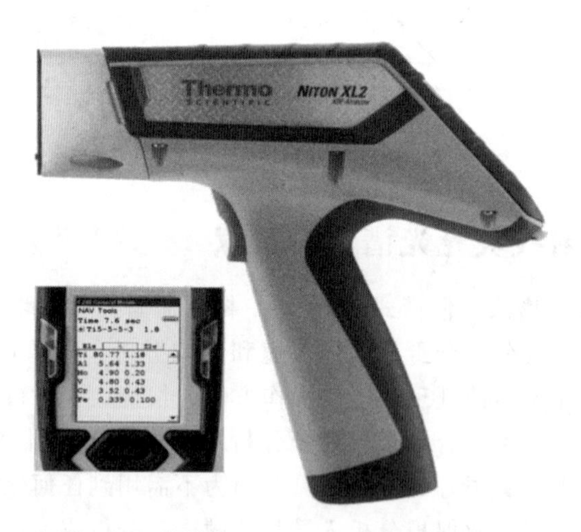

图6-10 赛默飞Niton XL2便携式XRF仪

6.5.3.1 直接法和预处理法

便携式XRF法（PXRF法）用于现场快速分析包括直接法和预处理法两种方法。直接法是将液态样品装入样品杯中，用薄膜密封后直接测量。该方法简便快捷，可实现废水样品无损检测。由于样品杯封闭过程容易产生气泡造成X射线强度变化，且直接分析法会产生较高的射线散射背景值，导致信噪比降低，因此，直接法对液体样品中重金属元素的检出限往往较高，无法对低浓度但超过废水排放标准限值的含重金属的事故废水进行准确检测。采用预处理法对水样中的重金属元素进行富集，将其转化为固态，可提高仪器分析的灵敏度并降低分析方法的检出限。在众多重金属富集方法中（吸附、电沉积、表面蒸发、沉淀/共沉淀等），沉淀法由于其操作简单、便于应用于对监测现场和事故现场水样的预处理，在便携式 XRF 法（PXRF 法）对水样原位分析的样品预处理中被广泛采用。其中，硫化沉淀法产生的硫化物沉淀不易返溶，形成的沉淀比较密实，使得其回收率高，产生的沉淀所需的过滤时间短，因此能更大限度地提高分析的准确性以及节省分析时间。因而，课题组在本部分研究中，针对 PXRF 直接液体检测技术不能满足要求的重金属种类，采用硫化沉淀膜过滤富集的预处理方法，然后使用 PXRF 对富集重金属元素的固态沉淀进行检测分析，从而为事故现场废水中低含量或较低限值的重金属元素的监测分析提供技术支持。

通过研究，成功研发了基于硫化钙富集重金属的危险事故废水固化技术，主要步骤如下。

① 将硫化钙投入危险事故废水中，并加入过量硫酸，可发生如下反应。

$$CaS+2H^{+} \longrightarrow Ca^{2+}+H_2S \tag{6-2}$$

② 钙离子与硫酸根离子形成 $CaSO_4$ 沉淀，由于重金属（M^{n+}）与硫化氢的溶度积较小，硫化氢与废水或废液中的重金属离子形成沉淀，发生如下反应。

$$Ca^{2+}+SO_4^{2-}+2H_2O \longrightarrow CaSO_4 \cdot 2H_2O \tag{6-3}$$

$$\frac{n}{2}H_2S+M^{n+} \longrightarrow MS_{n/2}+nH^{+} \tag{6-4}$$

③ 由于许多重金属硫化物溶于酸，需用氢氧化钠将溶液 pH 再次调整为近中性，使溶液中的重金属与硫化氢完全反应。将沉淀过滤，自然干燥后所得固体为 $CaSO_4$ 与 $MS_{n/2}$ 的混合物，其中 $CaSO_4$ 为基底物质，$MS_{n/2}$ 为检测的有效组分。若加入硫化钙的量恒定，则基底物质 $CaSO_4$ 的产生量不变，而 $MS_{n/2}$ 的产生量与废水或废液中重金属的浓度有关，因此可直接用 PXRF 进行检测分析。

6.5.3.2 技术路线

研究的技术路线如图 6-11 所示，即首先使用 PXRF 直接法对未知成分事故废水中的重金属进行检测。由于事故废水中某些重金属浓度可能低于仪器检出限，但高于废水排放标准中重金属排放限值，因此对事故废水进行富集制备成固体后再次进行检测。

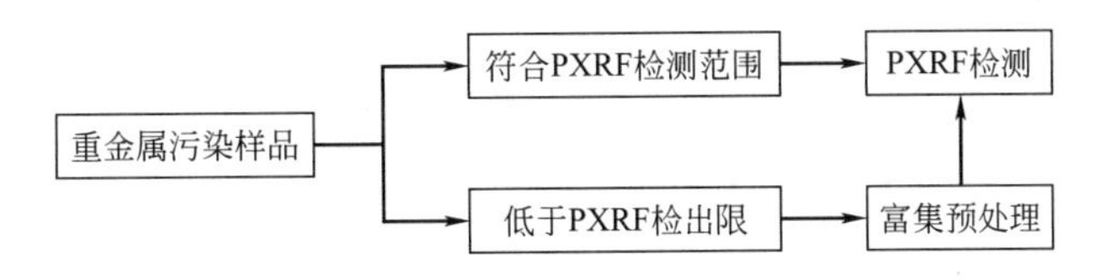

图 6-11 事故废水重金属 PXRF 快速检测技术路线图

6.5.3.3 操作步骤

（1）液体直接检测法操作步骤

① 样品的制备。事故现场采集的水样常含有大量的悬浮物，先用针管抽取采集的水样并连接 0.45μm 的滤头进行过滤，得到滤液约 20mL，取滤液于容积为 10mL 的塑料样品杯中，注满样品杯，并用圆形迈拉薄膜密封，密封过程中应始终保持液体充满样品杯中，防止

气泡产生。

② PXRF 对样品的分析。打开手持式 X 射线荧光光谱仪（PXRF），选择“土壤”分析模式，并将仪器检测端口对准标准品进行仪器自检，待仪器自检成功后，将 PXRF 检测端口贴紧装有水样的样品杯上密封的薄膜，按下检测按钮，进行检测分析，分析条件为每次分析 80s，每次分析重复 11 次，仪器自动显示平均值。待分析结束后，记录各金属元素的分析结果，将分析结果代入相关的标准曲线，计算得到其在水样中的浓度。由于 X 射线对人体有危害作用，在检测过程中，要做好防护工作，切勿将仪器在工作状态下对准自己和他人。

（2）预处理法操作步骤

① 样品预处理。首先将采集的样品经孔径为 0.45μm 的滤膜过滤，取过滤后的水样 100mL 于 250mL 三角瓶中，加入 0.1g CaS，然后加入浓硫酸 1mL，密封搅拌 10min，因浓硫酸过量，使得 CaS 完全溶解，溶液中的重金属与硫化氢反应，得到 $CaSO_4$ 沉淀。然后用 1mol/L 的 NaOH 溶液将 pH 值调至 6～7 之后再搅拌 3min，将沉淀用直径为 50mm、孔径为 0.45μm 的滤膜进行真空过滤，将固体沉淀转移至滤膜上，之后将样品在自然条件下干燥约 1h。

② PXRF 对富集后样品的分析。在干燥后的样品表面附上迈拉薄膜并压紧，然后用 PXRF 进行直接检测分析，分析模式为“土壤”模式，将 PXRF 检测端口贴紧样品表面的迈拉薄膜，按下检测按钮，进行检测分析，分析条件为每次分析 80s，每次分析重复 11 次，仪器自动显示平均值。待分析结束后，记录各金属元素的分析结果，将分析结果代入相关的标准曲线方程，计算得到其在水样中的浓度。

6.5.3.4 PXRF 检测实际样品的研究

（1）PXRF 直接法检测实际样品的研究

① 标准曲线绘制。基于 PXRF 对液体快速检测（30s 内）、便携的特点，可在事故现场对事故废水进行原位检测。利用仪器配套液体样品杯，对自配溶液中重金属进行检测，做出标准曲线，并计算检出限。

选择事故废水中典型的 9 种重金属元素 Cu、Pb、Zn、Mn、Co、Ni、Cr、Cd、Hg，配置 50mg/L、100mg/L、200mg/L、400mg/L、600mg/L、800mg/L 等一系列浓度梯度的溶液，按照 PXRF 液体直接检测技术的操作步骤制备样品和分析，做出各重金属的标准曲线，结果如表 6-17 所示。

表 6-17 PXRF 直接检测液体中重金属的标准曲线

重金属种类	标准曲线方程	R^2
Cu	$y=1.013x-6.335$	0.997
Pb	$y=0.988x+0.811$	0.998
Zn	$y=0.999x+3.5$	0.999
Mn	$y=0.994x+3.90$	0.998
Co	$y=0.996x-0.07$	0.997
Ni	$y=1.005x+5.299$	0.997
Cr	$y=0.996x+1.039$	0.999

续表

重金属种类	标准曲线方程	R^2
Cd	$y=1.008x-6.6045$	0.998
Hg	$y=0.993x-3.70$	1.00

由表 6-17 可知，各重金属元素的标准曲线的 R^2 值均接近 1，表明利用 PXRF 可较为准确地对溶液中的重金属进行分析检测。

② 方法检出限测试。同时利用如下公式，可计算出各重金属的检出限。

$$\mathrm{LOD}=\frac{3S_{\mathrm{B}i}}{S_i} \tag{6-5}$$

式中　$S_{\mathrm{B}i}$——对空白样品进行多次测量时所得到的重金属元素 i 的标准偏差，在本研究中，对空白样品进行 11 次检测，每次检测 80s；

S_i——检测方法对元素 i 进行分析时的灵敏度，可用所得到的标准曲线的斜率代替。

由表 6-18 可知，PXRF 对 Cu、Pb、Zn、Co、Cr 的检出限低于废水中相应重金属的排放限值，其中 Cu、Pb、Co、Ni 这几种重金属的检出限与排放标准相近，而 Zn、Cr 直接采用 PXRF 分析的检出限远低于排放标准限值，这说明利用液体直接检测技术，PXRF 可实现对重金属 Zn、Cr 的直接检测。对于重金属 Cu、Pb、Co、Mn、Ni、Cd、Hg，PXRF 液体直接检测技术的检出限接近或高于废水中重金属的排放限值。为了更准确检测排放废水中重金属的浓度，对污染风险进行防控，需进一步研究这些重金属固体富集检测技术。

表 6-18　PXRF 直接检测液体中重金属的检出限及与重金属排放标准的对比

重金属元素种类	Cu	Pb	Zn	Mn	Co	Ni	Cr	Cd	Hg
检出限/(mg/L)	0.4	0.7	1.5	24.4	0.8	1.3	0.3	13.5	0.2
排放标准/(mg/L)	0.5	1.0	2.0	2.0	1.0	1.0	1.5	0.1	0.05

③ 实际废水 PXRF 直接检测分析。由于实际废水水质的复杂性，建立的 PXRF 对液体中重金属快速检测分析方法的效果需要在实际废水重金属的快速检测分析中得到验证。针对实际高含油（水样 A）、高氨氮（水样 B）以及高含盐（水样 C）的情况，研究了在实际废水体系中，采用 PXRF 直接检测液体水样重金属元素。在对液体样品采用直接 PXRF 检测时，在实际水样中加入一定浓度的重金属元素，同时为了模拟高盐废水，在水样 C 中加入一定量的 NaCl（2g/L），经检测得出的结果如表 6-19 所示。从结果可知，含油和含盐废水对 PXRF 直接测定废水中重金属元素的影响相对较小，而含高氨氮废水对 PXRF 直接测定废水中重金属元素的影响较大，这是因为含高氨氮废水中的物质会与重金属元素形成络合态，进一步影响重金属元素对 X 射线的吸收，进一步影响荧光的产生，干扰检测的准确性。

表 6-19　PXRF 直接检测废水中重金属元素

重金属种类	标准曲线方程	R^2	加入重金属元素浓度/(mg/L)	水样 A(高含油)		水样 B(高氨氮)		水样 C(高含盐)	
				测定浓度/(mg/L)	相对误差/%	测定浓度/(mg/L)	相对误差/%	测定浓度/(mg/L)	相对误差/%
Cu	$y=1.013x-6.335$	0.997	10	5.12	48.8	2.07	79.3	6.12	38.8
Pb	$y=0.988x+0.811$	0.998	10	7.59	24.1	7.43	25.7	10.40	4.0

续表

重金属种类	标准曲线方程	R^2	加入重金属元素浓度/(mg/L)	水样A(高含油)		水样B(高氨氮)		水样C(高含盐)	
				测定浓度/(mg/L)	相对误差/%	测定浓度/(mg/L)	相对误差/%	测定浓度/(mg/L)	相对误差/%
Co	$y=0.996x-0.07$	0.997	10	8.79	12.1	9.29	7.1	10.30	3.0
Mn	$y=0.994x+3.90$	0.998	10	9.72	2.8	7.74	22.6	9.72	2.8
Ni	$y=1.005x+5.299$	0.997	10	9.12	8.8	6.13	38.7	9.12	8.8
Cd	$y=1.008x-6.6045$	0.998	10	10.42	4.2	10.42	4.2	12.36	23.6
Hg	$y=0.993x-3.70$	1.00	10	7.44	25.6	8.44	15.6	9.33	6.7

(2) PXRF 预处理法检测实际样品的研究

① 标准曲线绘制。将重金属 Cu、Pb、Co、Mn、Ni、Cd、Hg 分别配制成 10μg/L、25μg/L、50μg/L、100μg/L、200μg/L、400μg/L、800μg/L、1000μg/L、2500μg/L 的一系列浓度梯度的标准溶液，取标准样品 100mL 加入 250mL 的三角瓶中，加入 0.1g CaS，然后加入浓硫酸 1mL，密封搅拌 10min 将 Ca^{2+} 完全沉淀，之后用 1mol/L 的 NaOH 溶液将 pH 调至 6～7 之后再搅拌 3min，使溶液中的重金属与硫化氢完全反应。将沉淀通过 0.45μm 的膜过滤，将固体沉淀转移至滤膜上，待样品自然干燥后，附上迈拉薄膜并压实，之后直接采用 PXRF 对过滤得到的固体样品进行多次重复检测分析。将 PXRF 测得的重金属含量和对应的标准溶液浓度绘制成标准曲线（表 6-20），并对空白样品进行多次重复检测（$n=11$），由相应的数据计算得到此方法对不同重金属的最低检出限值。

表 6-20　硫化钙沉淀富集-PXRF 检测重金属的标准曲线

重金属种类	标准曲线方程	R^2
Cu	$y=319.37x-23.883$	0.998
Pb	$y=331.488x-18.972$	0.998
Co	$y=150.595x-15.296$	0.988
Mn	$y=178.486x-10.122$	0.999
Ni	$y=218.404x-0.303$	0.997
Cd	$y=196.367x-52.68$	0.990
Hg	$y=131.127x+22.67$	0.998

从表 6-20 可以看出不同重金属在水样中的浓度与硫化钙沉淀富集后固体样品中 PXRF 直接测得的含量之间的线性关系良好。

② 方法检出限。计算该检测方法对不同重金属元素检测分析的检出限值，结果如表 6-21 所示。

表 6-21　硫化钙沉淀富集-PXRF 检测重金属的检出限及与重金属排放标准的对比

重金属元素种类	Cu	Pb	Co	Mn	Ni	Cd	Hg
检出限/(μg/L)	6.5	3.5	1.4	8.15	11.0	13.5	2.6
排放标准/(mg/L)	0.5	1.0	1.0	2.0	1.0	0.1	0.05

由表6-21可知，采用硫化钙对水样进行沉淀富集后，将液态水样转化为固态样品，可以极大地降低PXRF对Cu、Pb、Co、Mn、Ni、Cd、Hg这些重金属元素的检出限值，其检出限值均远小于排放标准限值。

③ 实际废水硫化钙沉淀富集-PXRF的快速检测。在对实际废水中重金属元素的检测分析中，得出实际废水中重金属元素的种类和含量较低的结论，本次研究中在实际废水中添加相应浓度的重金属元素，在高含油（水样A）、高氨氮（水样B）以及模拟高盐废水（水样C，加入一定量的NaCl）的体系中，研究硫化钙沉淀富集-PXRF快速检测技术对重金属元素检测的精确性。在之前的研究中，已经得到硫化钙沉淀富集-PXRF的标准曲线，经过硫化钙富集，PXRF测定沉积物得到的检测结果见表6-22。从表中可以得出，经过富集后，PXRF对重金属元素快速检测的准确性有了明显提高，而且对高含油、高氨氮和高盐废水中重金属检测的适用性较好，这是因为硫化沉淀能将重金属元素很好地沉淀下来，而且硫化物沉淀不受废水中氨氮和含有的盐类的影响。因而，硫化钙沉淀富集-PXRF快速检测方法能够适用于事故废水中重金属元素的快速检测。

表6-22　硫化钙沉淀富集-PXRF检测废水中重金属元素

重金属种类	标准曲线方程	R^2	加入重金属元素浓度/(mg/L)	水样A(高含油)		水样B(高氨氮)		水样C(高含盐)	
				测定浓度/(mg/L)	相对误差/%	测定浓度/(mg/L)	相对误差/%	测定浓度/(mg/L)	相对误差/%
Cu	$y=319.37x-23.883$	0.998	10	10.34	3.4	9.86	1.4	12.04	20.4
Pb	$y=331.488x-18.972$	0.998	10	7.56	24.4	8.04	19.6	8.16	18.4
Co	$y=150.595x-15.296$	0.988	10	9.25	7.5	9.05	9.5	8.98	10.2
Mn	$y=178.486x-10.122$	0.999	10	13.21	32.1	9.47	5.3	10.13	1.3
Ni	$y=218.404x-0.303$	0.997	10	9.13	8.7	10.12	1.2	7.46	25.4
Cd	$y=196.367x-52.68$	0.99	10	7.79	22.1	9.23	7.7	8.89	11.1
Hg	$y=131.127x+22.67$	0.998	10	9.54	4.6	10.12	1.2	9.04	9.6

6.5.3.5　小结

PXRF对废水中重金属直接检测，由于液体会造成信号减弱，对某些种类重金属的检出限较高，误差也较大，有时不能满足分析要求。在此基础上研发的硫化钙沉淀富集-PXRF快速检测方法能够很大程度降低检出限，可对重金属进行初步快速识别。研究表明，PXRF直接液态分析与硫化钙沉淀富集后PXRF直接检测分析这两种方法相结合，能够快速、有效地对事故废水或偏远场地水体中重金属元素进行检测分析，为环境监测和环境污染风险防控提供很好的技术支撑。

6.6　车载式电感耦合等离子体质谱法

6.6.1　车载式电感耦合等离子体质谱法的原理

车载式电感耦合等离子体质谱仪目前越来越多地应用于事故废水快速检测，能够实现事故废水中重金属快速定性和定量测定。

车载式电感耦合等离子体质谱仪（ICP-MS）的原理：ICP-MS 是 20 世纪 80 年代发展起来的新的元素分析测试技术。它以独特的接口技术将 ICP 的高温（8000K）电离特性与四极杆质谱计的灵敏快速扫描的优点相结合，从而形成一种新型的元素和同位素分析技术，可同时分析几乎所有元素，目前已广泛应用于食品安全领域样品中的多元素同时分析。在电感耦合等离子体质谱仪中，ICP 是质谱的高温离子源（5000～10000K）。雾化器将样品溶液转化为极细的气溶胶雾滴（大颗粒碰撞沉积，小颗粒进入等离子体）后，以氩气作为载气将气溶胶雾滴带入等离子体，在中心通道进行样品蒸发、解离、原子化、电离等过程。采样锥和截取锥将 ICP 和 MS 连接起来，离子通过样品锥进入高真空的质谱系统，离子透镜对离子进行聚焦和偏转，使之与光子、中性粒子分离，进入质量分析器。质谱部分为四极快速扫描质谱仪，离子通过高速双通道后按质荷比分离，根据元素的分子离子峰进行分析。

6.6.2　车载式电感耦合等离子体质谱法的特点

车载式电感耦合等离子体质谱法可以一次性检测多种元素，可以在几分钟内检测几种甚至数十种元素，选择性高，分析速度快，所测元素的含量覆盖 4～6 个数量级，可以对水中各浓度的元素进行同时测量，同时也可与液相色谱联用，对重金属的形态进行分析。这些特点使 ICP-MS 成为美国、日本等国家的水质检验标准方法，我国环境监测总站应急字〔2019〕116 号文件《关于更新统计全国环境应急监测装备的通知》中推荐车载 ICP-MS 作为水质重金属应急监测方法之一（图 6-12）。

总站应急字【2019】116号文件《关于更新统计全国环境应急监测装备的通知》

附件

应急监测装备配置情况表(本级)

单位：××省环境监测中心站

截止至2019年3月31日

序号	装备类别	设备名称	数量(台/套)	装备用途
1	水质采样装备	水质采样器		用于地表水采样。
2		深井采样器		用于地下水或深井采样。
3		便携式抽滤仪		用于现场快速过滤水样。
4		水样保存箱		用于水样的保存运输。
5		便携式流速测量仪		用于小型溪流、沟渠的流速流量监测。
6	水质常规项目	便携式多功能水质检测仪		用于现场测定水温、pH、溶解氧、电导率等常规参数。
7		水质试纸		主要用于水质参数的现场定性。
8		水质试剂盒		主要用于水质参数的现场定性和半定量检测。
9		水质多参数分光光度仪		用于现场检测COD、氨氮、氰化物、总磷、六价铬、余氯等。
10		水质连续流动分析仪或流动注射分析仪		用于现场检测COD、氨氮、氰化物、总磷、六价铬、余氯等常规监测项目检测。
11	水质重金属	便携式测汞仪		用于现场快速测定水体中的汞含量。
12		便携式重金属测定仪		用于现场快速测定水体中的重金属含量。
13		车载ICP-MS		用于现场快速测定水体中的重金属含量。
14	水质有机项目	便携式GC-MS		主要用于现场定性、定量检测挥发性有机组分(VOC_s)。
15		便携式傅里叶红外分析仪		主要用于现场定性、定量检测挥发性有机组分(VOC_s)。
16		便携式测油仪		用于现场快速检测水质中的油类含量。
17	水质生物指标	生物毒性检测仪		用于快速检测水质的生物急性毒性。
18		手持式叶绿素(蓝绿藻)测定仪		用于快速检测水中的蓝绿藻浓度。
19		细菌快速检测仪		用于快速检测水中的大肠杆菌浓度。
20	空气采样装备	便携式大气采样器		用于现场采集颗粒物及气态样品。
21		苏玛罐		用于气体样品的采集。
22		气象参数测定仪		用于测量风速、风向、气温、气压等。

图 6-12　环境监测总站应急监测装备推荐

6.6.3　车载式电感耦合等离子体质谱法的应用

目前，ICP-MS 应用于重金属检测已经成为一种常用方法，也已制定了国家标准《水质 65 种元素的测定　电感耦合等离子体质谱法》（HJ 700—2014）。车载式电感耦合等离子体质谱法应用于重金属现场快速检测已有很多案例，其与液相色谱联用，对元素形态也可以进行检测，比如常见的有机锡、砷形态、有机铅、有机汞、六价铬/三价铬等。聚光科技（杭州）股份有限公司的聚光科技实验室业务平台在国内率先研制了车载式 ICP-MS（EXPEC 7000），具有体积小、质量轻、抗震性好等优势，此外 EXPEC 7000 维护方便，将进样系统设计为可拆卸分体式炬管，更换成本低；创新的提手式换锥结构，无电动部件，便于两锥的维护；质谱部分采用的高精度四极杆质量分析器和双通道射频电源闭环自适应调节技术，使仪器能够适应 15～35℃、20%～80%湿度的工作环境（图 6-13）。因此，以 EXPEC 7000 为例，讲述车载式电感耦合等离子体质谱法在重金属现场快速检测中的应用。

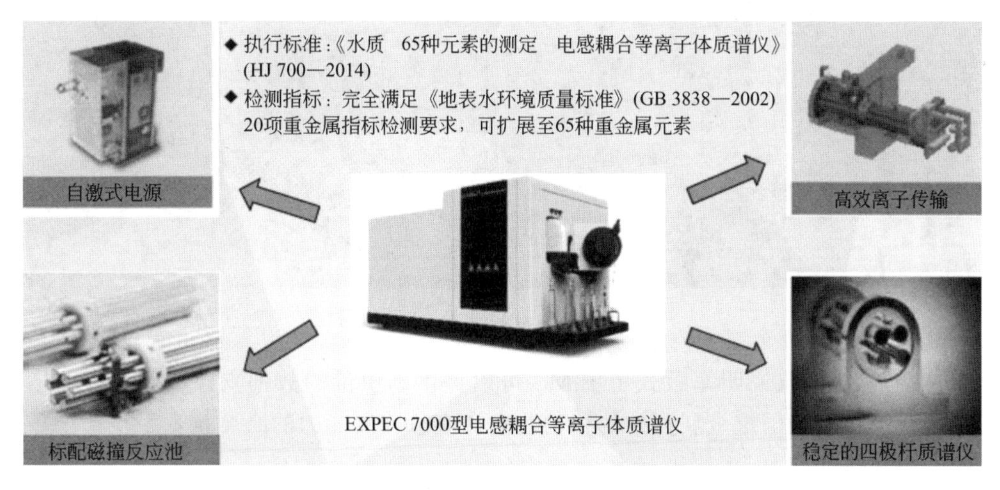

图 6-13　EXPEC 7000 型电感耦合等离子体质谱仪

2015 年“11·24 甘肃锑泄漏事件”中，聚光科技的移动监测车搭载 EXPEC 7000（图 6-14），对四川省某市饮用水水质当中的锑元素进行检测。根据《地表水环境质量标准》（GB 3838—2002）中的规定，集中式生活饮用水地表水源地锑的限值是 0.005mg/L，常规的火焰原子吸收光谱仪器难以胜任。由于现有的移动式重金属分析仪器的灵敏度有限，而将水样带回实验室再分析时效性又不足，因此只能采用车载式 ICP-MS 法。移动监测车搭载 EXPEC 7000 以在线仪器的模式，主要检测锑、铜、锰等元素，每半小时上传一组数据。在长达一个月的时间内连续运行，无任何维护甚至没有恒温恒湿的实验条件保障，车载式 ICP-MS 的稳定性得到了有效验证。

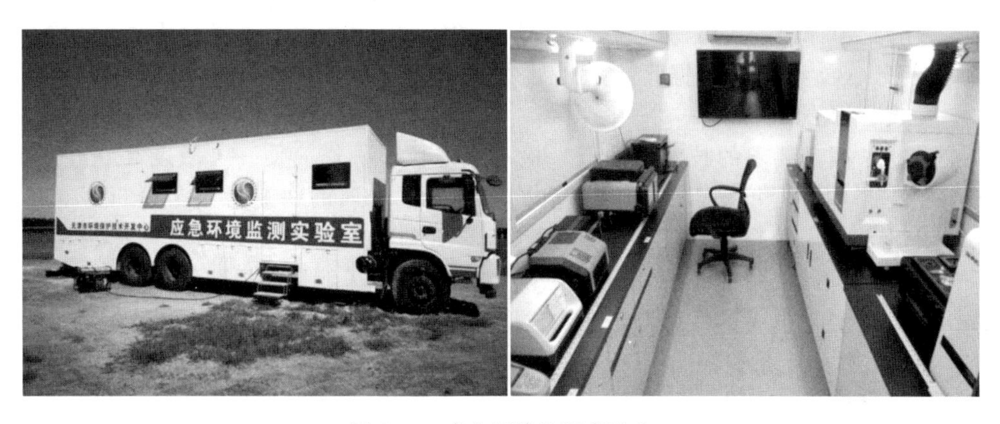

图 6-14　应急环境监测实验室

2016年在杭州举办举世瞩目的G20峰会期间，为了让全体市民和参会的各国来宾能够喝上放心水，车载式ICP-MS进驻杭州九溪水厂开展了当地饮用水水质连续监测任务（图6-15），相比于过去的水质移动监测车只能检测少数污染因子，本次水质安全保障工作体现了“水质多参数移动监测”的理念，能够现场检测国家水质标准中要求的绝大多数水质指标。

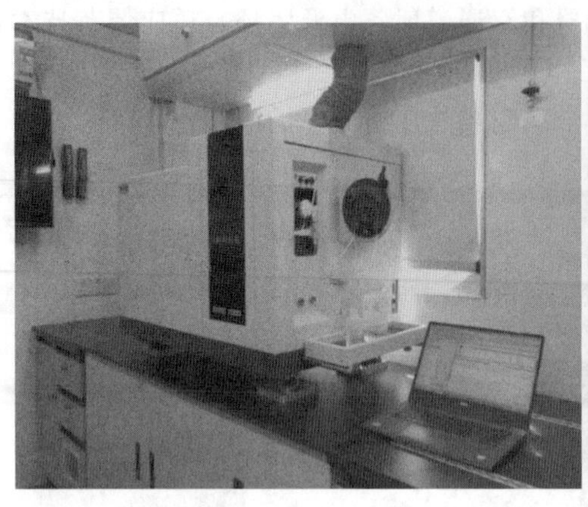
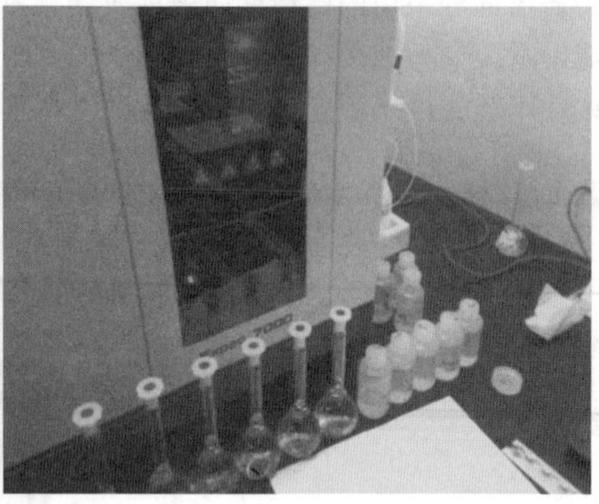

图6-15　车载式ICP-MS

以上两个案例不仅说明车载式ICP-MS可以提供高质量的数据支撑，而且证明了ICP-MS的车载化是提升我国重金属污染的移动监测和应急监测能力的必要技术手段。

6.7　其他现场快速监测技术

6.7.1　免疫分析法

（1）免疫分析法的原理

免疫分析法是利用非标记重金属物与标记重金属物竞争性结合抗体检测重金属的方法。利用免疫分析法对重金属进行检测时，当没有加入非标记重金属物时，抗体完全与标记重金属物结合，生成标记重金属-抗体复合物。加入非标记重金属物后，非标记重金属物也将与抗体结合，生成非标记重金属-抗体复合物，从而抑制标记重金属与抗体的结合反应，使生成产物中标记重金属的含量降低。若抗体和标记重金属物的量固定，则加入的非标记重金属物的量与复合物中标记重金属物的含量之间存在一定的函数关系。选择合适的方法检测复合物中的标记毒（药）物，则可据此计算出检材中毒（药）物的量。

（2）免疫分析法的特点

免疫分析法因其要求的技术条件低、检测速度快、操作简便、灵敏度高、经济实惠、拥有较好的选择性，近年来，越来越多地被运用到重金属的快速检测与分析。与传统的检测方法相比，免疫分析法由于具有检测快速、耗时少、价格便宜和适用现场检测等优点，反映出了良好的使用前景。重金属免疫分析方法的基础是抗原（Antigen，Ag）和抗体（Antibody，Ab）的特异性结合，在构建形成Ag-Ab复合物规律的情况下，对待测的抗原或抗体进行定性、定量检测。

（3）免疫分析法的应用

早在20世纪70年代，国外就已出现用免疫分析方法对重金属离子进行分析和检测的实践，如表 6-23。重金属离子的免疫检测，根据抗体的种类，可分为单克隆抗体免疫检测和多克隆抗体免疫检测，前者还可细分为 FPIA（荧光偏振免疫检测）、ELISA（酶联免疫吸附检测）、间接竞争性 ELISA、一步到位法免疫检测、KIA（KinExA 免疫检测）等。

表 6-23　免疫分析法快速检测水中重金属的实例

免疫分析法	检测元素	检测范围/(μg/L)	检出限/(μg/L)
荧光偏振免疫检测	镉、铅	镉:0～11.24	铅:1
一步到位法免疫检测	镉	镉:0.24～100	—
单克隆抗体免疫	镉	镉:2.19～86.38	镉:0.313
间接竞争性 ELISA	汞	—	汞:1

6.7.2　酶分析法

（1）酶分析法的原理

重金属具有一定的生物毒性，巯基或甲巯基能与之结合形成酶活性中心，而酶活性中心的结构和性质（酶系统的变化）与重金属浓度之间可以建立定量关系。根据酶活性受抑制的程度，不仅能定性重金属离子，还能够快速地检测环境介质中的重金属浓度。

（2）酶分析法的特点

酶分析法虽然具有灵敏度高、检测速度快的特点，但同时也有选择性差的局限性，现今，酶分析法用于检测某一种特定的重金属离子还面临挑战，同时其他重金属可能会对检测结果造成一定误差。目前发现的可用于检测的酶的种类不多，可检测的重金属离子的种类有限，检测结果的稳定性和重现性同样不是非常理想。近年来，研究者正在围绕如何实现酶分析法的广谱检测，对多种物质进行同时分析检测等方面的研究。

（3）酶分析法的应用

20 世纪 70 年代，有学者利用脲酶反应器和氨气电极测定环境样品中的痕量 Hg^{2+}。此后，脲酶、胆碱酯酶、磷酸酯酶、过氧化氢酶、氧化酶、蔗糖酶等多种酶广泛应用于重金属的快速检测。酶分析法适用于检测水中的重金属离子，因重金属能与酶结合，改变其活性中心结构，所以确立重金属与酶系统变化的关系，能够对重金属浓度进行定量检测，结果与国标方法的测定结果接近。国外曾报道乙酰胆碱酯酶被用来检测砷离子浓度，检测下限达 0.10μg/L；利用硝酸盐还原酶检测了铜离子浓度，检测下限达 5.00μg/L。酶分析法快速检测水中重金属的实例详见表 6-24。

表 6-24　酶分析法快速检测水中重金属的实例

酶	检测元素	检出限
脲酶	Hg^{2+}	Hg^{2+}:10μg/L
木瓜蛋白酶	Hg^{2+}、Cu^{2+}、Ag^{+}、Pb^{2+}、Zn^{2+}、Cd^{2+}	Cu^{2+}:4mg/L;Cd^{2+}:100mg/L
菠萝蛋白酶	Cu^{2+}、Hg^{2+}	—
葡萄糖偶联酶	Hg^{2+}、Ag^{+}	Hg^{2+}:4mg/L;Ag^{+}:5.00μg/L
葡萄糖氧化酶	Zn^{2+}、Cd^{2+}、Pb^{2+}	Zn^{2+}:0.4mg/L;Cd^{2+}:1.3mg/L;Pb^{2+}:1.4mg/L
辣根过氧化物酶	Hg^{2+}	Hg^{2+}:578μg/L

续表

酶	检测元素	检出限
硝酸盐还原酶	Cu^{2+}	Cu^{2+}：5.00μg/L
醇脱氢酶	Cd^{2+}	Cd^{2+}：2.00μg/L
乳酸脱氢酶	Hg^{2+}	Hg^{2+}：0.18μg/L
乙酰胆碱酯酶	As^{3+}	As^{3+}：0.10μg/L

6.7.3 生物化学传感器法

(1) 生物化学传感器法的原理

生物传感器法的原理是用固定化的生物体本身或生物体成分作为传感器，其与待测物质结合后，通过信号转换器把生物化学反应能转换成可输出的光、电等信号。生物传感器根据其敏感物质，可细分为免疫传感器、酶传感器、微生物传感器、细胞传感器、组织传感器、光生物传感器等。

化学传感器的原理是根据化学反应以选择性方式对特定的待分析物质产生响应，从而对分析物质进行定性或定量测定。化学传感器必须具有对待测化学物质的形状或分子结构选择性俘获的功能（接收器功能）和将俘获的化学量有效转换为电信号的功能（转换器功能）。化学传感器又可细分为电化学传感器、光纤传感器、荧光传感器等。

(2) 生物化学传感器法的特点

生物化学传感器法具有选择性好、灵敏度高、自动化程度高、分析速度快、成本低廉、能在复杂体系中在线连续检测的优点。但传感器的制作工艺复杂，生物化学传感器的研发将向着微型化、自动化、集成化的方向迈进，将广泛应用于环境监测。

(3) 生物化学传感器法的应用

近年来，很多学者对生物化学传感器法应用到重金属污染现场快速监测进行了研究。严珍用发光菌传感器评价重金属的毒性，可检出最低汞浓度为6.5μg/L，适合现场连续在线监测，7min可完成一次测定。门洪采用脉冲激光沉积（PLD）技术制备的Fe-LAPS（光寻址电位传感器）、Hg-LAPS、Cr-LAPS检测下限分别为352.41μg/L、69.00μg/L、10.87μg/L，并应用于海水分析。欧国荣等基于二苯碳酰二肼法以树脂为基质制成光纤传感器，用于检测Cr^{6+}，最低检出限为40μg/L，响应时间短于10min，适于野外检测，加标回收率为91.0%～103.4%。

参 考 文 献

[1] 杜宇峰，龙亿涛，傅晓钦，等．快速检测技术及在环境污染与应急事故监测中的应用［M］．北京：中国环境科学出版社，2011.

[2] 段博，袁斌，吕松．试纸法快速检测水中重金属铬［J］．工业水处理，2008，28（10）：68-70.

[3] 阎立荣．纸上分光光度法测定水中痕量砷［J］．中国环境监测，1987，3（6）：24-26.

[4] 徐继刚，王雷，肖海洋，等．我国水环境重金属污染现状及检测技术进展［J］．环境科学导刊，2010，29（5）：104-108.

[5] 翟慧泉，金星龙，岳俊杰，等．重金属快速检测方法的研究进展［J］．湖北农业科学，2010，49（8）：1995-1998.

[6] 戈润滔．空气中汞的检测装置［J］．云南冶金，1984（2）：52-53.

[7] 郭玉香．试纸法快速测定环境水样中痕量重金属镉、汞、铅的研究［D］．天津：天津理工大学，2006.

[8]　王娜娜．水中重金属的快速判别与铜铬镍快速检测方法研究［D］．哈尔滨：哈尔滨工业大学，2014.

[9]　蒋建宏，付洁，张海强．重金属分析仪器在环境应急监测中的应用［C］//第四届重金属污染防治及风险评价研讨会暨重金属污染防治专业委员会2014年学术年会论文集．2014：247-250.

[10]　姚振兴，辛晓东，司维，等．重金属检测方法的研究进展［J］．分析测试技术与仪器，2011，17（1）：29-35.

[11]　陈宁，边归国．突发环境污染事件应急监测与处置仪器设备的配置［J］．环境监测管理技术，2007，19（4）：48-50.

[12]　冯先进，屈太原．电感耦合等离子体质谱法（ICP-MS）最新应用进展［C］//北京金属学会第七届北京冶金年会论文集．2012：287-294.

[13]　吕杰，朱桦．便携式光度计快速测定水中镍含量［J］．福建分析测试，2013，22（3）：8-11.

[14]　Ghauch A，Turar C，Fachinger C，et al. Use of diffuse reflectance spectrometry in spot test reactions for quantitative determination of cations in water［J］. Chemosphere，2000，40（12）：1327-1333.

[15]　周焕英，高志贤，张亦红，等．水中铜的快速试纸检测方法［J］．解放军预防医学杂志，2007，25（4）：256-258.

[16]　段静．现场检测重金属离子的超高灵敏试纸条研究［D］．宁波：宁波大学，2012.

[17]　庞铄权，王志坤，徐建伟，等．重金属镉离子检测技术研究进展［J］．食品工程，2008，2：62-65.

[18]　徐继刚，王雷，肖海洋，等．我国水环境重金属污染现状及检测技术进展［J］．环境科学导刊，2010，29（5）：104-108.

[19]　陆贻通，沈国清，华银锋．污染环境重金属酶抑制法快速检测技术研究进展［J］．安全与环境学报，2005，5（2）：68-71.

[20]　Pretsch E. The new wave of ion-selective electrodes［J］. Trends in Analytical Chemistry，2007，26（1）：46-51.

[21]　Mirmohseni A，Oladegargoze A. Detection and determination of Cr Ⅵ in solution using polyaniline modified quartz crystal electrode［J］. Journal of Applied Polymer Science，2002，854（13）：2772-2780.

[22]　冯媛，戴春岭，张菲菲，等．便携式重金属测定仪测定水中重金属元素［C］//河北省环境科学学会．河北省环境科学学会2010年学术年会暨土壤污染防治技术研讨会论文集．2010：15-17.

[23]　李进才．便携式重金属测定仪应急监测地表水中的铅和镉［J］．广西科学院学报，2011，27（2）：88-89，92.

[24]　易颖．水质现场快速检测技术研究［D］．湘潭：湘潭大学，2013.

[25]　尤小娟，赵亮，苗其好．Nano Tek 2000便携式重金属仪的原理及其在应急监测中的应用［J］．2014，2：33-35.

[26]　钟逶迤，陈映新，曾雁玲．试纸法在重金属检测中的应用浅谈［J］．中国医药科学，2018，8（17）：142-144.

[27]　门洪．重金属离子选择传感器及其在海水分析中应用的研究［D］．杭州：浙江大学，2005.

[28]　严珍．发光菌生物传感器在海洋水质监测及蔬菜残留农药检测中的应用［D］．厦门：厦门大学，2002.

[29]　欧国荣，马新华，陈翔，等．水中六价铬光纤传感检测方法研究［J］．环境科学与技术，2006，29（2）：19-20.

第7章　有机污染物应急监测技术

7.1 概　　述

在突发水环境污染事故中，有机污染物种类繁多，监测过程中前处理手段和检测手段相对较为复杂。有机污染物主要可以根据挥发特性分为挥发性有机污染物和半挥发性有机污染物。根据种类不同，可以分为烯烃类、卤代烃类、苯系物类、醛类、酮类、酚类、腈类、有机磷农药类、有机氯农药类、多环芳烃类、硝基苯类、苯胺类、醇类、醚类、有机酸类等。

目前，用于水中有机污染物的实验室分析方法有气相色谱法（GC）、气相色谱-质谱联用法（GC-MS）、气相色谱与傅里叶变换红外光谱联用法（GC-FTIR）、高效液相色谱法（HPLC）、液相色谱-质谱联用法（LC-MS）等。然而，实验室分析方法用于快速检测水中有机污染物时，存在前处理和分析时间较长、响应不及时，以及在应急污染事故中不能及时做出分析和判断的问题。

国内外已形成一批有机物现场快速检测方法和设备，如便携式气相色谱技术、便携式气相色谱-质谱联用技术、便携式傅里叶红外分析技术、便携式拉曼光谱分析技术、三维荧光光谱技术等，实现有机污染物的现场快速定性、定量测定。本章重点叙述工业带突发水环境污染事故中有机污染物的快速检测技术，为突发水污染事故现场有机物快速检测提供借鉴。

7.2 便携式气相色谱技术

7.2.1 便携式气相色谱技术原理及特点

气相色谱仪是利用色谱分离技术和检测技术，对多组分的复杂混合物进行定性和定量分析的仪器，具有应用范围广、灵敏度高、选择性好等优点，在石油、化工制药、环境监测分析等领域有着广泛的应用。气相色谱仪原理是利用物质的沸点、极性及吸附性质的差异实现物质的分离。待测样品进入汽化室后汽化，被惰性气体（即载气，也叫流动相）带入色谱柱，色谱柱内含有液体或固体固定相，由于各组分的沸点、极性或吸附性能不同，每种组分在流动相和固定相之间会趋向于形成分配或吸附平衡。但由于载气是流动的，使样品组分在运动中进行反复分配或吸附/解吸附，最终使得在固定相中分配系数小的组分先流出色谱柱，在固定相中分配系数大的组分后流出色谱柱。各组分流出色谱柱后，立即进入检测器，转换为电信号。将电信号放大并记录下来，就形成色谱图。检测过程中，每种组分在固定气相色谱条件下出峰时间是固定的，且色谱峰的大小与被测组分的量或浓度成正比，从而实现有机化合物的定性和定量分析。气相色谱一般由以下五大系统组成：气路系统、进样系统、分离系统、温控系统、检测系统。传统的实验室用气相色谱仪体积大，需要配置钢瓶、气体发生器等辅助设备，使得仪器不便于携带，并且实验室气相色谱仪对环境要求（包括温湿度、灰尘、振动等）严格，因此不能用于现场分析。

随着环境应急监测分析的需求，气相色谱仪实现小型化、便携化、分析快速化是目前研究的方向之一。国内外也形成了一批便携式气相色谱仪产品，用于现场快速检测。相较于传统的气相色谱仪，便携式气相色谱仪的优点包含以下几个方面。

① 体积较小，不需要配合繁多的辅助设备如钢瓶和气体发生器等，便于携带。

② 对物理环境要求低，自身的监测范围比较广泛，可以对很多被测物质产生响应，能够适应多种工作环境。

③ 灵敏度高，数值精确，监测结果更接近实际情况，可为后续应急处置工作提供可信度高的实验依据。

④ 监测周期短，应用便携式气相色谱仪对环境监测的响应时间短，通常几分钟至几十分钟即可完成从开始监测到完成分析的过程。

便携式气相色谱仪也存在不足之处，即不能根据色谱峰直观而清晰地得出定性结论，需要利用已知物的色谱数据对照作为辅助分析手段，才能对结果有定性的分析和总结。总体而言，使用气相色谱仪开展应急监测，能够有效提升监测效率，精准获得监测结果，节省时间，达到应急监测的要求，将成为今后应急环境监测的主力监测手段。

7.2.2 便携式气相色谱仪检测器

不同原理的检测器决定了各种便携式气相色谱仪的性能。目前，常用的便携式气相色谱仪的检测器主要有热导检测器（TCD）、火焰离子化检测器（FID）、电子捕获检测器（ECD）、光离子化检测器（PID）等，各种检测器的原理及特点如下。

7.2.2.1 热导检测器（TCD）

热导检测器（TCD，Thermal Conductivity Detector）是利用被测组分和载气热导率不同而响应的浓度型检测器，它是整体性能检测器，属物理常数检测方法。热导检测器的基本理论、工作原理和响应特征早在20世纪60年代就已成熟。由于它对所有的物质都有响应，结构简单、性能可靠、定量准确、价格低廉、经久耐用，又是非破坏型检测器，因此直到现在都有一定的市场占有率。但与其他检测器相比，TCD线性范围窄、灵敏度低，这是影响其应用于环境应急监测与分析的主要因素。据文献报道，以氦作载气，进气量为2mL时，检出限可达mg/L级。

7.2.2.2 火焰离子化检测器（FID）

火焰离子化检测器（FID，Flame Ionization Detector）工作原理是利用氢火焰作电离源使被测物质电离，然后检测电离后产生的微电流，它是破坏型、典型的质量型检测器。其突出优点是对几乎所有有机物均有响应，特别是对烃类化合物灵敏度高，而且响应值与碳原子数成正比；对 H_2O、CO_2 和 CS_2 等无机物不敏感，对气体流速、压力和温度变化不敏感。它的线性范围广，结构简单、操作方便，死体积几乎为零。因此，作为实验室仪器，FID 得到普遍应用，是最常用的气相色谱检测器。

FID 作为便携式气相色谱仪的检测器具有明显的不足，即检测时需要可燃气体——氢气、助燃气体和载气三种气源钢瓶及其流速控制系统。虽然便携式氢火焰气相色谱仪比传统的气相色谱仪要简单便携得多，但与同类便携式气相色谱仪相比没有突出优点，并且在工作时需要点火，可能导致在部分突发性环境污染事故应急监测过程中产生一定的危险性。因此，便携式氢火焰气相色谱仪不能广泛应用于应急环境监测中。

7.2.2.3 电子捕获检测器（ECD）

电子捕获检测器（ECD，Electron Capture Detector）是对卤代烃等电子亲和势较高化合物的选择性检测器。ECD 是放射性离子化检测器的一种，其原理是利用放射性同位素在衰变过程中放射的具有一定能量的β-粒子作为电离源，当只有纯载气分子通过电离源时，在β-粒子的轰击下，载气分子被电离成正离子和自由电子，在所施电场的作用下离子和电子都将做定向移动，形成一定的离子流（基流）。当载气携带微量的电负性组分进入离子室时，亲电子的组分大量捕获电子形成负离子或带电负分子，这样就输出了负极性的电信号，从而实现定量分析。电子捕获检测器是有选择性的、高灵敏度的检测器，只对具有电负性的物质，如含卤素、硫、磷、氮的物质有信号，物质的电负性越强，即电子吸收系数越大，检测器的灵敏度越高，而对电中性（无电负性）的物质，如烷烃等则无信号。

由于其使用放射性同位素 ^{63}Ni，根据我国相关法律，不宜制成随意移动的便携式气相色谱仪。

7.2.2.4 光离子化检测器（PID）

Lossing 和 Tanaka 等人在 1955 年首先阐述了光离子化的原理，当光子能量高于受辐照物质分子的电离能时，该物质可以被电离。光离子化检测器（PID，Photo Ionization Detector）就是运用这个原理监测污染物的浓度。光离子化检测器由真空紫外灯和电离室构成，其工作原理是待测气体吸收紫外灯发射的高于气体分子电离能的光子，被电离成正、负离子，在外加电场的作用下离子偏移形成微弱电流。由于被测气体浓度与光离子化电流呈线性关系，因此，通过检测电流可得知被测气体的浓度，从而确定被测气体是否超标。光离子化系统示意图如图 7-1 所示。

光离子化检测器的特点有以下几个方面：

① 对大多数有机物可产生响应信号，如对芳烃和烯烃具有选择性，可降低混合烃类化合物中烷烃基体的信号，以简化色谱图。

② 具有较高的灵敏度，在分析脂肪烃时，其响应值可比火焰离子化检测器高 50 倍。

③ 具有较宽的线性范围，电离室体积小，适合配置毛细管柱色谱。

④ 是一种非破坏型检测器，还可和质谱、红外检测器等联用，以获取更多的信息。

⑤ 和火焰离子化检测器联用，可按结构区分芳烃、烯烃和烷烃，从而解决极性相近化合物的族分析问题；还可与色谱微波等离子体发射光谱相媲美，并且直观，方法简便。

⑥ 可在常压下进行操作，不需使用氢气、空气等，简化了设备，便于携带。

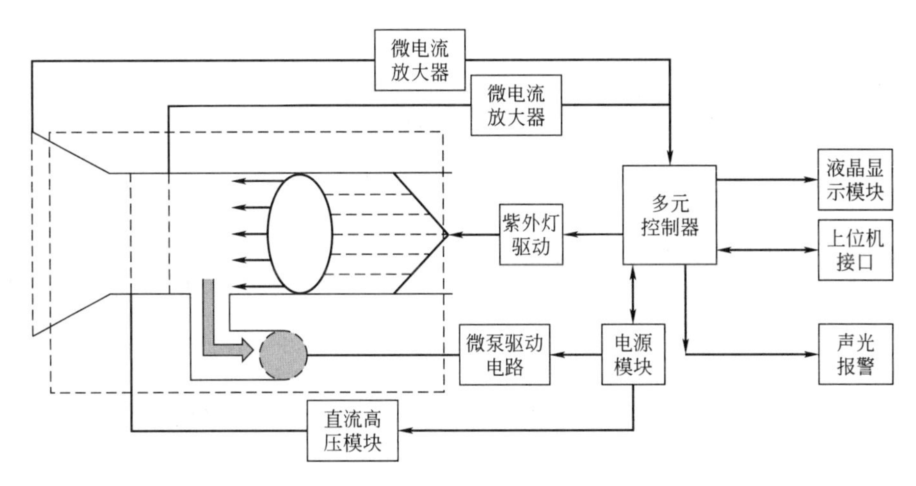

图 7-1　光离子化系统示意图

除以上几种常用检测器外，便携式气相色谱仪包括的检测器还有火焰光度检测器（FPD）、脉冲式火焰光度检测器（PFPD）、卤素检测器（XSD）、氩离子检测器（AID）、改性氩离子检测器（MAID）以及几种检测器联用，各检测器特点及应用范围见表 7-1。

表 7-1　便携式气相色谱仪不同检测器特点和应用范围

检测器种类	特点	主要检测对象
FID	通用性好、灵敏度高、线性范围宽	对所有有机化合物均有响应，特别是烃类化合物
ECD	灵敏度高、选择性好	适用于电负性化合物，特别适用于环境中痕量农药、多氯联苯类化合物
PID	对大多数有机物可产生响应，灵敏度高（分析脂肪烃时，响应值是 FID 的 50 倍），线性范围宽	芳香族及其他不饱和类化合物
FPD	灵敏度高、选择性好	含硫或含磷化合物
PFPD	灵敏度高于 FPD、选择性好、稳定性强、燃气消耗低	含硫或含磷化合物，可对有毒有害金属化合物进行选择性检测
XSD	灵敏度高、选择性好	卤素化合物
AID	灵敏度高	普遍适用
MAID	体积小、灵敏度高、使用寿命长	普遍适用
TCD	通用性好、灵敏度低	普遍适用
FPD/FID 联用	扩大被检测化合物范围，降低假阳性干扰	含硫、含磷化合物以及有机化合物
FID/PID 联用		芳香族以及其他有机化合物
PID/XSD 联用		芳香族和含氯化合物

7.2.3　便携式气相色谱仪进样技术

便携式气相色谱仪在环境污染事故中的重要作用逐渐凸显，因其体积小、质量轻、分析速度快、可现场连续监测等优点，特别适合于痕量有毒有害气体的监测。而在突发水环境污染事故中，一些便携式气相色谱仪配备顶空、吹扫捕集等进样器，实现了水和土壤中挥发性有机污染物的现场快速监测。

7.2.3.1 顶空进样技术

顶空进样技术（HS）又称液上气相进样技术，是挥发性有机物检测中一种方便快捷的前处理方法。其原理是将待测样品置入一个密闭的容器中，通过加热升温使水中的挥发性组分从样品基体中挥发出来，在气液两相达到平衡时，直接抽取顶部气体进入气相色谱分析，从而检测样品中挥发性组分的成分和含量。使用顶空技术可以免除冗长繁杂的样品前处理过程，避免有机溶剂对分析造成的干扰，减少对色谱柱及进样口的污染，具有更高的灵敏度和更快的分析速度，对分析人员和环境危害小，是一种符合“绿色分析化学”要求的分析手段。顶空进样技术适合挥发性较强的有机组分的测定。

根据现场分析条件及仪器检测的需要，顶空进样可以选择手动顶空进样方式，也可以选择自动顶空进样技术，即自动顶空进样器与便携式气相色谱仪联用的方式。

（1）手动顶空进样技术

在现场条件不允许或者便携式气相色谱仪未配备自动顶空进样器时，可以选择手动顶空进样。手动顶空进样操作非常简便，向顶空瓶中加入适量水样，加入 NaCl 至饱和，将样品加热达到平衡状态，用气密性注射器从顶空瓶上部抽取样品，迅速转移到便携式气相色谱仪上进行检测分析。

手动顶空进样方式精密度和准确度相对较差，主要原因有两个方面。一是压力控制难以实现，因而进样量的准确度较差。样品从顶空容器到进入注射器过程中任何压力的变化都会导致实际进样量的变化。可以采用带压力锁定的气密性注射器尽量克服这个问题。第二是温度的控制影响检测结果的准确度和精密度。注射器的温度低时，某些沸点较高的样品组分很容易冷凝，造成样品损失。在处理过程中，可以将注射器放在与水样平衡温度相同的恒温炉中进行预热，从而降低样品的损失。

（2）自动顶空进样技术

自动顶空进样技术已经很成熟，该技术将自动顶空进样器与便携式气相色谱仪连接，可以实现水中挥发性有机物的快速测定。自动顶空进样器进样模式有平衡加压模式和定量环加压模式。平衡加压模式是将样品加热达到热平衡状态，用导管通入载气，样品随载气一起进入气相色谱仪进行检测分析。定量环加压模式，是样品加热达到平衡后，加压将样品引入定量环，通过阀将定量环中的样品输入气相色谱仪中，进行检测分析。自动顶空进样器解决了手动顶空进样压力和温度的问题，因此具有更高的精密度和准确度。

影响顶空进样的因素主要包括样品的性质、样品量、平衡温度和时间，以及耗材对检测结果的影响。在采用顶空气相色谱分析法时，要考虑这几个方面的影响，提高检测结果的精密度和准确度。

7.2.3.2 吹扫捕集进样技术

吹扫捕集进样技术（P&T）是利用氮气、氦气或其他惰性气体将试样中的挥发性有机物组分从样品中抽提出来，被测组分随着气流进入捕集阱中被二次吸附，然后捕集阱经过热解吸将样品送入气相色谱仪中进行分析。与静态顶空技术不同，吹扫捕集是气体连续通过样品，将其中的挥发性组分吹脱后在吸附剂或冷阱中捕集，再进行检测分析，是一种非平衡态的连续萃取，因此又被称为动态顶空进样技术。由于气体的吹扫破坏了密闭容器中气、液两相的平衡，使挥发组分不断地从液相进入气相而被吹扫出来，也就是说，在液相顶部的任何组分的分压为零，从而使更多的挥发性组分逸出到气相，所以吹扫捕集法比静态顶空法能测量含量更低的痕量组分，灵敏度高，精密度好，并且更适用于沸点相对较高的组分。吹扫捕集进样技术与气相色谱仪或气相色谱质谱仪联用，可以检测 μg/L 或者 ng/L 级的挥发性有机物。

图 7-2 为吹扫捕集气相色谱法的分析流程。首先取一定量的样品加入到吹扫瓶中，氮气、氦气或其他惰性吹扫气体以一定的流量通过吹扫瓶，将待测组分吹扫出来，吹扫出的待测组分被吸附到捕集阱中。打开六通阀，将捕集阱置于气相色谱的分析流路，加热捕集阱，将被测组分解吸并在载气的作用下送入气相色谱仪进行检测分析。

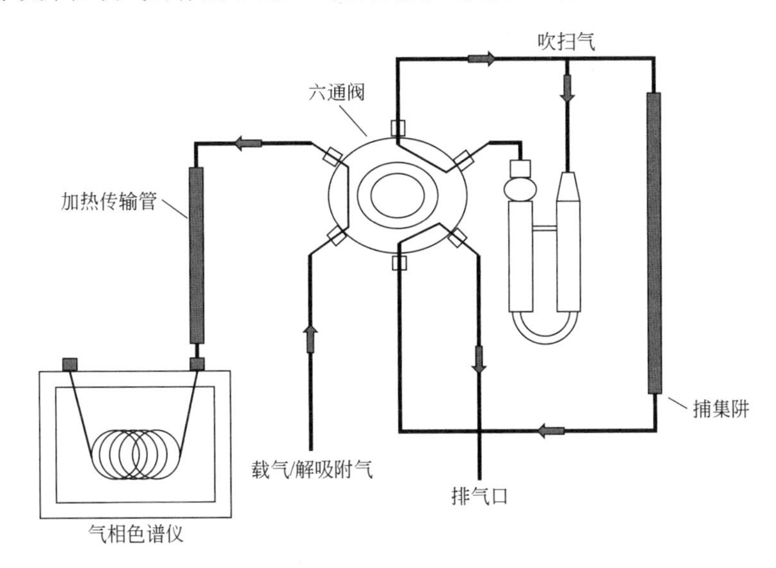

图 7-2　吹扫捕集气相色谱法分析流程

吹扫捕集进样技术的特点主要有：吹扫捕集法适用于从液体或固体样品中萃取沸点低于 200℃、溶解度小于 2%的挥发性或半挥发性有机物、有机金属化合物。吹扫捕集法对样品的前处理无须使用有机溶剂，对环境不造成二次污染，而且具有取样量少、富集效率高、受基体干扰小及容易实现在线检测等优点。但是吹扫捕集法易形成泡沫，使仪器超载。此外伴随水蒸气的吹出，不利于下一步的吸附，给非极性气相色谱分离柱的分离带来困难，并且水对火焰类检测器也具有淬灭作用。

影响吹扫效率的因素主要有以下几个方面。

(1) 吹扫温度

吹扫温度实际影响的是待测组分的饱和蒸气压，吹扫温度越高，待测组分饱和蒸气压越大，吹扫效率也会相应提高。尤其是在吹扫含高水溶性组分样品时，吹扫温度对于吹扫效率影响更大。但是温度过高带出的水蒸气量增加，不利于下一步的吸附，也给非极性的气相色谱分离柱的分离带来困难，同时水对火焰类检测器也具有淬灭作用，所以一般选取 50℃ 为常用温度。对于高沸点强极性组分，可以采用更高的吹扫温度。

(2) 样品溶解度

被测组分的吹扫效率与其在水中的溶解度有关，被测组分在水中的溶解度越高，其吹扫效率就越低。高水溶性的被测组分，可以通过提高吹扫温度，或通过盐析效应（通常可以添加 15%～30%的氯化钠）提高吹扫效率。

(3) 吹扫的流速及吹扫时间

一般来说，吹扫的流速越大，吹扫的时间越长，吹扫的效率就越高，但是会对后面的捕集阱的捕集效率产生不利的影响，会将捕集在吸附剂或冷阱中的被分析物吹落。因此，要选择合适的吹扫流速和吹扫时间，一般可选择吹扫流速为40mL/min，吹扫时间为11min。

（4）捕集效率

被吹扫气吹脱出的待测物质在捕集阱中被捕集，捕集效率越高，吹扫效率越高，因此，选择合适的吸附材料和捕集温度可以得到最大的捕集效率。

（5）解吸温度及时间

样品的解吸是气相色谱分析的关键，快速升温和重复性好的解吸温度可以将捕集阱中的待测组分快速送入气相色谱柱中，得到较窄的色谱图，提高分析的准确性和重复性。因此，解吸温度越高且升温速度越快，解吸时间越短越好。通常，解吸温度可以设定在200℃，解吸时间为3min即可。

7.2.4 常用便携式气相色谱仪

便携式气相色谱仪是将传统意义上的气相色谱仪小型化、便携化，但保留了气相色谱仪强大的分离、定量能力，以满足现场快速监测的要求。便携式气相色谱仪的小型化、便携化得益于Standford大学研究人员用半导体芯片生产工艺研制产生的两个关键元件——进样器和检测器。1977年，美国Photovac公司推出世界上第一台便携式气相色谱仪。随着现代微加工技术的日益丰富，新型灵敏的广谱型检测器的出现，高效毛细色谱柱的广泛应用，以及电子技术的快速发展，高性能便携式气相色谱仪得到了广泛的推广和应用。

目前，常用的便携式气相色谱仪仍以进口品牌为主，如美国安捷伦公司的Agilent 3000便携式气相色谱仪、英福康公司（INFICON）的CMS/100/200便携式气相色谱仪、美国华瑞公司的PGA-1020便携式气相色谱仪、美国Photovac公司的Voyager便携式气相色谱仪，以及美国UniBest公司的Magic Mini便携式气相色谱仪等。近几年，我国自主研发的便携式气相色谱仪也进入市场，取得了一定的成绩，如北京东西分析仪器有限公司的GC-4400便携式气相色谱仪、中国科学院大连化学物理研究所的GC-2100系列微型色谱仪、杭州谱育科技发展有限公司的EXPEC3200便携式苯系物分析仪等均已投产并得到了市场的认可。

常见便携式气相色谱仪的特点及应用见表7-2。

表7-2 常见便携式气相色谱仪特点及应用

厂家	型号	检测器	质量	产品特点及应用
美国安捷伦	Agilent 3000	TCD	16kg	Agilent3000便携式气相色谱仪可快速、准确、可靠地进行在线气体样品分析，热导检测器灵敏度比传统的提高10倍，检出限为mg/L级
英福康公司（INFICON）	CMS/100/200	MAID广谱检测器	—	CMS/100/200便携式气相色谱仪内置电池和气体源，完全便携；配置吹扫捕集系统、土壤气体采样系统、烟气监测器，可快速有效地分析空气、水、土壤中挥发性有机物；数据质量与实验室分析结果相当
美国华瑞公司	PGA-1020	PID	9kg	美国华瑞公司便携式气相色谱仪PGA-1020，使用华瑞公司专利的PID传感器，检测灵敏度低至几个μg/L；锂电池可工作8h以上；可在30s内检测苯和在3min内检测苯系物

续表

厂家	型号	检测器	质量	产品特点及应用
美国 Photovac 公司	Voyager	PID/ECD	6.8kg	内置气源、电源(可使用7h以上),完全便携;操作简单,检测速度快,苯分析时间小于60s,BTEX分析时间小于250s;检出限低:苯的检出限5μg/L,甲苯、乙苯、二甲苯检出限10μg/L。可在现场快速检测空气、水、土壤中的挥发性有机物毒物并进行定性定量分析
美国 UniBest 公司	Magic Mini	FID/PID/TCD/NPD/ECD	10kg	具有小巧轻便、运行快速而准确、智能化程度高与价格适中、消耗品少的特点;配置空气样品自动收集器,配置液体和固体顶空样品加热器,可实现水、土壤和气体样品的快速测定
美国 DPS	Companion GC	FID/PID/TCD/NPD/ECD	10kg	配置电池,便携;可选用多个检测器,即插即用;配置空气样品自动采集器,配置液体和固体顶空样品加热器,可实现水、土壤和气体样品的快速测定;对于挥发性有机物,保留时间<30s,对于半挥发性有机物,保留时间<50s
中国北京东西分析仪器有限公司	GC-4400	PID	14kg	配备光离子化检测器,利用光子实现样品离子化,无放射性。可采用顶空进样测定水中挥发性有机物,检出限可达μg/L级
中国科学院大连化学物理研究所	GC-2100	SSD	—	采用固态热导检测器(SSD)检测技术和集成化整体结构,性能优异,可靠性强
中国杭州谱育科技发展有限公司	EXPEC3200	FID	15kg	分析仪集成度高,将载气气瓶、氢气气瓶、标气气瓶、电池、伴热管线和分析模块集成于主机一体,体积小巧,可轻松手提。样品经分析柱分离,进入氢火焰离子化检测器检测。可测定总烃、甲烷、苯系物等组分,检出限可达μg/L级

7.2.5　便携式气相色谱技术在水环境应急监测中的应用

便携式气相色谱仪是突发水环境污染事故中现场快速测定挥发性有机污染物的重要手段。刘金巍等人研究了便携式气相色谱仪对石油污染地下水中苯、乙苯和二甲苯的测定(图7-3)。样品前处理采用手动顶空进样技术，检测采用490 Micro GC系列便携式气相色谱

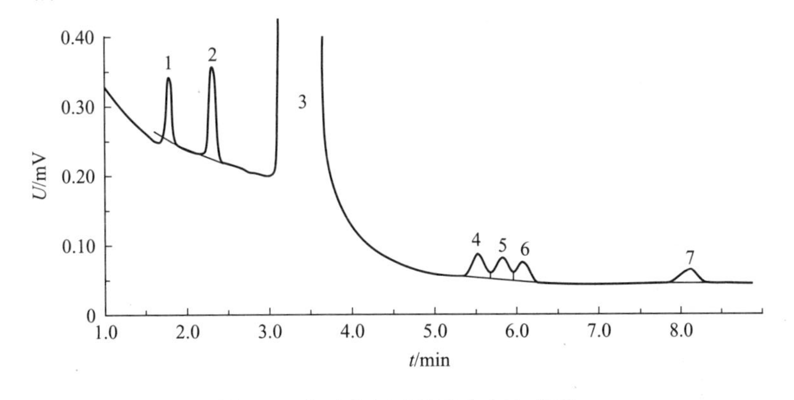

图7-3　苯系物标准溶液气相色谱峰

1—苯；2—氟苯；3—甲苯和水；4—乙苯；5—对二甲苯；6—间二甲苯；7—邻二甲苯

仪（配置 CP-WAX 52 CB 色谱柱，TCD 检测器），样品检测时间为 8min。研究结果表明，该方法在 0～2.0mg/L 范围内线性良好，相关系数均大于 0.98；方法检出限为 0.05～0.15mg/L。用该方法和吹扫捕集-气相色谱/质谱联用法（实验室 P&T GC-MS）同时测定实际水样，两种方法测定的结果具有良好的一致性，见表 7-3。

表 7-3 便携式 GC 与实验室 P&T GC-MS 检测结果比对 单位：mg/L

化合物	样品号	便携式 GC	实验室 P&T GC-MS
苯	A	<0.05	0.01
	B	0.05	0.07
	C	<0.05	<0.001
乙苯	A	<0.010	0.05
	B	<0.010	0.04
	C	13.2	19.9
对二甲苯、间二甲苯	A	2.02	1.83
	B	0.14	0.15
	C	64.9①	60.6
邻二甲苯	A	5.18	5.71
	B	0.03	0.04
	C	20.4	25.1

① 稀释 100 倍后再测定。

谢有亮等人使用 CMS100 型便携式气相色谱仪，分别在化工厂甲醇罐爆炸和苯系物运输罐泄漏环境污染事故应急监测中，测定空气和水中的甲醇以及空气和土壤中的苯系物，取得了良好的效果。鲁宝权等人在一次苯槽罐车发生侧翻，罐体破裂，部分液态苯流至周围水体中的污染事故中，使用 GC-4400 型便携式气相色谱仪（配有顶空前处理装置）测定水中的苯，为污染事故的处理处置提供了依据，并进行跟踪监测，保证了事发地周边环境安全。

7.3 便携式气相色谱-质谱联用技术

7.3.1 便携式气相色谱-质谱联用技术原理及特点

气相色谱-质谱联用仪（简称气质联用仪）(GC-MS) 是分析仪器领域实现最早，也是目前应用最为广泛的联用技术之一。气质联用仪可以实现对复杂有机化合物的高效定性、定量分析，在环境、食品、石化等多个领域都有广泛的应用。近年来，化工原料泄漏、化工厂爆炸等环境突发事件时有发生，环境污染问题日趋严重，国家在环境应急监测方面的重视程度日益提高。随着对现场快速检测需求的增加，便携式 GC-MS 应运而生。便携式 GC-MS 克服了传统实验室用仪器对检测环境要求苛刻、仪器设备体积大、对操作人员要求高等限制，凭借检测速度快、灵敏度高、定性准确、便于携带、对检测环境要求低等特点，在环境污染物、爆炸物、化学危险品、毒品等方面的现场检验领域拥有较高的应用价值。

便携式 GC-MS 工作原理与实验室 GC-MS 基本相同，它将气相色谱的高分辨能力和质谱检测器的定性能力相结合，是迄今国际上对有机污染物最有效和可靠的监测手段之一。气相色谱工作原理已在7.2.1中做了介绍，在此不再赘述。GC-MS中的质谱可以看作GC的检测器。质谱基本原理是使试样中各组分在离子源中发生电离，生成不同荷质比的带电荷的离子，经加速电场的作用形成离子束，进入质量分析器，在质量分析器中，再利用电场和磁场使离子发生相反的速度色散，将它们分别聚焦而得到质谱图。通过质谱图提供的待测物质的信息，与标准谱图库进行比较，完成待测物质的定性分析；通过总离子流色谱图（TIC）的峰高或峰面积，实现待测物质的定量分析。质谱仪器一般由样品导入系统、离子源、质量分析器、检测器、数据处理系统等部分组成。

便携式GC-MS特点如下：

① 由气相色谱仪和质谱仪、载气和内部标准气体瓶、高真空泵及控制电子件、电池、显示器等组成，体积小、质量轻、对环境要求低，完全适合在现场工作，在应急监测工作中具有极大的优越性。

② 与便携式气相色谱仪相比，能够解决许多其无法解决的问题，如共洗脱峰、保留时间位移、预料之外的未知物质和基质的干扰等。

③ 灵敏度高，检测范围广，不但可以完成已知化合物的定量分析，而且可以实现对未知污染物的筛查和半定量分析。

7.3.2　便携式气相色谱-质谱仪进样技术

便携式GC-MS可用于事故废水中挥发性有机物和半挥发性有机物的分析。被测物质需要有合适的前处理技术将其导入便携式GC-MS中。

7.3.2.1　挥发性有机物进样技术

便携式GC-MS测定挥发性有机物的进样技术与便携式气相色谱仪的进样技术相同，包括顶空进样技术和吹扫捕集进样技术，具体已经在7.2.3做了讲述，在此不再赘述。

7.3.2.2　半挥发性有机物进样技术

实验室检测方法中对水中半挥发性有机物的前处理技术主要包括液液萃取法、固相萃取法等。液液萃取法较为简便，但溶剂消耗量大，而且萃取后常还需要进一步蒸发浓缩。固相萃取法的富集效果较好，但仍然存在试样和溶剂用量大的问题，而且耗时很长。大量有机溶剂的使用会对环境造成二次污染。突发水环境污染事故中半挥发性有机物前处理技术要求便携、快速，同时尽量减少有机溶剂的使用，减少基体的干扰。目前，可用于突发水环境污染事故的半挥发性有机物快速前处理技术包括固相微萃取技术（SPME）、分散液液微萃取技术（DLLME）、单滴微萃取法（SDME）等。

（1）固相微萃取技术

固相微萃取技术（SPME）是以熔融石英光导纤维或其他材料为基体支持物，利用“相似相溶”的原理，在其表面涂渍不同性质的高分子固定相薄层，通过直接或顶空方式，对待测物进行提取、富集，然后将富集了待测物的纤维直接转移到仪器（GC或GC-MS）中，通过一定的方式解吸附（一般是热解吸，或溶剂解吸），进行分离分析。固相微萃取法的原理与固相萃取不同，固相微萃取不是将待测物全部萃取出来，而是建立在待测物在固定相和水相之间达成的平衡分配的基础上。

固相微萃取进样手柄如图7-4所示。

SPME是集采样、萃取、浓缩、进样于一体的前处理技术，对样品具有很强的富集作

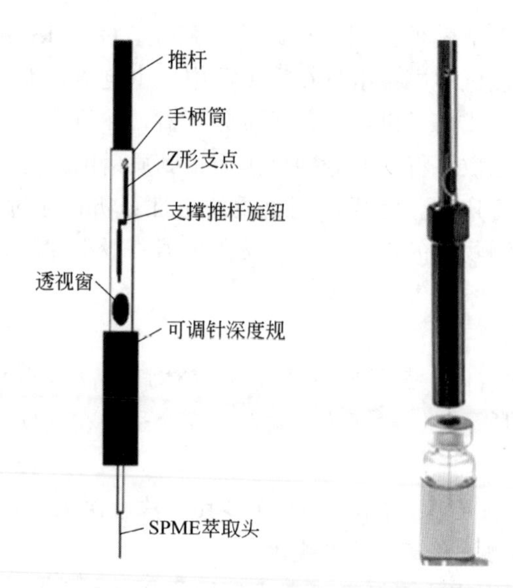

图 7-4 固相微萃取进样手柄

用，可以大大提高检测的灵敏度。SPME 还是无溶剂纯绿色的前处理技术，装置便于携带，操作简单、成本低廉，可以实现野外采样。与气相色谱-质谱仪联用可以实现有机磷农药、有机氯农药、多环芳烃、酚类、部分持久性有机污染物的快速检测。

影响 SPME 萃取效果的因素主要有以下几个方面。

① 萃取头种类和膜厚。萃取头种类的选择对于固相微萃取的效果至关重要。目前萃取头材质包括 PDMS（聚二甲基硅氧烷）、DVB（二乙烯苯）、PA（聚丙烯酸酯）、CAR（碳分子筛），以及这四种材质的组合。萃取头的极性对待测物的选择性萃取有很大影响，根据"相似相溶"原理，非极性萃取头有利于对非极性或极性小的有机物的分离，极性萃取头对极性有机物的分离效果较好。

除此之外，涂层的厚度对于分析物的吸附量和平衡时间也有影响。厚的涂层适于挥发性化合物，而薄涂层在萃取大分子或半挥发性化合物时更显优势；涂层越厚，吸附量越大，越有利于扩大方法的线性范围和提高方法的灵敏度，但是达到平衡则需要更长的时间。萃取涂层的厚度和长度也受到萃取纤维支持材料的限制，如常用的石英纤维材料质地较脆，能在其表面涂渍的高分子固定相薄膜的种类及数量有限。具体来说，高分子固定相涂层对有机物的萃取和富集是一种动态平衡过程，涂层要对有机分子有较强的选择性。常用的固相微萃取纤维头种类及适用范围见表 7-4。

表 7-4 常用固相微萃取纤维头种类及适用范围

固相微萃取纤维头	适用范围
75μm CAR/PDMS	用于气体和小分子量化合物
85μm CAR/PDMS	用于气体和小分子量化合物
7μm PDMS	用于非极性大分子量化合物
30μm PDMS	用于非极性半挥发性化合物
100μm PDMS	用于非极性小分子挥发性物质
65μm PDMS/DVB	用于挥发性物质、胺类、硝基芳香类化合物(分子量 50～300)

续表

固相微萃取纤维头	适用范围
85μm PA	用于极性半挥发性化合物
50μm/30μm DVB/CAR/PDMS	用于香味物质(挥发性和半挥发性C3～C20)(分子量40～275)
60μm PDMS/DVB	用于胺类或极性化合物
50μm/30μm DVB/CAR/PDMS	用于香味物质(挥发性和半挥发性C3～C20)(分子量40～275)

② pH的影响。pH对萃取效果的影响实质是影响了待测物在基质与涂层之间的分配系数。pH的影响是通过调节酸碱度而影响了溶液中的离子强度，从而改变了待测物在基质中的溶解性。

③ 盐度的影响。盐析效应的原理是改变基体中离子，从而强烈影响待测物在基质和涂层之间的分配系数。一般可以向基体中添加氯化钠或硫酸钠，使极性的有机待测物质在萃取纤维头中的分配系数增加，从而提高检测的灵敏度。

④ 萃取方式。目前，固相微萃取的萃取方式主要有两种，包括浸入式固相微萃取和顶空固相微萃取。

浸入式固相微萃取是将涂有萃取固定相的石英纤维头直接插入样品基质中，目标组分直接从样品基质中转移到萃取固定相中。在实验室操作过程中，常用搅拌方法加速分析组分从样品基质中扩散到萃取固定相的边缘。对于气体样品，气体的自然对流已经足以加速分析组分在两相之间的平衡。但是对于水样品，组分在水中的扩散速度要比气体中低3～4个数量级，因此需要有效的混匀技术实现样品中组分的快速扩散。比较常用的混匀方法有提高样品流速、晃动萃取纤维头或样品容器、转子搅拌及超声。

顶空固相微萃取技术是被分析组分首先从液相中扩散穿透到气相中，然后从气相转移到萃取固定相中。这种改型可以避免萃取固定相受到样品基质中某些高分子物质和不挥发性物质的污染。对于挥发性组分，在相同的样品混匀条件下，顶空萃取的平衡时间远远小于浸入式萃取。

⑤ 萃取时间。不同的待测物质达到动态平衡的时间长短，取决于物质的传递速率、待测物质本身的性质、萃取头的种类和膜厚、吸附能力等因素。挥发性强的化合物可以在较短的时间内达到分配平衡，而挥发性较弱的待测物质则需要相对较长的平衡时间。为了提高检测结果的重复性，标准曲线和待测样品要选择相同的萃取时间。

⑥ 萃取温度。萃取温度是直接影响分配系数的重要参数。一方面，升高温度有利于挥发性化合物从基体中挥发出来，加快被测组分的扩散速率，促进待测组分达到顶空及萃取纤维表面。另一方面，温度升高会导致被测组分在萃取纤维上的分配系数减小，使纤维涂层对被测物质的吸附量减小，从而降低灵敏度。因此，选择合适的萃取温度至关重要。

⑦ 搅拌速率。搅拌可以加快基体传质速率，提高吸附萃取的效率，缩短达到平衡的时间，从而缩短萃取时间，特别是对于高分子量和高扩散系数的组分。常用的搅拌方式有超声波搅拌、电磁搅拌、高速匀浆，采取搅拌方式时一定要注意搅拌的均匀性，不均匀的搅拌比没有搅拌的测定精确度更差。

⑧ 解吸温度。解吸温度是影响固相微萃取的另一个因素。在一定温度下，解吸的时间越长，解吸越充分，若解吸不充分，可能对下一次萃取造成污染。在一定时间内，温度越高越利于解吸，但是温度过高会缩短萃取纤维的寿命，一般常选择萃取头的老化温度作为解吸

温度。

（2）分散液液微萃取技术

分散液液微萃取技术（DLLME）是 2006 年 Assadi 等人首次提出的一种新型样品前处理技术。该技术相当于微型化的液液萃取，其原理是萃取剂在分散剂的作用下，形成分散的细小有机液滴，均匀地分散到水样中，从而形成水/分散剂/萃取剂乳浊液体系，目标分析物不断转移到萃取剂中，最后在水样和小体积萃取剂之间达到萃取平衡。当系统达到平衡时，有机溶剂中萃取到的分析物的量由以下公式计算确定：

$$n=K_{odw}V_dC_0V_s/(K_{odw}V_d+V_s) \tag{7-1}$$

式中 n——有机溶剂中萃取到的分析物的量；

C_0——分析物的初始浓度；

K_{odw}——分析物在有机相与水相之间的分配系数；

V_d，V_s——有机相和水相的体积。

分散液液微萃取技术特点：适用于亲脂性高或中等的分析物（分配系数 $K>500$），对于高亲水性的中性分析物不适用。对于具有酸碱性的分析物，可以通过控制样品溶液的 pH 使分析物以非离子化状态存在，从而提高分配系数。与传统液液萃取技术相比，分散液液微萃取技术具有使用溶剂少、快速、简便、萃取效率高等优点。

分散液液微萃取技术操作步骤：首先将样品溶液加入尖底带塞离心管中，然后向离心管中加入含有萃取剂的分散剂，振荡形成乳浊液。待样品溶液中的目标分析物被分散到有机萃取剂中，再经过离心，吸取离心管底部的沉淀相（萃取相），直接注入便携式气相色谱-质谱中进行分析。具体步骤如图 7-5 所示。

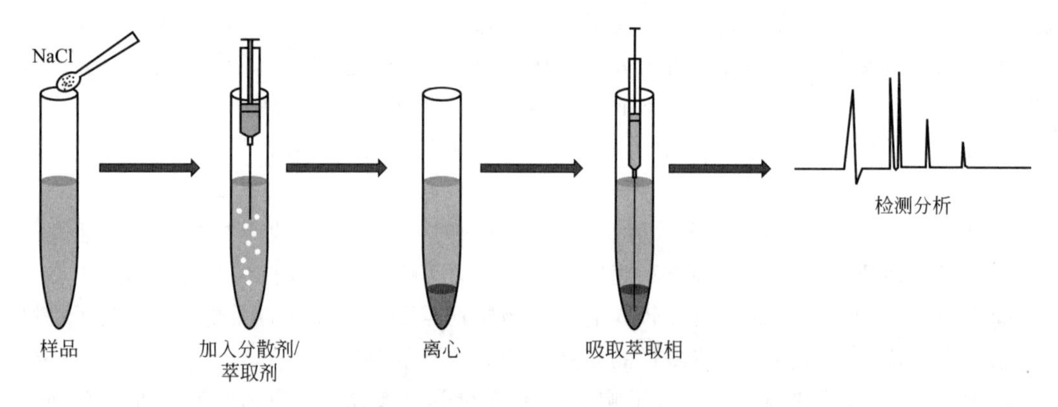

图 7-5　分散液液微萃取技术操作步骤

影响分散液液微萃取效果的主要因素有以下几个方面。

① 萃取剂的类型。选择合适的萃取剂是提高萃取效率的关键，萃取剂的性质必须与分析物的性质相匹配，才能保证对分析物具有较强的萃取富集能力。萃取剂要求水溶性小、不易挥发、密度比水大，在分散剂的作用下能形成小液滴分散到水相中，具有良好的色谱性能。常用的主要萃取剂有氯苯、二氯甲烷、三氯甲烷、四氯乙烷、四氯乙烯、二硫化碳等。随着分散液液微萃取技术的发展，一些密度小于水的有机溶剂和离子液体也被用作萃取剂。

② 分散剂的类型。分散剂起桥梁的作用，分散剂内溶解的萃取剂随着分散剂体积扩大而释放出来，萃取剂在样品中分散成细小的有机液滴，萃取剂的体积越小，萃取达到平衡的时间就越短。因此，分散剂要满足三个条件：一是能溶解萃取剂，易溶于样品溶液；二是萃

取剂在分散剂中的分配系数要大于其在样品溶液中的分配系数；三是要有较好的色谱性能。常用的分散剂有丙酮、乙腈、甲醇等。

③ 萃取剂的体积。萃取剂的体积直接影响该方法的富集倍数，体积增大，离心后体积随之增大，有机相中的分析物浓度降低，灵敏度也降低。因此，为保证富集倍数和上机分析需要，一般萃取剂体积为 10～100μL。

④ 分散剂的体积。分散剂体积直接影响水/分散剂/萃取剂乳浊液体系的形成，从而影响萃取效率。当分散剂体积过小时，萃取剂不能很好地分散在水相中，使萃取效率降低；当分散剂体积过大时，分析物在水中的溶解度增大，不易被萃取，萃取效率也会降低。一般分散剂的体积为 0.4～2.0mL。

⑤ 萃取时间。萃取时间指样品溶液中注入含有萃取剂的分散剂后，到离心乳浊液的时间。由于萃取剂与分析物接触面积比较大，萃取时间短是分散液液微萃取的一个突出优点。

⑥ pH。调整样品溶液的 pH 可以提高酸性或碱性分析物的萃取效率，因为控制溶液 pH 可以改变其电离平衡，使分析物更多地向中性分子转变，提高萃取效率。但在实际操作过程中，要严格控制 pH，或采取添加缓冲剂的措施，以提高测试的重复性。

⑦ 离子强度。由于分析物在有机溶剂和样品溶液中的分配系数受样品基质的影响，通常向样品溶液中加入一些无机盐类，如 NaCl、KCl 等，可以增加溶液的离子强度，增大目标物质在有机相中的分配系数，同时降低萃取剂在水溶液中的溶解度。

（3）单滴微萃取法

单滴微萃取法（SDME）是将一滴萃取溶剂悬于常规的 GC 微量注射器针头尖端，然后浸于样品溶液或者悬于样品顶部空间，使分析物从水相转移至有机相（萃取溶剂），经一定时间后将有机微滴抽回注射器并转移至 GC 系统进行分析，如图 7-6 所示。单滴微萃取技术是传统液液萃取的小型化，其原理是利用分析物在有机相和样品溶液中的分配平衡。单滴微萃取技术是一种新颖、有效、简单、经济的前处理技术，具有以下优点：①溶剂萃取范围宽，可以提高萃取的选择性；②萃取装置简单、成本低；③简便、快速，易于对微小量的样品进行提取，使用萃取溶剂的量极少；④可手工操作，也可以实现自动化。总之，单滴微萃取技术适用于突发水污染事故现场快速前处理。

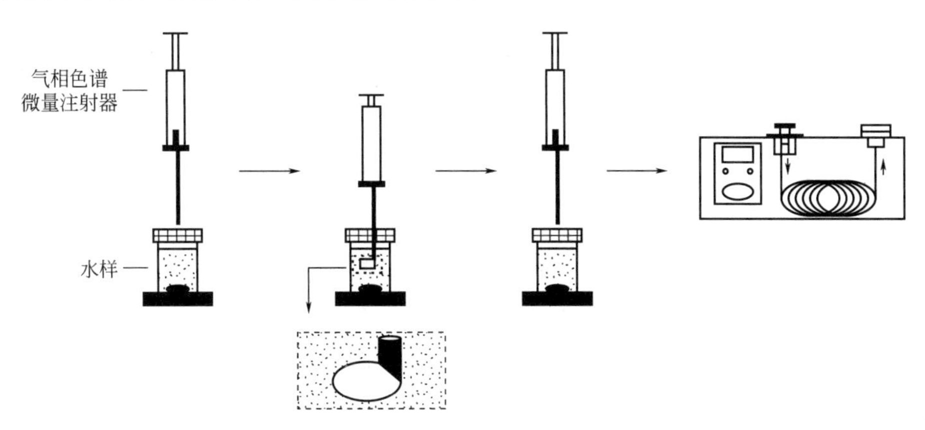

图 7-6　单滴微萃取法示意图

影响单滴微萃取效率的因素包括萃取溶剂的选择、萃取温度、萃取时间、搅拌、液滴体积、缓冲液等。

7.3.3 常用便携式气相色谱-质谱仪

现在市场上便携式GC-MS仍以进口为主，包括英福康（INFICON）的Hapsite ER便携式气质联用仪、珀金埃尔默Torion T-9便携式气质联用仪、菲利尔（FLIR）Griffin G510便携式气质联用仪。国内聚光科技（杭州）股份有限公司的Mars-400 Plus便携式气质联用仪和杭州谱育科技发展有限公司推出的EXPEC 3500也逐渐进入市场，应用到突发环境污染事故的应急监测中。各常见便携式GC-MS技术特点见表7-5。

表7-5 常见便携式气相色谱-质谱仪特点

厂家	型号	图片	技术特点
英福康（INFICON）	Hapsite ER		Hapsite ER是一款在线、便携两用的仪器，基于英福康长期四极杆及真空技术的积累，保留了经典的四极杆气质联用仪谱图的匹配性及定量的稳定性。采用NEG泵真空技术，可以在移动过程中保持真空；专利的GC与MS的接口设计，可实现MS连续直接进样，且与GC进样模式切换简单。整机采取防水、防尘、防震等设计，能适应各种恶劣环境，全密闭设计大大减少了气体的消耗。Hapsite ER不仅配有气体采样探头，还提供顶空进样器及吹扫捕集探头选件，内置富集管，气、固、液样品均能测试。200℃左右能气化的挥发性和半挥发性有机化合物，不管其存在状态如何，都能检测。其检测质量范围为41～300amu，当采用SIM模式时，为1～300amu。 Hapsite ER配置了NIST谱库、AMDIS谱库和NIOSH谱库，可以满足标准方法中VOCs的定性定量分析，并且可以对一些未知的有毒有害组分进行监测。而且一组的分析过程只需要10min，但检出限可达ng/L级。可通过网卡连接计算机，通过数据处理工作站对仪器进行控制和数据处理。内置GPS全球定位系统，准确记录分析现场的经纬度坐标。提供网卡接口和USB接口，可用于数据传输
珀金埃尔默	Torion T-9		Torion T-9便携式气质联用仪总质量为14.5kg，集快速低热质（LTM）毛细管气相色谱和微型环状离子阱质谱于一体。低热质（LTM）毛细管色谱柱加热消耗的功率远小于传统的气相色谱柱，从而极大地提高了电池工作时间，电阻直接加热配合快速温升控制等使Torion T-9具有更好的加热速率和分离效果。创新的环状离子阱技术尤其适用于小型化设备，离子阱在175℃的高温真空环境中运行，使电极保持清洁，降低维护频率的同时提升质谱图的质量和重现性。Torion T-9可以在41～500amu质量范围内提供优于单位分辨率的质谱分辨率。自带日常校准及自动性能校准功能，适合野外使用。 采用固相微萃取（SPME）采样技术，不需溶剂，可简单完成对气体、液体和可溶性固体分析物的提取和浓缩。SPME通过纤维上的涂层吸附样品中的化学物质。样品采集完成后，SPME针直接插入气相色谱进样口，进行热脱附进样、分离、检测。通过彩色的触摸显示屏和简单的操作按键，即可完成进样分析全过程。通过自带谱库检索可对目标化合物进行解卷积分析及定性分析

续表

厂家	型号	图片	技术特点
菲利尔（FLIR）	Griffin G510		Griffin G510便携GC-MS是一款新型的四极杆质谱，它具有特殊的六面体形状设计、9英寸（1英寸＝0.0254m）超大显示屏设计，整体质量不超过16.3kg，非常便于携带。仪器上还配有标准分流/不分流进样口，可用于液体注射、气密注射、顶空、固相微萃取、固体热解吸等常规进样方式。Griffin G510具有独家PSI-Probe进样模块，具有TAG和Twister两种进样模式。TAG可实现固体粉末、溶液及痕量残留物质的即触即测；Twister可实现液体吸附和固体顶空吸附进样。质量分析范围在15～515 m/z之间，包含大多数挥发性和半挥发性有机物。 Griffin G510配置有专业的NIST、EPA、NIH谱库，具有内置蓝牙、GPS定位和Wi-Fi功能，可实现精确定位及远程控制。内置软件具有双操作界面，包括“向导式”操作界面加入高级操作界面。仪器连接键盘、鼠标即可切换为内置Windows系统，无须外接计算机。还可直接连接打印机打印报告
聚光	Mars-400 Plus		Mars-400系列便携式GC-MS具有专利的复合进样口，采用聚光自主研发的双曲面离子阱技术，真空系统采用无油隔膜泵与涡轮分子泵的组合。采用的低热容快速色谱柱（LTM-FGC）技术，体积更小、升温更快。同时，相比于传统的台式GC-MS，该仪器的体积、质量等均大大缩小，主机质量小于20kg，具备内置的电池和载气，并将检测速度提高到普通台式GC-MS的4倍左右。 在软件系统方面，Mars-400采用全中文操作系统，“向导式”的操作界面。可以通过有线或无线的方式连接计算机，进行数据传输。内置全汉化的质谱谱库、辅助决策数据库。Mars-400的检测范围为15～550amu，不但可以检测挥发性有机物（VOCs），还可以检测大部分半挥发性有机物（SVOCs）和部分难挥发性有机物（NVOCs）。 同时，Mars-400系统可以根据用户需求，提供丰富的附件供用户选择，包括顶空进样系统、固相微萃取综合前处理仪、热脱附进样系统、气袋负压采样套件等

续表

厂家	型号	图片	技术特点
谱育科技	EXPEC 3500		原理方面，拥有自主研发专利的双曲面离子阱和脉冲式内离子源技术，将低热容快速气相色谱技术（LTM-FGC）与质量分析器质谱技术有机结合应用于便携式仪器，分析周期缩短到常规色谱的25%以内，使其分析速度比常规色谱技术提高4倍以上。结合惰性化定量环/吸附管自动切换技术和专利的离子阱自动增益控制技术，能够根据样品浓度动态调节离子阱内样品离子富集倍数，实现高达10^7的动态检测范围，从容应对污染源（上千mg/L量级）、无组织排放（mg/L量级）及环境空气（μg/L量级）等不同浓度级别的VOCs分析任务。质量范围为10～550amu，满足现场的大气、水体和土壤中挥发性和半挥发性有机污染物的快速定性及定量分析。 便携方面，外观整机小型化设计、集成技术研究和抗震设计，使仪器主机总质量小于19kg。结构紧凑、体积小、质量轻、便于装运，整体性能良好。仪器内置电池和载气，单块电池使用时间≥2.5h，三块电池可连续使用8h以上。整机防震等级满足GJB 150.16A—2009要求，通过国家军用仪器标准的抗震性测试，实验强度等同于美国军标要求的振动测试，可适应任何复杂的移动监测环境。 进样方面，采用吸附-热解吸前处理进样和定量环直接进样系统，系统可根据需求任意切换。吸附-热解吸进样可以分析痕量及中等浓度（5mg/L以下）的气态有机物，惰性化定量环直接进样是将高浓度（5mg/L以上）气态有机物在不经过任何富集的情况下直接进样分析，最高浓度耐受可达1000mg/L。通过以上两种进样方式的结合，能准确检测不同浓度的空气、水体、土壤和固体废物中挥发性和半挥发性有机物。内置的通用分流进样口可以使用气体密封注射器、液体微量注射器、固相微萃取（SPME）进样针进样，使样品检测范围从挥发性有机物扩展到半挥发性有机物，满足现场SVOCs检测。可添加顶空进样系统、热脱附进样系统、气袋负压采样套件等，满足客户不同分析条件的要求。同时具备预抽与反吹功能，通过预抽功能有效避免系统死体积内残存气体对本次循环分析结果的影响，通过反吹功能清除二氧化碳等干扰气体对定量准确性的影响，两种技术手段可有效保证仪器抗污染能力及测试结果的准确性。 软件方面，EXPEC 3500是谱育科技自主研发产品，所有操作界面支持全中文操作。具有自动维护功能，根据设定的维护周期，自动周期性地完成开启系统、系统维护、进入待机模式等操作步骤，为客户节省维护过程中监督控制仪器的操作时间，保证质谱仪器性能，随时应对突发事件。仪器与外置台式或笔记本计算机均可实现无线数据传输。同时仪器内置全汉化6种谱库，包括NIST谱库，自动质谱图解卷积和鉴定系统（AMDIS），NIOSH化学品安全数据库，环境样品专用谱库，化学品安全指导数据库（SIC）以及环境标准参考数据库（该数据库提供与污染源排放相关的标准查询功能，能够实现仪器定性定量结果与标准查询联动，便于VOCs分析工作的开展）

7.3.4　便携式气相色谱-质谱仪在突发水污染事故应急监测中的应用

在突发水环境污染事故中，便携式 GC-MS 能够快速部署到事故现场，并能快速准确地对现场污染物进行定性、定量分析。

7.3.4.1　顶空/吹扫捕集+便携式 GC-MS 在水污染事故中的应用

杭州谱育科技发展有限公司研发的 HS Smart 顶空进样系统（HS Smart Headspace System），是可用于 EXPEC 3500 系列便携式气相色谱-质谱仪的一种便携式进样器，适用于水和土壤中挥发性有机物的现场快速检测。HS Smart 顶空进样系统根据顶空分析原理进行设计，通过分析样品基质（液体和固体）上方（顶空，Headspace）的气体成分来测定这些组分在原样品中的含量。具体如图 7-7 所示。

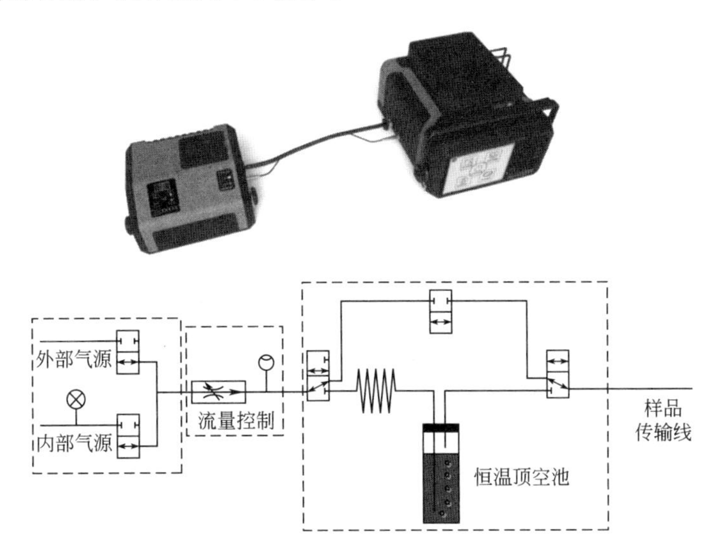

图 7-7　顶空＋便携式气质检测技术

杭州谱育公司利用顶空＋便携式气质检测技术建立了水中 27 种挥发性卤代烃的检测方法，可以在 4min 内完成测试，总离子流色谱图如图 7-8 所示。通过对实际废水的加标回收

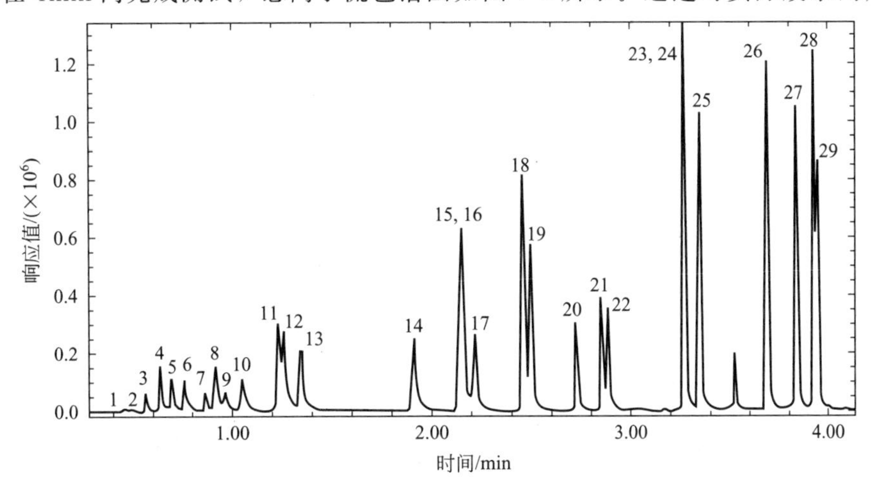

图 7-8　27 种挥发性卤代烃总离子流色谱图（含两种内标）

测试，加标回收率为80.7%～110.6%，相对标准偏差为3.1%～16.8%，满足现场快速应急监测的要求（表7-6）。

表7-6 挥发性卤代烃方法验证结果

峰号	化合物名称	保留时间/min	目标离子质荷比	R^2	回收率/%	相对标准偏差/%
1	1,1-二氯乙烯	0.442	61	0.991	82.9	10.8
2	三氯甲烷	0.474	49	0.996	86.0	4.6
3	(*Z*)-1,2-二氯乙烯	0.550	61	0.994	108.8	10.7
4	2-氯-1,3-丁二烯	0.620	53	0.997	80.2	14.8
5	(*E*)-1,2-二氯乙烯	0.681	61	0.996	98.4	8.6
6	三氯甲烷	0.748	85	0.998	110.6	12.8
7	1,1,1-三氯乙烷	0.858	97	0.999	100.2	11.6
8	1,2-二氯乙烷	0.904	62	0.998	103.3	16.8
9	四氯化碳	0.954	117	0.990	82.0	8.0
10	氟苯(内标)	1.040	96	—	—	—
11	三氯乙烯	1.219	132	0.996	92.6	6.0
12	1,2-二氯丙烷	1.243	62	0.998	107.4	14.7
13	一溴二氯甲烷	1.334	83	0.999	104.9	14.6
14	1,1,2-三氯乙烷	1.904	97	0.993	105.1	9.0
15	一氯二溴甲烷	2.133	129	0.999	107.8	7.5
16	四氯乙烯	2.138	166	0.997	84.6	11.5
17	1,2-二溴乙烷	2.205	109	0.991	105.7	14.8
18	氯苯	2.447	112	0.990	92.7	13.3
19	1,1,1,2-四氯乙烷	2.486	133	0.999	83.4	7.7
20	三溴甲烷	2.716	173	0.996	82.2	3.1
21	1,1,2,2-四氯乙烷	2.845	83	0.995	81.1	15.9
22	1,2,3-三氯丙烷	2.875	76	0.994	93.8	4.5
23	氘代对二氯苯(内标)	3.255	150	—	—	—
24	1,4-二氯苯	3.265	146	0.999	110.5	11
25	1,2-二氯苯	3.334	146	0.992	104.0	15.8
26	1,3,5-三氯苯	3.678	180	0.991	91.7	10.5
27	1,2,4-三氯苯	3.827	180	0.993	80.7	11.5
28	六氯-1,3-丁二烯	3.197	225	0.993	107.2	11
29	1,2,3-三氯苯	3.931	182	0.996	101.6	12.3

7.3.4.2 固相微萃取+便携式GC-MS在水污染事故中的应用

固相微萃取进样技术由于方便携带、操作简单，样品萃取后能尽快上样分析，不需要净化、浓缩等步骤，适用于突发水环境污染事故的现场快速检测。我中心实验室建立了SPME结合便携式GC-MS快速测定废水中半挥发性有机物的方法。

（1）实验仪器

Expec 3500便携GC-MS：杭州谱育科技发展股份有限公司；

SPME综合前处理仪：聚光科技（杭州）股份有限公司；

SPME手柄：Supelco公司；

PDMS/DVB纤维萃取头：Supelco公司；

PA纤维萃取头：Supelco公司；

22mL萃取瓶、密封垫、搅拌子：Supelco公司。

SPME＋便携式GC-MS如图7-9所示。

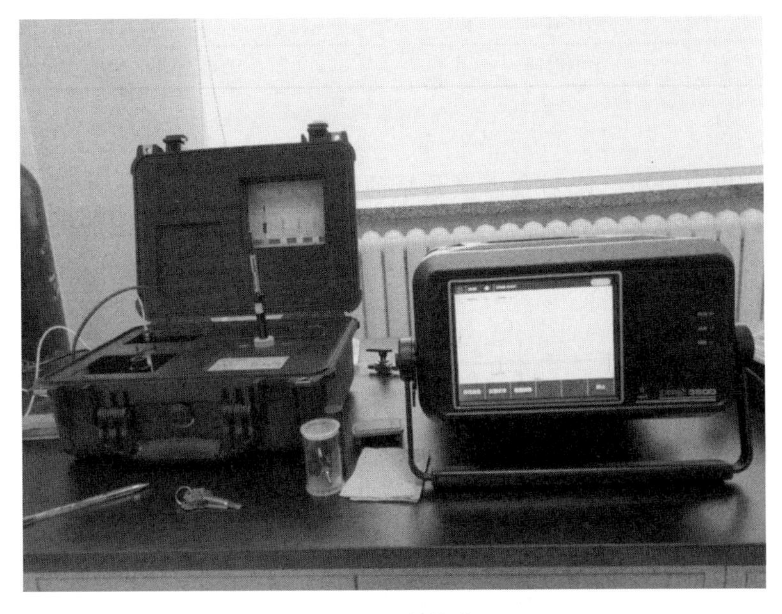

图7-9　SPME＋便携式GC-MS

（2）分析条件

便携GC-MS测试方法的样品分析条件包括默认色谱条件参数、质谱参数，以及SPME前处理方法默认参数，如表7-7所示。氯苯类、有机氯农药、有机磷农药为浸入式萃取，苯胺类和苯酚类为顶空式萃取。

表7-7　样品分析条件

仪器条件	参数	参数条件
色谱条件	载气流速	0.2mL/min
	分流比	40∶1
	进样口温度	250℃
	气质接口温度	220℃
	色谱柱升温程序	60℃保持1.0min，以20℃/min升至150℃，再以15℃/min升至280℃，保持1.83min

续表

仪器条件	参数	参数条件
质谱条件	扫描范围(全扫描模式)	45～450u
	离子阱温度	150℃
	质谱传输线温度	220℃
	溶剂延迟	3min
SPME综合前处理装置分析条件	样品温度	40℃
	老化温度	250℃
	搅拌速度	1000r/min
	平衡时间	5min
	老化时间	5min
	萃取时间	20min

(3) 结果分析

① 氯苯类结果及分析。12种氯苯类包括的物质为：氯苯、1,4-二氯苯、1,3-二氯苯、1,2-二氯苯、1,3,5-三氯苯、1,2,4-三氯苯、1,2,3-三氯苯、1,2,4,5-四氯苯、1,2,3,5-四氯苯、1,2,3,4-四氯苯、五氯苯和六氯苯。总离子流色谱图如图7-10所示。

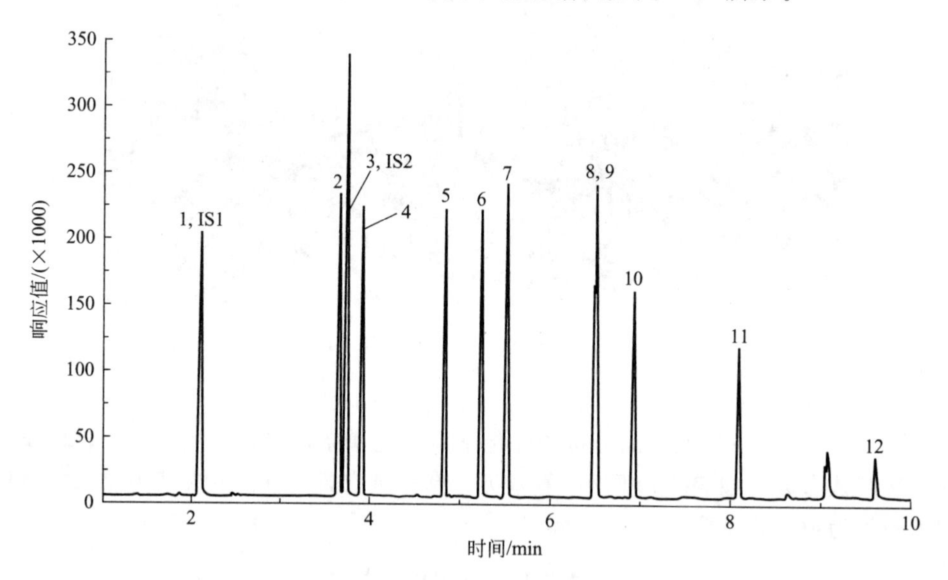

图7-10 12种氯苯类总离子流色谱图

1—氯苯；IS1—氯苯-D5；2—1,3-二氯苯；3—1,4-二氯苯；IS2—1,4-二氯苯-D4；4—1,2-二氯苯；5—1,3,5-三氯苯；6—1,2,4-三氯苯；7—1,2,3-三氯苯；8—1,2,4,5-四氯苯；9—1,2,3,5-四氯苯；10—1,2,3,4-四氯苯；11—五氯苯；12—六氯苯

12种氯苯类浓度梯度为5μg/L，10μg/L，20μg/L，50μg/L，100μg/L；内标为氯苯-D5和1，4-二氯苯-D4，浓度为20μg/L，使用默认参数进行SPME前处理后采用便携GC-MS测定；以目标离子为提取离子，使用内标法制作的氯苯类标准曲线如表7-8所示，相关系数在0.9969～0.9999之间。采用实际废水进行加标回收测试，平均回收率在77.1%～106.2%之间，相对标准偏差为1.2%～29.9%。

表 7-8　氯苯类验证结果

峰号	化合物名称	保留时间/min	目标离子质荷比	R^2	回收率/%	相对标准偏差/%
1	氯苯	2.070	77,112	0.9999	77.1	15.3
2	1,3-二氯苯	3.625	146,148	0.9998	95.9	1.2
3	1,4-二氯苯	3.700	146,148	0.9997	83.7	20.8
4	1,2-二氯苯	3.891	146,148	0.9989	106.2	3.5
5	1,3,5-三氯苯	4.799	182,180	0.9970	104.7	4.3
6	1,2,4-三氯苯	5.201	182,180	0.9990	109.7	3.3
7	1,2,3-三氯苯	5.486	182,180	0.9995	98.9	1.2
8,9	1,2,4,5-四氯苯, 1,2,3,5-四氯苯	6.454	216,214	0.9986	96.3	6.5
10	1,2,3,4-四氯苯	6.894	216,218	0.9993	104.1	7.5
11	五氯苯	8.066	250,252	0.9969	86.5	29.9
12	六氯苯	9.583	284,286	0.9971	88.3	5.8

② 有机氯农药类结果及分析。23 种有机氯农药标准溶液包括：α-六六六、β-六六六、γ-六六六、δ-六六六、六氯苯、七氯、艾氏剂、环氧七氯、α-硫丹、α-氯丹、γ-氯丹、狄氏剂、p,p'-DDE、异狄氏剂、β-硫丹、p,p'-DDD、o,p'-DDT、异狄氏剂醛、异狄氏剂酮、硫丹硫酸酯、p,p'-DDT、甲氧滴滴涕、灭蚁灵。有机氯农药类总离子流色谱图见图 7-11 所示。

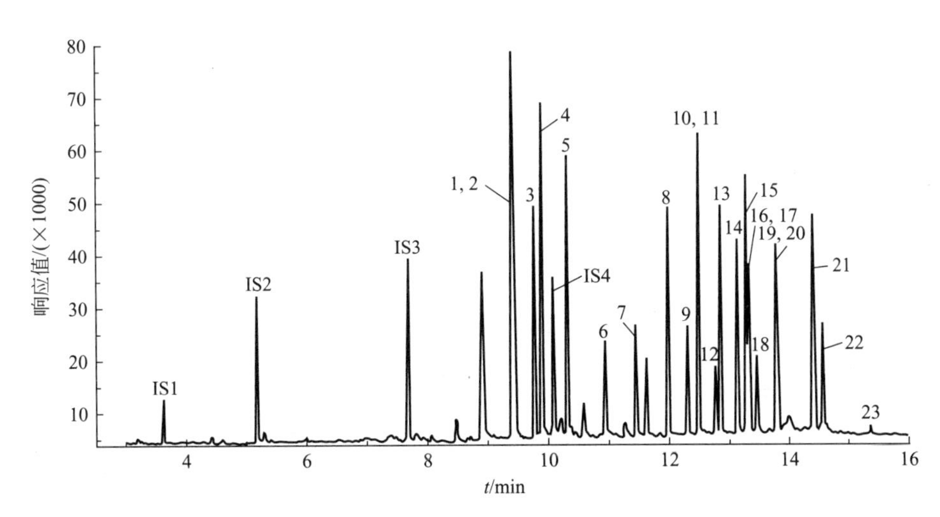

图 7-11　23 种有机氯农药总离子流色谱图

IS1—1,4-二氯苯-D4；IS2—萘-D8；IS3—苊-D10；1—α-六六六；2—六氯苯；3—γ-六六六；4—β-六六六；IS4—菲-D10；5—δ-六六六；6—七氯；7—艾氏剂；8—环氧七氯；9—α-氯丹；10—γ-氯丹；11—α-硫丹；12—p,p'-DDE；13—狄氏剂；14—异狄氏剂；15—β-硫丹；16—o,p'-DDT；17—p,p'-DDD；18—异狄氏剂醛；19—硫丹硫酸酯；20—p,p'-DDT；21—异狄氏剂酮；22—甲氧滴滴涕；23—灭蚁灵

23种有机氯农药浓度梯度为5μg/L，10μg/L，20μg/L，50μg/L，100μg/L；内标为1,4-二氯苯-D4、萘-D8、苊-D10和菲-D10，浓度为20μg/L，使用默认参数进行SPME前处理后采用便携GC-MS测定；以目标离子为提取离子，使用内标法制作的有机氯农药标准曲线，得到的22种有机氯农药（灭蚁灵不包括在内）的标准曲线如表7-9所示，相关系数在0.9900～0.9983之间。采用实际废水进行加标回收测试，平均回收率在65.5%～126.2%之间，相对标准偏差为6.8%～38.9%。

表7-9 有机氯农药验证结果

峰号	化合物名称	保留时间/min	目标离子质荷比	R^2	回收率/%	相对标准偏差/%
1	α-六六六	9.419	183,181	0.9961	76.0	17.3
2	六氯苯	9.446	284,286	0.9983	82.4	24.8
3	γ-六六六	9.787	183,181	0.9963	77.0	26.9
4	β-六六六	9.92	183,181	0.9983	65.5	21.5
5	δ-六六六	10.33	183,181	0.9958	70.3	13.9
6	七氯	10.95	65,100,102	0.9902	107.2	20.7
7	艾氏剂	11.46	66,91,64	0.9921	126.2	26.0
8	环氧七氯	11.993	81,51	0.9920	97.0	15.0
9	α-氯丹	12.307	237,239,241,65	0.9926	119.5	20.4
10	γ-氯丹	12.485	237,239,241	0.9929	94.2	16.6
11	α-硫丹	12.496	195,197,193	0.9952	110.8	25.0
12	p,p'-DDE	12.758	246,248	0.9901	120.9	38.9
13	狄氏剂	12.848	79,81	0.9906	82.4	16.4
14	异狄氏剂	13.128	81,67	0.9958	110.5	15.9
15	β-硫丹	13.274	195,160	0.9981	106.1	26.5
16,17	o,p'-DDT,p,p'-DDD	13.324	165,235	0.9924	107.9	20.2
18	异狄氏剂醛	13.472	67,51	0.9900	113.5	11.0
19	硫丹硫酸酯	13.777	272,274	0.9914	72.7	11.6
20	p,p'-DDT	13.811	165,165	0.9966	124.0	11.1
21	异狄氏剂酮	14.431	67,209	0.9924	102.3	6.8
22	甲氧滴滴涕	14.560	227,228	0.9935	111.3	25.2

由于灭蚁灵沸点较高（485℃），采用SPME技术进样响应很低，因此，高沸点的灭蚁灵不适合用SPME进样技术进行检测。

③ 有机磷农药类结果及分析。16种有机磷农药标液包括：内吸磷-S、内吸磷-O、二嗪农、乙拌磷、甲基毒死蜱、甲基对硫磷、马拉硫磷、毒死蜱、倍硫磷、对硫磷、嘧啶磷、毒虫畏、乙基溴硫磷、丙硫磷、乙硫磷、三硫磷。有机磷农药类总离子流色谱图如图7-12所示。

16种有机磷农药浓度梯度为5μg/L，10μg/L，20μg/L，50μg/L，100μg/L；内标为1,4-二氯苯-D4、萘-D8、苊-D10和菲-D10，浓度为20μg/L，使用默认参数进行SPME前处理采使用便携GC-MS测定；以目标离子为提取离子，使用内标法制作的有机氯农药标准曲

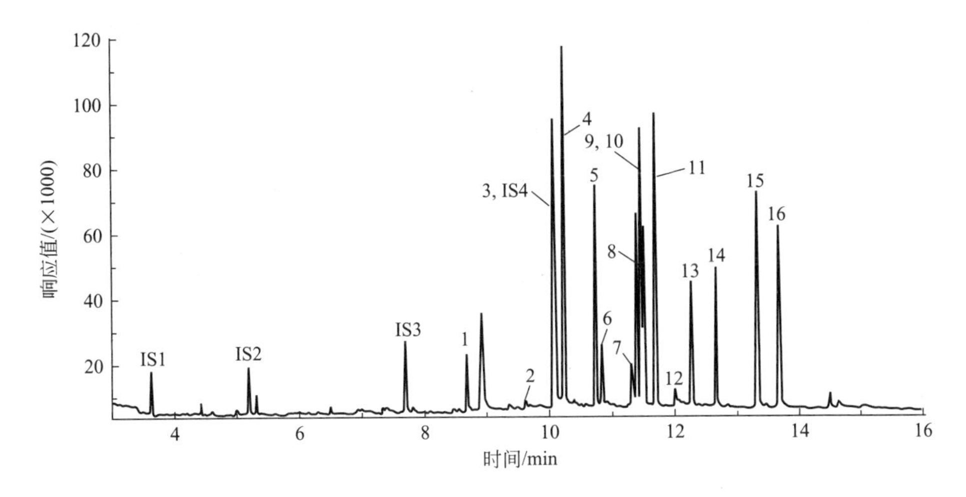

图 7-12 有机磷农药类总离子流色谱图

IS1—1,4-二氯苯-D4；IS2—萘-D8；IS3—苊-D10；1—内吸磷-O；2—内吸磷-S；
3—二嗪农；IS4—菲-D10；4—乙拌磷；5—甲基毒死蜱；6—甲基对硫磷；7—马拉硫磷；
8—毒死蜱；9—倍硫磷；10—对硫磷；11—嘧啶磷；12—毒虫畏；13—乙基溴硫磷；
14—丙硫磷；15—乙硫磷；16—三硫磷

线，得到的16种有机磷农药的标准曲线如表7-10所示，相关系数在0.9906～0.9990之间。

表 7-10 有机磷农药验证结果

峰号	化合物名称	保留时间/min	目标离子质荷比	R^2	回收率/%	相对标准偏差/%
1	内吸磷-O	8.687	88,89,60	0.9951	109.6	12.7
2	内吸磷-S	9.612	88,89,60	0.9943	130.4	5.9
3	二嗪农	10.074	179,137	0.9968	98.9	18.1
4	乙拌磷	10.233	88,89	0.9978	92.3	11.3
5	甲基毒死蜱	10.750	288,286	0.9919	69.4	0.3
6	甲基对硫磷	10.838	109,125	0.9990	97.6	18.3
7	马拉硫磷	11.329	93,127	0.9958	132.0	18.2
8	毒死蜱	11.402	97,199	0.9971	71.4	14.7
9	倍硫磷	11.474	278,109	0.9953	74.1	8.9
10	对硫磷	11.526	291,97	0.9961	69.8	19.1
11	嘧啶磷	11.709	168,180	0.9954	73.2	5.8
12	毒虫畏	12.022	267,81,323	0.9906	79.7	26.9
13	乙基溴硫磷	12.282	97,359	0.9952	59.8	22.9
14	丙硫磷	12.668	113,309	0.9959	52.8	26.1
15	乙硫磷	13.336	97,157	0.9966	66.9	15.1
16	三硫磷	13.693	45,157	0.9955	51.7	23.0

取实际废水进行加标实验，平均回收率在51.7%～130.4%之间，相对标准偏差为5.8%～26.9%。乙基溴硫磷、丙硫磷、乙硫磷及三硫磷4种物质的回收率偏低，推测可能

原因是选择的内标和这 4 种物质的理化性质相差较大，不能很好地校准污水基质对该 4 种有机磷农药在纤维富集时产生的抑制作用。

④ 苯酚类。15 种苯酚类标液包括：苯酚、2-氯苯酚、2-甲基苯酚、3-甲基苯酚、4-甲基苯酚、2-硝基苯酚、2,4-二甲基苯酚、2,4-二氯苯酚、2,6-二氯苯酚、4-氯-3-甲基苯酚、2,4,6-三氯苯酚、2,4,5-三氯苯酚、2,3,4,6-四氯苯酚、五氯酚、地乐酚。

苯酚类属于弱酸性物质，在水中易电离。结合经验并考察相关文献，为提高苯酚类物质前处理富集效率，将待测水样（包括标线水样和污水水样）用 2mol/L 盐酸溶液调至 pH<2。考虑 SPME 纤维对 pH 的不耐受性，采用顶空萃取的方式进行富集。而顶空萃取是富集水溶液上部空气中的目标物质，所以需要提高水溶液的离子强度以增加上部空气中的待测物分配比。结合以上因素，苯酚类物质前处理条件优化为待测水样 pH 调至 2 以下，并加入 3.0g±0.05g 氯化钠，萃取温度升至 60℃，进行纤维顶空萃取。另外，苯酚类物质极性相对较大，结合实验经验并参考相关文献，考虑在使用常用纤维 PDMS/DVB 的同时，增加更适合富集极性有机物的 PA 纤维进行富集，并对使用这两种纤维进行前处理后得到的各种苯酚类物质的响应强度进行了比较。使用提取离子法进行数据分析，结果显示使用 PA 对应的数据响应是使用 PDMS/DVB 的 1.7～4.6 倍。考虑本次实验对检出限的要求相对不高，而对线性范围的宽度要求较高，所以结合 PDMS/DVB 的广谱性和稳定性，苯酚类实验的后续内容仍使用 PDMS/DVB 作为前处理富集纤维。

苯酚类总离子流色谱图如图 7-13 所示。

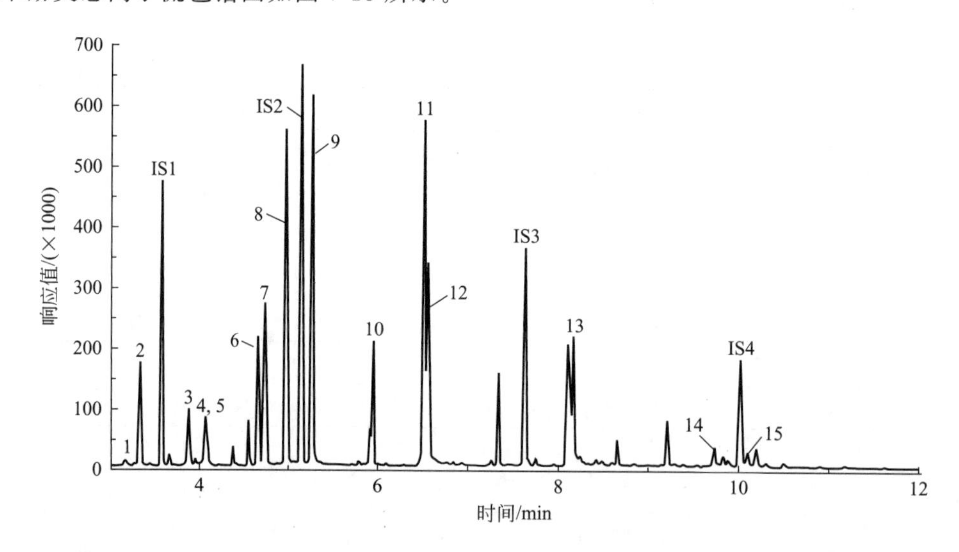

图 7-13 苯酚类总离子流色谱图

1—苯酚；2—2-氯苯酚；IS1—1,4-二氯苯-D4；3—2-甲基苯酚；4—3-甲基苯酚；5—4-甲基苯酚；6—2-硝基苯酚；7—2,4-二甲基苯酚；8—2,4-二氯苯酚；IS2—萘-D8；9—2,6-二氯苯酚；10—4-氯-3-甲基苯酚；11—2,4,6-三氯苯酚；12—2,4,5-三氯苯酚；IS3—苊-D10；13—2,3,4,6-四氯苯酚；14—五氯酚；IS4—菲-D10；15—地乐酚

15 种苯酚类浓度梯度为 5μg/L，10μg/L，20μg/L，50μg/L，100μg/L；内标为 1,4-二氯苯-D4、萘-D8、苊-D10 和菲-D10，浓度为 20μg/L，使用优化参数条件进行 SPME 前处理后采用便携 GC-MS 测定；以目标离子为提取离子，使用内标法制作苯酚类标准曲线，得到的 15 种苯酚类的标准曲线如表 7-11 所示。除 2,3,4,6-四氯苯酚外，其他 14 种物质相关系

数在 0.9935～0.9992 之间。苯酚、五氯酚和地乐酚响应较低，拟合方程斜率偏小。

表 7-11　15 种苯酚类验证结果

峰号	化合物名称	保留时间/min	目标离子质荷比	R^2	回收率/%	相对标准偏差/%
1	苯酚	3.154	94,66	0.9935	75.2	16.1
2	2-氯苯酚	3.302	128,64	0.9964	121.3	7.7
3	2-甲基苯酚	3.858	108,107	0.9987	93.8	4.1
4,5	3-甲基苯酚,4-甲基苯酚	4.055	107,108	0.9983	98.4	4.6
6	2-硝基苯酚	4.633	139,65	0.9985	94.2	8.2
7	2,4-二甲基苯酚	4.711	107,122	0.9987	36.5	3.5
8	2,4-二氯苯酚	4.943	162,164	0.9985	97.6	9.8
9	2,6-二氯苯酚	5.228	162,63	0.9979	99.8	14.3
10	4-氯-3-甲基苯酚	5.913	107,142	0.9948	96.1	33.8
11	2,4,6-三氯苯酚	6.473	198,196	0.9992	83.3	13.5
12	2,4,5-三氯苯酚	6.532	198,196,200	0.9949	100.3	20.5
13	2,3,4,6-四氯苯酚	8.106	232,230	0.9897	56.8	26.9
14	五氯酚	9.693	266,268	0.9947	58.4	23.6
15	地乐酚	10.067	211,163	0.9986	35.9	18.0

采用实际废水进行加标回收测试，除 2,4-二甲基苯酚和地乐酚之外，平均回收率在 56.1%～121.3%之间，相对标准偏差在 3.5%～33.8%之间。

⑤ 苯胺类。5 种苯胺类及联苯胺类标液包括：苯胺、2-甲基苯胺、4-氯苯胺、二苯并呋喃、咔唑。

苯胺类属于弱碱性物质，在水中易电离。结合经验并考察相关文献，为提高苯胺类物质前处理富集效率，将待测水样（包括标线水样和污水水样）用 2mol/L 氢氧化钠溶液调至 pH>10。考虑 SPME 纤维对 pH 的不耐受性，采用顶空萃取的方式进行富集。而顶空萃取是富集水溶液上部空气中的目标物质，所以需要提高水溶液的离子强度以增加上部空气中的待测物分配比。为同时提高水溶液的 pH 和离子强度，苯酚类物质前处理条件优化为加入 3g±0.05g 碳酸钠于待测水样，萃取温度升至 60℃，进行纤维顶空萃取。另外，苯胺类物质极性相对较大，结合实验经验并参考相关文献，考虑在使用常用纤维 PDMS/DVB 的同时，增加更适合富集极性有机物的 PA 纤维进行富集，并对使用这两种纤维进行前处理后得到的各种苯胺类物质的响应强度进行了比较。使用提取离子法进行数据分析，结果显示使用 PA 对应的数据响应是使用 PDMS/DVB 的 1.06～1.94 倍。考虑两者的富集效率差别不大，结合 PDMS/DVB 的广谱性和稳定性，苯胺类化合物的后续实验推荐使用 PDMS/DVB。

苯胺类总离子流色谱图如图 7-14 所示。

5 种苯胺类浓度梯度为 5μg/L，10μg/L，20μg/L，50μg/L，100μg/L；内标为 1,4-二氯苯-D4、萘-D8、苊-D10 和菲-D10，浓度为 20μg/L，使用优化参数条件进行 SPME 前处理后采用便携 GC-MS 测定。以目标离子为提取离子，使用内标法制作的苯胺类标准曲线，相关系数在 0.9905～0.9978 之间。取实际废水进行加标回收测试，测得的 5 种物质平均回收率在 82.8%～108.5%之间，相对标准偏差为 10.1%～17.6%（表 7-12）。

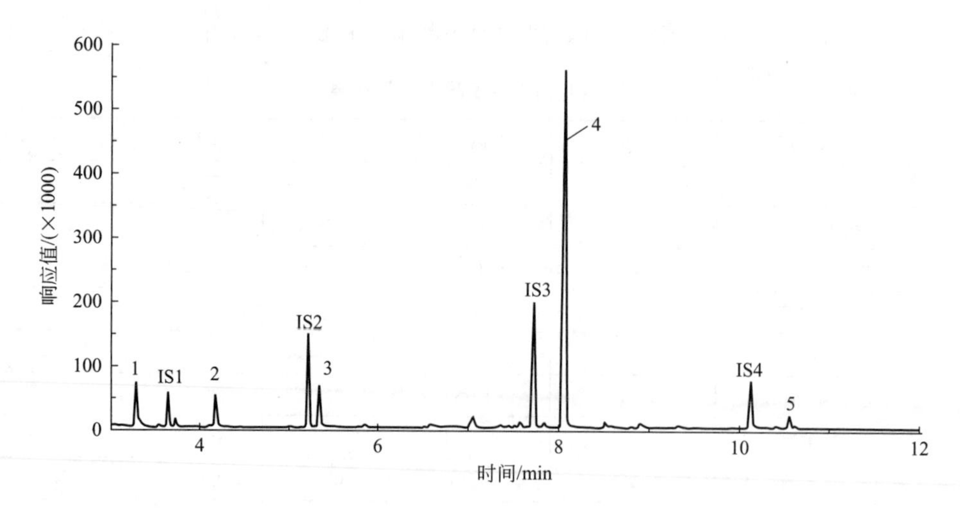

图 7-14　苯胺类总离子流色谱图

1—苯胺；IS1—1,4-二氯苯-D4；2—2-甲基苯胺；IS2—萘-D8；3—4-氯苯胺；IS3—苊-D10；4—二苯并呋喃；IS4—菲-D10；5—咔唑

表 7-12　5 种苯胺类验证结果

峰号	化合物名称	保留时间/min	目标离子质荷比	R^2	回收率/%	相对标准偏差/%
1	苯胺	3.697	93,66	0.9978	96.6	17.6
2	2-甲基苯胺	4.641	106,107	0.9978	98.8	10.1
3	4-氯苯胺	5.889	127,65	0.9925	108.5	13.9
4	二苯并呋喃	8.932	168,139	0.9905	82.8	17.2
5	咔唑	11.690	167,166	0.9935	98.3	15.6

⑥ 硝基苯类化合物。15 种硝基苯类包括：2,4-二硝基氯苯、3-硝基氯苯、4-硝基氯苯、1,2-二硝基苯、1,3-二硝基苯、1,4-二硝基苯、2,4-二硝基甲苯、2,6-二硝基甲苯、3,4-二硝基甲苯、硝基苯、2-硝基甲苯、3-硝基甲苯、4-硝基甲苯、2-硝基氯苯、2,4,6-三硝基甲苯。硝基苯类化合物总离子流色谱图如图 7-15 所示。

15 种硝基苯类溶液浓度梯度为 5μg/L，10μg/L，20μg/L，50μg/L，100μg/L；内标为 1,4-二氯苯-D4、萘-D8、苊-D10 和菲-D10，浓度为 20μg/L，使用默认参数进行 SPME 前处理后采用便携 GC-MS 测定。以目标离子为提取离子，使用内标法制作的硝基苯类标准曲线，除 2,4,6-三硝基甲苯外，其他 14 种硝基苯类的标准曲线如表 7-13 所示，相关系数在 0.9901～0.9994 之间。2,4,6-三硝基甲苯的响应较低，受基线波动干扰较大，线性不符合要求。

采用实际废水进行加标回收实验，平均回收率在 58.7%～110.3%之间，相对标准偏差在 3.5%～35.2%之间。

综上，便携式 GC-MS 在有机物应急监测工作中具有很大优势，可以采用质谱扫描功能迅速有效地确定污染物，也可以对种类繁多的有机污染物进行定量检测，为应急处置工作提供技术支持。

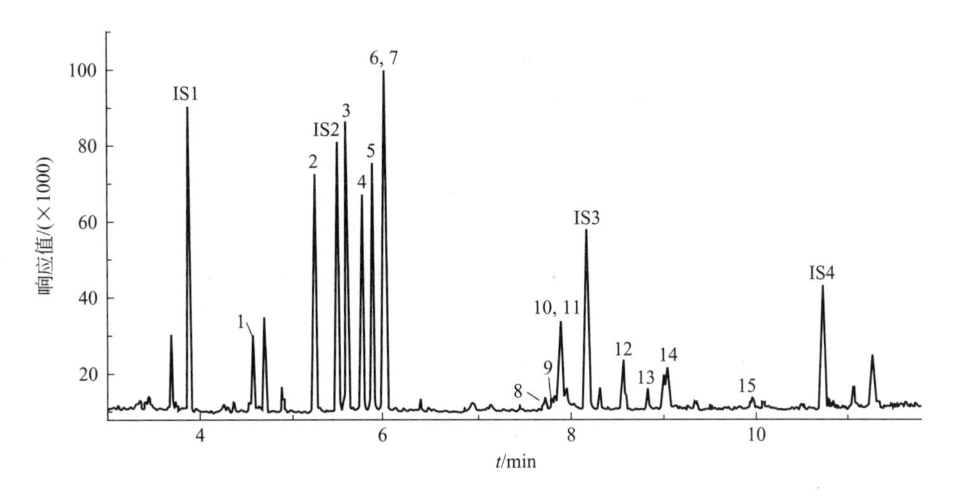

图 7-15　硝基苯类化合物总离子流色谱图

IS1—1,4-二氯苯-D4；1—硝基苯；2—2-硝基甲苯；IS2—萘-D8；3—3-硝基甲苯；4—4-硝基甲苯；5—3-硝基氯苯；6—4-硝基氯苯；7—2-硝基氯苯；8—1,4-二硝基苯；9—1,3-二硝基苯；10—2,6-二硝基甲苯；11—1,2-二硝基苯；IS3—苊-D10；12—2,4-二硝基甲苯；13—2,4-二硝基氯苯；14—3,4-二硝基甲苯；15—2,4,6-三硝基甲苯；IS4—菲-D10

表 7-13　硝基苯类化合物验证结果

峰号	化合物名称	保留时间/min	目标离子质荷比	R^2	回收率/%	相对标准偏差/%
1	硝基苯	4.582	77,51	0.9989	58.7	3.5
2	2-硝基甲苯	5.252	65,120	0.9964	99.2	7.5
3	3-硝基甲苯	5.587	91,65	0.9964	106.6	13.9
4	4-硝基甲苯	5.762	91,65	0.9956	110.3	13.7
5	3-硝基氯苯	5.862	111,75	0.9992	108.8	19.5
6,7	4-硝基氯苯,2-硝基氯苯	5.999	75,157	0.9959	92.8	18.1
8	1,4-二硝基苯	7.729	75,168	0.9901	74.1	5.3
9	1,3-二硝基苯	7.854	75,168	0.9972	74.9	35.2
10	2,6-二硝基甲苯	7.898	63,165	0.9945	101.0	9.6
11	1,2-二硝基苯	7.962	168,168	0.9904	66.1	30.4
12	2,4-二硝基甲苯	8.575	89,165	0.9941	90.7	24.6
13	2,4-二硝基氯苯	8.863	75,202	0.9929	83.1	5.5
14	3,4-二硝基甲苯	9.008	182,65	0.9994	88.4	4.6

7.4　便携式傅里叶红外光谱分析技术

7.4.1　便携式傅里叶红外光谱分析技术原理与特点

傅里叶变换红外光谱仪主要由迈克尔逊干涉仪和计算机组成。迈克尔逊干涉仪的主要功能是使光源发出的光分为两束后形成一定的光程差，再使之复合以产生干涉，所得到的干涉图函数包含了光源的全部频率和强度信息。用计算机对干涉图函数进行傅里叶变换，就可计算出原来光源的强度按频率的分布。

该技术克服了色散型光谱仪分辨能力低、光能量输出小、光谱范围窄、测量时间长等缺点，不仅可以测量各种气体、固体、液体样品的吸收、反射光谱等，而且可用于短时间化学反应测量。目前，红外光谱仪在电子、化工、医学等领域均有广泛的应用。

其基本原理是：当波长连续变化的红外光照射到被测定的分子时，与分子固有振动频率相同的特性波长的红外光被吸收，将照射分子的红外光用三色器色散，按其波数依序排列，并测定不同波数被吸收的强度，得到红外吸收光谱。通过比对样品的红外光谱和标准谱图库中的定量标准物质的光谱在特征波数上的吸收峰进行定性分析。根据样品目标物的峰面积响应值与标准谱图库中对应的标准物质吸收峰的峰面积响应值之比进行定量或半定量分析。傅里叶红外光谱仪原理如图 7-16 所示。

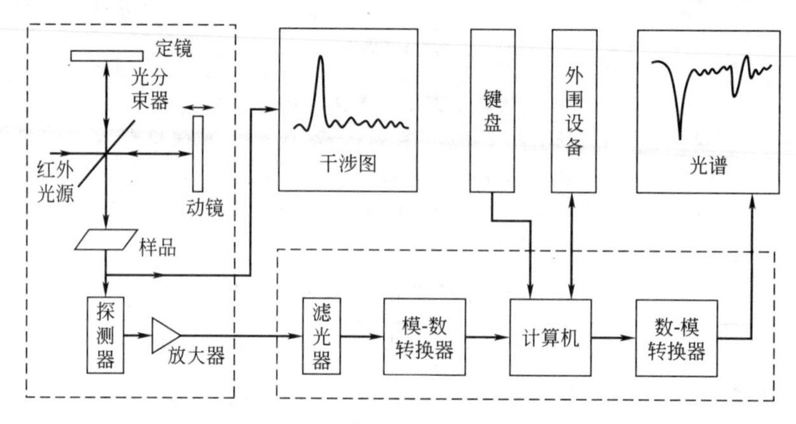

图 7-16　傅里叶红外光谱仪原理示意图

红外光谱是鉴定分子结构及判断官能团的有效手段。光经由样品穿过以后，分子选择性吸收入射光中某个波长的特定光线，所得到的透射光被检测器接收，然后传导到转换器，从而产生特征红外光谱。

傅里叶红外光谱仪具有信噪比高、重现性好、扫描速度快等特点，可以对样品进行定性和定量分析，广泛应用于医药、化工、环保、石油、地矿、海关等领域。便携式傅里叶红外光谱仪在此基础上，实现便携式、小型化，具有以下特点：

① 通过简化仪器电路或者最小化干涉仪的途径实现仪器的小型化、便携化。

② 利用漫反射及红外显微镜技术特别是 ATR 技术实现样品的无损检测，极大地拓宽了便携式红外光谱仪的适用范围和检测效率。

③ 便携式傅里叶红外光谱仪更能适用严苛的测试环境，对环境的湿度和温度有一定的化学耐受性及稳定性。

④ 便携式傅里叶红外光谱仪支持与普通的手提电脑联网，或者把电脑内置化，供应商提供的仪器使用培训和谱图库使得人机交互性增强。

7.4.2　便携式傅里叶红外光谱分析仪

便携式傅里叶红外光谱分析仪包括车载式、机载式、手提式。与传统台式机相比，具有占地少、质量相对较轻、样品无须制备、使用更加便捷、对环境条件要求低等优点，适用于突发水污染事故现场快速检测。红外光谱仪便携化可以通过简化仪器的电路或者最小化干涉仪的途径来实现。目前市面上便携式傅里叶红外光谱仪以进口为主，主要品牌与性能如

5.5.3 表 5-7 所示。

7.4.3　便携式傅里叶红外光谱分析技术在应急监测中的应用

便携式傅里叶红外光谱仪可以对现场环境气体进行实时、快速分析，如宁波市环境监测中心列举了气体中 50 种污染物的定量分析情况。便携式傅里叶红外光谱仪具有操作简单、可连续采样、可实时连续分析、分析时间短等优点，但缺点是不适合分析水中挥发性有机污染物。陈奕扬等人提出了一种利用便携式傅里叶红外分析仪测定水中挥发性有机物的方法。

（1）仪器及分析条件

采用 Gasmet FTIR Dx4020 便携式傅里叶红外气体分析仪（芬兰 Gasmet Technologies Oy 公司）。将水样前处理装置、管路和红外光谱仪连接形成一个封闭系统。通过红外光谱仪装置内置泵的抽吸作用，对水中的挥发性组分进行吹扫，含有挥发性组分的气体通过沉降室和过滤器过滤后，气体进入红外光谱仪检测器检测，然后从排气口进入水样前处理装置，循环多次使水样中挥发性物质达到气液平衡，装置如图 7-17 所示。

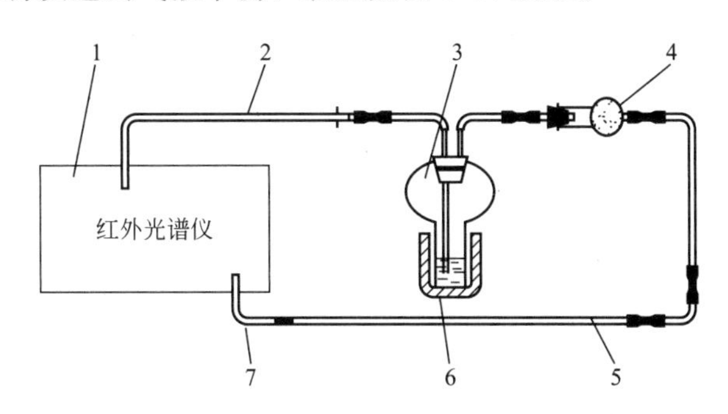

图 7-17　红外光谱仪测定水中挥发性有机物装置示意图

1—红外光谱仪；2—红外光谱仪排气口；3—样品瓶；4—过滤器；5—管路及连接件；6—样品加热控制装置；7—红外光谱仪进样口

（2）测试方法及结果

将系列浓度的水中挥发性物质标准溶液，分别加入水样前处理装置的样品瓶中，进行处理。挥发性有机物以气态形式进入红外光谱仪后，检测方法及原理与气体中有机物检测方法相同，即测定样品光谱图，扣除水和二氧化碳后，与软件中已有的多物质标准谱图库进行匹配，得到一系列不同拟合度的物质清单。采用不同浓度系列标准溶液建立标准曲线，验证方法检出限、相对标准偏差和回收率，具体如表 7-14 所示。

表 7-14　水中苯系物方法参数

物质	线性范围/(μg/L)	相关系数 R^2	检出限/(μg/L)	相对标准偏差/%	回收率/%
苯	20～2000	1.000	15	5.1	105.6～109.2
甲苯	60～2000	0.999	45	6.1	94.4～111.3
间二甲苯	20～2000	0.999	10	3.4	99.0～101.2
对二甲苯	20～2000	1.000	11	3.6	98.0～102.0
邻二甲苯	20～2000	0.999	11	3.6	98.0～101.0
乙苯	25～2000	1.000	19	6.6	98.0～100.8

采用本方法对未知废水样品进行测试，与气相色谱-质谱法结果进行比较，乙苯相对误差为10.2%，总二甲苯相对误差为21.9%，可以满足突发水污染事故现场快速检测的要求。

7.5 便携式拉曼光谱分析技术

7.5.1 便携式拉曼光谱分析技术原理及特点

拉曼光谱是由印度科学家拉曼在1928年首次发现的。一定频率的光与物质作用，除了与原频率相同的瑞利散射光外，还会在该频率两侧出现其他频率的散射光，称为拉曼散射光谱。由于拉曼散射光频率与入射光频率之差（即拉曼位移）反映了分子振动和转动能级的情况，且与激发光频率无关，因此拉曼效应可用于鉴别物质。一定条件或状态下不同的物质分子拥有独一无二的分子结构，正是这一特性使得拉曼光谱可成为物质鉴定的“指纹”。此外，拉曼信号强度与分子振动和转动强度成正比，所以也可以作定量分析。

拉曼光谱仪广泛应用于化学研究、高分子材料、生物医学、药品检测、宝石鉴定等领域，如何进一步小型化、现场化是其未来发展的重要方向。便携式拉曼光谱仪具有体积小、检测方便等特点，为药品检测、环境检测、安检等实时检测领域提供了一种无损快速检测方法。

7.5.1.1 便携式拉曼光谱仪结构及组成

便携式拉曼光谱仪主要由三大部分组成，即用于激发拉曼信号的小型半导体激光器（激发光源），用于传导激发光并收集拉曼信号的拉曼光纤探头以及小型化的光谱分光系统，如图7-18所示。这几部分的配置直接决定了便携式拉曼光谱仪的性能。

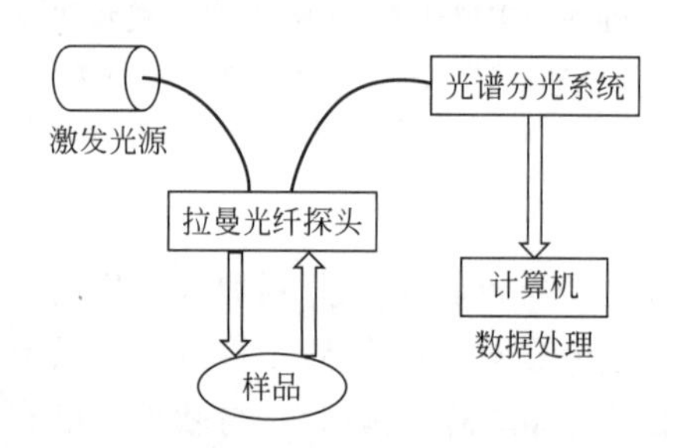

图7-18 便携式拉曼光谱仪结构示意图

（1）激发光源

拉曼效应的产生需要一定频率的光进行激发。为了得到更好的拉曼光谱，光谱仪往往采用窄线宽的单色激光作为激发光源。实验室用拉曼光谱仪所用激光器普遍占地较大，不利于小型化、现场化。合适的激光器应满足以下条件：体积小，能量高足以激发出拉曼光，线宽小且输出稳定。目前，商业化的便携式拉曼光谱仪普遍采用波长为532nm或785nm的小型固态半导体激光器。

拉曼位移与激发光频率无关，那么究竟何种激发波长更为适合呢？激发波长越短，拉曼激发效率越高，但荧光信号也越强。对很多样品而言，特别是那些生物有机物乃至药品制剂，若采用532nm的激光，一些原本可以被探测到的拉曼信号也将被荧光背景淹没。这种情况下，使用633nm或者785nm的激发波长能够有效解决这一问题。因为光子能量降低，荧光效率变低，所以拉曼散射更易被探测。BaySpec 公司甚至提供了 1064nm 的激光，对于一些特别容易产生荧光的样品显然具有更好的效果。当然，由于光子能量的减小，拉曼散射的效率降低，这就需要更长的积分时间或是更强的激光功率。

随着便携式拉曼光谱仪的广泛应用，现场化对光谱仪检测性能提出了更高的稳定性和重复性要求。由于激光光源的线宽和稳定性直接影响光谱仪的分辨率，激光窄线宽以及功率的稳定性成为各公司追求的一大目标。

（2）拉曼光纤探头

拉曼光纤探头具有激光传导聚焦、拉曼光收集以及滤波作用。激光器输出的激光由光纤导入并聚焦，作用于样品，这样可以得到足够的光能量，激发出拉曼信号。收集拉曼信号，滤去瑞利散射，并将其导入后端光谱仪。

总体来说，拉曼光纤探头需要满足下列要求：①激光窄带滤波，使得激光线宽窄；②激光聚焦，光斑小，使输入功率尽量低，功率密度足够高；③对拉曼信号收集效率高；④对瑞利信号有阻挡作用；⑤结构简单，紧凑。

比较常见的探头设计为直角光路，激光发射与收集部分共路，这样可以收集到激发点的信号，并且直角光路可以使输入、输出光纤在同一端。在聚焦一端，往往引进金属长筒，便于探入液体或比较深的物质进行鉴定。

探头及光源偏轴聚焦示意见图 7-19。

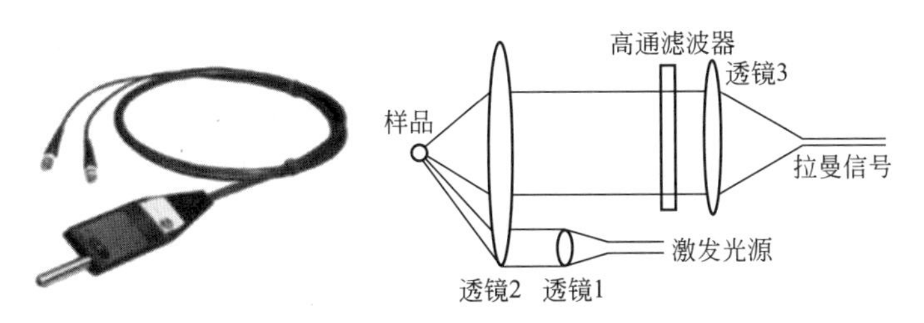

图 7-19　探头及光源偏轴聚焦示意图

（3）小型化光谱仪

光谱仪主要包括入射狭缝、分光系统、接收系统等。经狭缝的拉曼信号进入分光系统，分光元件通常为棱镜或光栅，一般采用车尔尼特纳（C-T）分光光路结构。空间分开的光谱信号由线阵或面阵 CCD 接收，经处理后传递给计算机进行存储、显示及分析。

分光系统是进入探测器的前置系统，此系统将拉曼信号各频率分开。一般的分光系统包括入射狭缝、准直镜和光栅。准直镜的作用是将入射光准直成一束平行光入射到光栅上，光栅则起色散的作用。光栅的选取直接决定了光谱仪的分辨率以及测量范围，因此光栅的选取显得尤为重要。光栅主要有两种：机刻光栅和全息光栅。机刻光栅反射率和灵敏度高，而全息光栅杂散光小。同等条件下，刻线密度越大，光栅的光学分辨率越高，因此选择时应根据具体需要而定。此外，对于透射光路，采用体相位光栅能够达到相同的效果。为了使结构更为紧凑，一些光谱仪也将分光和成像作用整合，即采用全息凹面光栅。

经过光栅分光后，由成像镜将光线会聚在探测器件 CCD 上。由于 CCD 输出信号对温度比较敏感，而拉曼光谱测量需要较长的积分时间，可用制冷装置将 CCD 控制在恒定的低温，这样既可以降低热噪声，又可以减小信号漂移。通过 CCD 收集，将信号输入计算机，通过相应的软件设计，可以得到拉曼光谱。

7.5.1.2 便携式拉曼光谱仪主要特点

该仪器的特点有质量轻、体积小、方便移动；结构简单、操作简便、测量快速高效准确；样品不需要进行前处理，可直接进行检测等。拉曼光谱检测技术因其快速、简便、无损和直接检测样品等优点，在现场快速检测领域受到了青睐。

7.5.2 便携式拉曼光谱分析仪

拉曼光谱可以穿过透明或半透明的包装材料，非接触、无损地直接检测样品，特别在环境水体检测中有着得天独厚的优势。传统拉曼光谱仪体积庞大、进样过程复杂，不适合现场快速检测。因此，随着高灵敏性CCD检测系统、体积小且功率大的二极管激光光源、信号过滤整合的光纤探头、微弱信号检测器、嵌入式设计等技术的出现和提升，以及现场快速检测的需要，便携式拉曼光谱仪得到迅速发展。

目前，国内便携式拉曼光谱仪仍以进口产品为主。国内对于便携式拉曼光谱仪的研制多以教学和科研为主，同时也出现了性能较好的光谱仪生产厂家，如苏州的欧普图斯、上海的复享科技、同方威视、华泰诺安等公司。部分便携式拉曼光谱仪及其特点见表7-15。

表7-15 部分便携式拉曼光谱仪及其特点

生产厂家	产品	仪器图片	特点
美国BWTEK公司	ChemRam便携式拉曼光谱仪		具有质量轻、体积小、移动方便、分辨率高、检测范围广等特点，其标准配置数据库有2704种图谱，用户根据需要可扩充至超过6000种，数据库图谱数量越多，探测结果越准确，使用范围也越广泛。ChemRam主机上集成嵌入式计算机系统，利用专门开发的软件EVIDTM实时显示拉曼光谱图，快速、准确地检测出各种有毒有害物质。ChemRam采用光学纤维连接探头，允许操作人员及检测仪器在测量时远离样品，同时光学纤维探头在点触样品时比一体化仪器更轻便，采样方式比较灵活、易于稳定，更适用于现场检测。ChemRam还可利用便携拉曼表面增强阅读器实现液体样品的痕量测量
美国GE公司	StreetLab Mobile便携式拉曼光谱仪		采用手持式设计，内置探头可无障碍透过玻璃、塑料等透明甚至半透明材料实时探测，可检测丸状、膏状、粉末状固体和晶体，液体和固液混合物。软件操作界面简洁大方、易于掌握，数据库经过汉化后，更方便非专业用户操作使用。StreetLab Mobile突出优势是利用表面增强拉曼光谱示踪技术实现对常见生物毒素的分析和鉴别
美国Ahura公司	FirstDefender便携式拉曼光谱仪		适合手持，直接检测试管内的液体和固体粉末样品，还能够透过包装袋直接测试内容物。FirstDefender的软件操作界面简单明了，软件全部汉化，非专业人员可以根据界面的汉字进行测试操作，数据库也全部汉化，有利于非专业人员使用。FirstDefender已通过美国MIL-STD 810F标准，具有良好的环境适应性

续表

生产厂家	产品	仪器图片	特点
英国 Smiths Detection 公司	ResponderR RCI 便携式拉曼光谱鉴定仪		利用拉曼光谱的“分子指纹”技术可快速侦别未知的固体、液体和粉末物质。ResponderR RCI 具有内置式、照射式和接触式三种采样方式，操作人员根据现场事故情况具体判断，针对样品不同状态采取不同的采样方式
美国 DeltaNu 公司	ReporteR 便携式拉曼光谱仪		可以在现场对包括爆炸物、毒品、白色粉末在内的不明化学物质进行鉴定，体积小，质量轻，响应时间也较短。但是这款仪器光谱检测范围较窄，灵敏度偏低
美国 Inphotonics 公司	RS2000 全谱便携式拉曼光谱仪		利用分辨率为 $4cm^{-1}$ 的全谱便携式拉曼光谱仪 RS2000 研究证明拉曼光谱检测技术适合快速和可靠地确认未知物，并且提供有价值的参考数据。同时在此基础上开发了一款更加小型的仪器 InPhotonic-sTM，分辨率较低，为 $6cm^{-1}$，光谱检测范围为 1800～$250cm^{-1}$，可以完成未知物的检测
美国 Thermo Fisher Scientific 公司	TruScan™ RM 手持式拉曼光谱仪		TruScan™ RM 分析仪包括先进的光学系统以及多变量残留分析，采用两个光谱预处理选项为材料鉴别提供有效的化学计量学解决方案。该分析仪的无损瞄准式采样原则有利于各种化合物(包括基于纤维素的产品)的快速验证。质量不到 2 磅(0.9kg)，耐用型设计、耐化学腐蚀
美国 BaySpec 公司	Agility 便携式双波长拉曼光谱仪		BaySpec Agility 便携式双波长拉曼光谱仪通过自带集成电池可以方便快捷地提供稳定、精确的拉曼光谱检测。仪器非常小巧便携，尺寸为 30cm×38cm×17cm，质量小于 7.5kg。Agility 作为一款具有高性能和高便携性的台式拉曼光谱仪，配有单束激光(532nm，785nm 和 1064nm)，或者双束激发激光(532nm，785nm 和 1064nm 任意两种)，两种独立配置。BaySpec 提供独特的 1064nm 波长选项。较长波长 1064nm 的激发是某些材料的特选波长，包括大多数石油产品、药品、爆炸物和其他混合样品，显示出很强的荧光性。Agility 能够迅速适应样品在几乎所有条件下的测量需求，对样品制作没有特殊要求
中国上海复享科技	K-Sens 高灵敏度便携式拉曼光谱仪		由相互独立的激光器、拉曼探头、光谱仪和控制软件组合而成的便携式拉曼光谱系统，具有多款不同性能的配件供选择，特别适用于需要经常更换拉曼系统配件的场合。采用 On-chip 制冷技术，内含背照式(Back Thinned)CCD，灵敏度提升 10 倍，暗噪声降低 80%。独特的开放架构，适应液体、固体、粉体样品形态

续表

生产厂家	产品	仪器图片	特点
中国苏州欧普图斯（Opto Trace）	RamTracer-200-HS便携式纳米增强激光拉曼光谱仪		该产品将RamTracer高性能检测仪和纳米技术模块相结合，在食品安全检测、现场快速微痕量化学物质检测、刑侦安全、环保监测、制药和重大疾病早期筛查等领域均有着广阔的应用前景

7.5.3 便携式拉曼光谱分析技术在应急监测中的应用

由于水的拉曼散射很微弱，因此便携式拉曼光谱技术是研究水溶液中的生物样品和化学化合物的理想工具。它不需要对样品进行前处理，也没有样品的制备过程，可直接反映检测样品中待测物的浓度，并且分析过程操作简便、测定时间短、灵敏度高、普适性强。同时拉曼光谱谱峰清晰尖锐，在化学结构分析中，独立的拉曼区间的强度和功能基团的数量相关，可用于突发水污染事故中污染物的定量分析。

任小娟等人采用便携式拉曼光谱仪对废水中有机化合物进行快速检测，一次测量可同时检测多种物质，可实现对水质的及时有效监测，保护水质和环境。研究采用SciAps Inspector 500便携式拉曼光谱仪，利用N,N'-二甲基甲酰胺（DMF）、二甲基亚砜（DMSO）、乙醇（ET）、甲醇（MeOH）、四氢呋喃（THF）、乙酸乙酯（EA）、正己烷（Hex）、甲苯（MB）的标准样品建立标准拉曼谱图，得到特征拉曼峰位置。分别选择一个最高峰和一个次高峰作为该溶剂的特征峰，同时出现这两个峰，并且最高峰和次高峰的比值符合纯溶剂中最高峰和次高峰的比值，则废水中存在该溶剂，并且选择最高峰绘制标准曲线来进行定量分析（表7-16）。

表7-16　不同溶剂的拉曼特征峰

溶剂名称	拉曼特征峰/cm^{-1}
DMF	657,865,1094,1141,1444,1663
DMSO	668,696,1046,1425
ET	883,1054,1098,1279,1458
MeOH	1047,1460
THF	913
EA	386,633,846,1115,1457,1736
Hex	821,868,894,1041,1080,1142,1307,1460
MB	784,1005,1031,1212

采用本方法对实际废水及实际废水加标进行测试，能够快速对废水中的有机溶剂进行定性、定量识别。该方法简便、灵敏、快速，对突发水环境污染事故中有机溶剂泄漏的现场快速检测具有重要意义。

美国凭借表面增强拉曼光谱仪超高的灵敏度和对水微弱散射的独特优势，将其用于对突发事件尤其是水源污染的现场快速检测。氰化物作为独立化合物是拉曼光谱分析的典型代表，在 2200cm^{-1}波段处有一特征强吸收谱带。RTA 实验室利用便携式表面增强拉曼光谱仪可以检测到 1μg/L 浓度的氰化物。EIC 实验室设计的便携式表面增强拉曼光谱仪能够检测水源中的毒素来确保饮用水的安全，对 T-2 毒素的检出限为 1mg/L。

7.6 三维荧光光谱分析技术

7.6.1 三维荧光光谱分析技术原理与特点

水环境问题的复杂性决定了水环境监测的多样性。光学技术具有特别的优势，能更好地适用于现场快速监测。在所有光学技术中，对分子荧光的测定是最具有灵敏性和选择性的方法。三维荧光光谱（3DEEM）法是近 20 年发展起来的一门新的荧光分析技术，不仅具有荧光分析法可以避免费时而烦琐的分离程序、快速精确、适用于现场操作等显著优点，而且由于三维荧光光谱表征了更多的荧光信息而具有高灵敏度和组分选择性的优点，已成为一种重要的分析手段，在水污染物监测方面有着很好的应用前景。由于不同种类的荧光有机污染物在三维荧光光谱中具有特征“指纹”荧光光谱，因此能充分表现水样中的有机物细节，更有利于物质类型识别。

三维荧光光谱法的原理是：普通的荧光光谱分为发射谱和激发谱，发射谱的荧光强度是发射波长的函数 $I=f(\lambda_{Em})$，激发谱的荧光强度是激发波长的函数 $I=f(\lambda_{Ex})$。普通的荧光光谱分析法对于复杂的多组分混合物的分析仍有不足，三维荧光光谱技术恰好解决了普通荧光分析法信息不足的问题。三维荧光光谱的荧光强度是激发波长和发射波长的二元函数 $I=f(\lambda_{Ex}, \lambda_{Em})$，该技术的优点在于能够获得激发波长与发射波长同时变化时的荧光强度信息，可以提供在普通的发射谱中所得不到的信息。采用此技术得到的三维荧光特征谱，具有更好的选择性，可以对污染物中的多种成分更好地加以分辨。

三维荧光光谱法具有以下特点：所需试样量少，操作方法简单，灵敏度高（比紫外-可见分光光度法高 2～3 个数量级），并且荧光现象具有有利的时间标度。由于不同物质的分子结构不同，所吸收光的波长和发射荧光的波长也不同，利用这一特性，可以定性鉴别物质。三维荧光光谱分析技术对样品物质的定量分析和定性分析具有很大的应用空间，是一种鉴别复杂环境样品中微量及痕量物质的有效监测手段。

7.6.2 三维荧光光谱分析技术在应急监测中的应用

目前，国内外已有一系列研究及应用将三维荧光技术用于水质快速监测中。

（1）苯乙烯

苯乙烯是合成树脂、离子交换树脂及合成橡胶等的重要单体，是一种常用的有机化工原料。长期饮用受到低浓度苯乙烯污染的水可能导致慢性中毒，表现为对血液和肝脏的损害，而苯乙烯引起的急性中毒则表现为精神萎靡、意识不清等。我国《生活饮用水卫生标准》和《地表水质量标准》中均对苯乙烯规定了相应的限值。苯乙烯的检测方法主要有分光光度法、气相色谱等，但这些方法存在操作烦琐、耗时长等问题。

周昀等人利用三维荧光光谱技术对苯乙烯的水溶液进行相关分析，为水中苯乙烯的快速检测和识别提供新的方法和技术手段。研究发现，苯乙烯在 $\lambda_{Ex}/\lambda_{Em}=255/305$ 处有一个明显的荧光峰（见图 7-20），荧光峰值与苯乙烯溶液浓度呈现良好的线性相关。因此，可以利

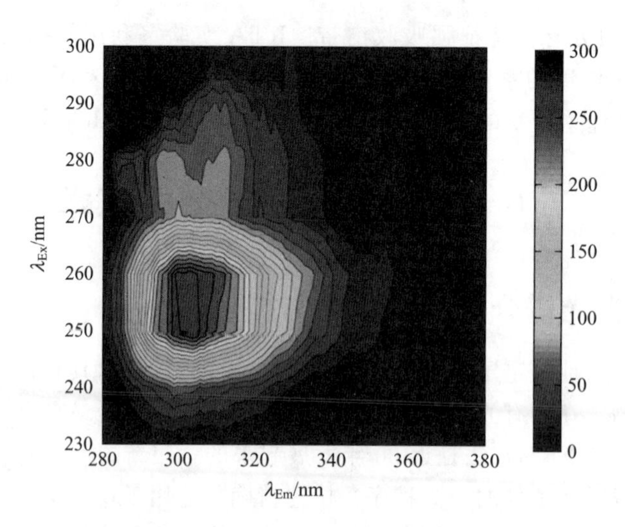

图 7-20　0.04mg/L 苯乙烯水溶液三维荧光光谱图

用三维荧光光谱技术快速识别水中的苯乙烯。

（2）苯酚类

酚类化合物具有致癌、致畸、致突变的潜在毒性。长期饮用被酚类污染的水，会出现头昏、出疹、瘙痒、贫血及各种神经系统病症，因此挥发酚类是水质评价的一个重要指标。苯酚是重要的有机化工原料，也是我国含酚废水中有毒有害物质的主要成分。美国环境保护署（USEPA）已把苯酚列入 129 种优先控制污染物和 65 种有毒污染物，我国也把苯酚列入“中国环境优先污染物”黑名单。水体苯酚的检测方法主要有 4-氨基安替比林分光光度法、气相色谱法、气相色谱-质谱法（GC-MS）、液相色谱法等。分光光度法主要用于测定挥发性的酚类，需经过蒸馏、萃取等前处理去除干扰，操作费时费力。气相色谱法、气相色谱-质谱法、液相色谱法可以很好地分离酚类化合物并得到较低的检出限，但大多需经过固相萃取、液液萃取、衍生化等复杂的前处理技术分离、富集酚类化合物，操作复杂费时，适合测定痕量浓度。传统的酚类检测方法操作复杂、检测时间长，在地表水发生突发性挥发酚污染事故时，对需要时刻监测的污染情况无法胜任。荧光法由于其测量时间短、灵敏度高、操作简便快速等优点，受到了广泛的关注。但由于实际水体成分复杂，荧光法易受环境因素影响，测定结果并不理想，提取出目标物的荧光信息、去除背景干扰是荧光光谱法准确测量的首要条件。

王欢博等人研究了苯酚、间甲酚、麝香草酚三种酚类化合物的三维荧光光谱特征，确定了三种酚类荧光峰的位置 $\lambda_{Ex}/\lambda_{Em}$ 分别为 272/300、274/300、276/304，建立了工作曲线，验证了检出限。江苏省扬州环境监测中心也研究了单位光谱法在苯酚水污染事故监测中的应用。经过扫描，发现苯酚在 $\lambda_{Ex}/\lambda_{Em}=270/296$ 处荧光发射峰最强，实验中将 $\lambda_{Ex}/\lambda_{Em}=270/296$ 作为苯酚的特征峰（图 7-21）。对苯酚浓度在 0.040mg/L 以上的地表水可以快速定性、定量；对浓度低于 0.040mg/L 的地表水可以快速给出参考浓度，满足地表水快速定性、定量监测的要求。

苯酚检测的干扰因素有以下三种。

① 背景干扰。研究发现，天然水体中颗粒物对荧光信号有散射，导致荧光信号强度下降可达 55%。采用不同河流过滤后水样作为基体，标准曲线斜率会有不同，斜率偏差为

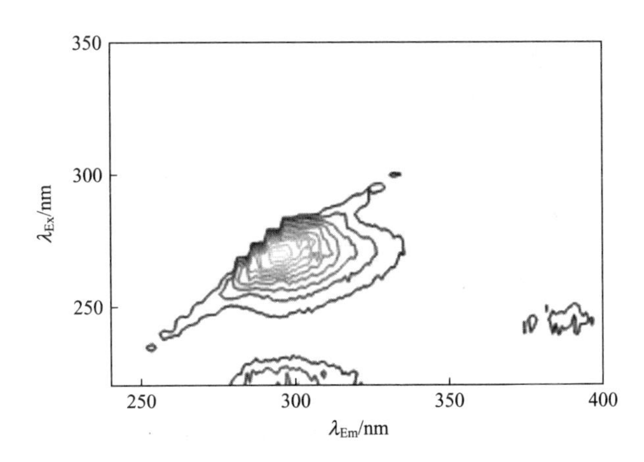

图 7-21　苯酚水溶液的三维荧光光谱

4.8%，差别不大，但较去离子水约低 12.7%。因此，发生苯酚类污染事故时，建议采用当地未受苯酚污染的洁净地表水抽滤后作为稀释水绘制苯酚工作曲线。

② pH。苯酚具有弱酸性，在酸性和碱性条件下的存在形式不同，pH 对其荧光强度的影响很大。强碱性条件下，苯酚以 $C_6H_6O_5^-$ 形式存在，该形式不产生荧光；强酸性条件下，苯酚的羟基吸附 H^+ 生成正离子，减少了苯环上的共轭 π 电子密度，荧光强度减弱。当 pH 为 2～6 时，苯酚的荧光较强且基本保持不变；在 pH 为 8～11 时，荧光逐渐减弱；pH≥14 时基本无荧光。

③ 其他酚类干扰。研究结果发现，其他挥发酚类，如邻甲基苯酚、间甲基苯酚、对甲基苯酚对结果有影响，三维荧光不能分别定性，此时可以统一归为挥发酚类，以苯酚计。

（3）杂环农药类

吴文涛等人研究了不同环境条件下三种杂环农药（多菌灵、西维因、麦穗宁）的三维荧光光谱发射特征。其中多菌灵和麦穗宁有两个明显的荧光峰区域，多菌灵主要荧光峰为 $\lambda_{Ex}/\lambda_{Em}=280/300$，第二荧光峰为 $\lambda_{Ex}/\lambda_{Em}=245/305$；麦穗宁主要荧光峰为 $\lambda_{Ex}/\lambda_{Em}=310/340$，第二荧光峰为 $\lambda_{Ex}/\lambda_{Em}=250/340$。西维因只有一个荧光峰区域，荧光峰位于 $\lambda_{Ex}/\lambda_{Em}=280/335$。三种农药的三维荧光图谱见图 7-22。

研究发现，水的 pH 和阴阳离子对三种杂环农药的荧光特征有影响。pH 在 1.8～6.1 范围内，多菌灵的荧光强度随 pH 的增大而增大；pH 在 6.1～8.5 之间，荧光强度基本没有变化；pH 超过 8.5 时，荧光强度会下降。麦穗宁在 pH 为 1.8～6.1 时，荧光强度随 pH 增大不断增加；当 pH 超过 6.1 时，荧光强度逐渐减弱。西维因在 pH 为 1.8～7.4 时，荧光强度基本无变化；但在 pH 大于 7.4 时，随着 pH 的增大，荧光强度不断减小。

研究还发现，水中常见离子包括 CO_3^{2-}、SO_4^{2-}、NO_3^-、Cl^-、HPO_4^{2-}、HCO_3^-、Mg^{2+}、Zn^{2+}、NH_4^+、Na^+、Ca^{2+}、K^+ 等对三种杂环类农药荧光强度没有明显作用，但 Fe^{3+}、Cu^{2+} 通过静态荧光猝灭反应，使多菌灵、西维因、麦穗宁荧光特性发生变化。

（4）菲的测定

多环芳烃具有高荧光量子产率。王欢博等人利用三维荧光光谱研究了多环芳烃中菲的荧光光谱特性。研究发现，菲的三维荧光光谱中有两个荧光峰，主荧光峰为 $\lambda_{Ex}/\lambda_{Em}=255/370$。菲的水溶液浓度在 5.0～250μg/L 时，荧光信号与所有浓度有良好的线性关系，检出限为 3.88μg/L。运用此方法测定试剂水样，回收率为 90.0%～105.4%。

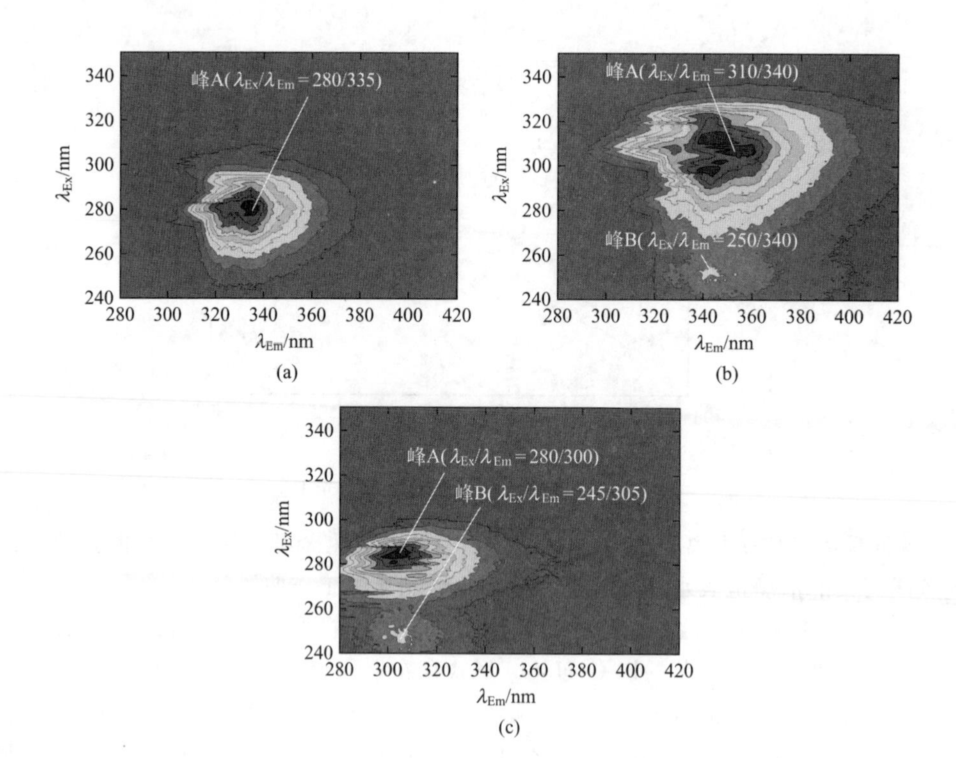

图 7-22　西维因（a）、麦穗宁（b）、多菌灵（c）三维荧光图谱

几种有机物三维荧光光谱特征见表 7-17。

表 7-17　三维荧光光谱法测定水中有机物

物质	仪器	荧光峰 $\lambda_{Ex}/\lambda_{Em}$	线性相关系数 R^2	检出限/(mg/L)
苯乙烯	上海棱光技术有限公司 F97 pro 三维荧光分光光度计	255/305	0.9957	0.005
苯酚	带有 150W 氙灯的日立 F-7000 型荧光分光光度计和 1cm 石英比色皿扫描样品的三维荧光光谱	272/300	0.99996	0.0006
间甲酚		274/300	0.99987	0.0007
麝香草酚		276/304	0.99995	0.001
苯酚	日本日立 F-4600 型荧光分光光度计	270/296	0.9997	0.006（天然水体干扰严重，浓度大于 0.040mg/L 时荧光信号稳定可靠）
多菌灵	日本日立 F-7000 型荧光分光光度计	280/300	—	—
西维因		310/340	—	—
麦穗宁		280/335	—	—
菲	荷兰 Skalar 公司 Skalar M153 荧光成像仪	255/370	0.9998	0.00388

7.7　其他有机污染物应急监测技术

目前，关于有机物检测试纸/检测管/试剂盒的产品相对较少。日本共立公司研发了部分小分子有机化合物的检测管，包括三氯乙烯、四氯乙烯、1,1,1-三氯乙烷等。Heiss 等研究了一种同质脱辅基酶蛋白重激活免疫检测试条，可用于定量测定饮用水中的 2,4,6-三硝基甲苯（TNT）。该检测试条上的化学物质能与 TNT 生成蓝色物质，同时其颜色深浅与 TNT 浓度成正比，通过与标准比色卡进行对比即可定量测定水样中的 TNT 浓度。

另外，近几年出现很多新型试剂盒。我国清华大学学者开发了新型的 ELISA 试剂盒，针对环境小分子有机污染物和致病微生物，利用免疫检测技术的原理，即利用污染物诱发动物基体的免疫反应产生抗体，利用抗体和抗原的特异性识别对各种污染物进行检测和监测。其中酶联免疫吸附检测（ELISA）是用酶标记抗体或抗原，再利用抗原与抗体的特异性结合，通过酶与底物产生颜色反应，用于定量测定。这种方法快速、便捷，可以在 1～2h 内同时测定 90 个样品，可用于农药残留及其降解物、藻毒素及水环境标准中列举的小分子有机污染物的监测。上海交通大学利用自主生产的高活性重组乙酰胆碱酯酶，研制出农药污染快速检测酶学试剂盒。试剂盒由缓冲液、酶、底物和显色剂四部分组成，采用全液体装，携带方便，检测时间为 15～30min，可实现环境污染事件中农药污染物的现场快速定性/半定量检测。

参 考 文 献

[1] 景士廉，张云，范宇星．各种便携式气相色谱仪特点 [J]. 岩矿测试，2006，25 (4)：348-354.

[2] 梁华炎．便携式气相色谱仪在环境应急监测中的应用 [J]. 资源节约与环保，2016 (5)：141，146.

[3] 关胜．便携式气相色谱仪的介绍及其在环境污染事故应急监测中的应用 [J]. 理化检验（化学分册），2012 (48)：995-998.

[4] 季蕴佳，吴诗剑，周婷，等．便携式气相色谱、质谱的特点及与实验室仪器的比较 [J]. 环境科学导刊，2008，27 (2)：94-96.

[5] 刘金巍，蔡五田，张涛，等．便携式 GC 法测定石油污染地地下水中苯、苯乙烯、二甲苯 [J]. 环境监测管理与技术，2014，26 (1)：39-48.

[6] 谢有亮，李赛宇，祝笛. 便携式气相色谱仪在环境应急监测中的应用 [J]. 广西轻工业，2009，25 (9)：22-24.

[7] 鲁宝权，汪霄，王亮，等．两种环境应急监测仪器在突发性环境污染事故中的作用 [J]. 环境监控与预警，2010，2 (2)：11-13.

[8] 武开业，王翠鲜．便携式气相色谱-质谱仪在环境应急监测中的应用分析 [J]. 科技信息，2011 (3)：386.

[9] 杜小弟，李俊升，郭丽萍，等．分散液液微萃取-气相色谱法快速测定水中 15 种硝基苯类物质 [J]. 分析化学，2017，45 (11)：1711-1718.

[10] 徐东辉，刘俊亭，郭晓明，等．单滴微萃取技术的原理与应用 [J]. 河北医药，2007，29 (11)：1258-1259.

[11] 肖洋，王新娟，韩伟，等．顶空进样-便携式气相色谱-质谱快速测定水中挥发性有机物 [J]. 理化检验（化学分册），2016 (52)：825-827.

[12] 刘浩，王海棠，尹卫萍．水污染事故中半挥发性有机物预处理方法研究 [J]. 环境监控与预警，2015，7 (3)：31-34.

[13] 肖奎硕．便携式气相色谱质谱联用仪关键技术的研究 [D]. 哈尔滨：哈尔滨工业大学，2017.

[14] 刘晔，陈浥尘，王古月．便携式气相色谱-质谱仪在环境应急监测中的应用 [J]. 环境监控与预警，2010，2 (3)：14-17.

[15] 宋萍．便携式傅立叶红外光谱仪简介 [J]. 分析仪器，2014 (3)：111-114.

[16] 陈奕扬，傅晓钦，赵倩，等．便携式傅里叶红外分析仪测定水中的挥发性有机污染物 [J]. 中国环境监测，2013，29 (1)：89-92.

[17] 邵晟宇，张琳，曹丙庆，等．便携式拉曼光谱仪的应用研究现状及展望 [J]. 现代科学仪器，2013 (1)：28-32.

[18] 任小娟，温宝英，陈鉴东，等．便携式拉曼光谱仪快速检测废水中残留的有机溶剂 [J]. 光散射学报，2018，30 (3)：258-263.

[19] Frank Inscore, Chetan Shende. Water security: Continuous monitoring of water distribution systems for chemical agents by SERS [J]. Proceedings of SPIE, 2007, 6540 (6): 1-9.

[20] Kevin M Spencer, James M Sylvia. Surface-enhanced Raman as a water monitor for warfare agents [J]. Proceedings of SPIE, 2002, 4577 (1): 158-165.

[21] 周昀，李军，陈飞，等．苯乙烯的三维荧光特性及水污染应急处理 [J]. 光谱学与光谱分析，2016，36 (7): 2169-2172.

[22] 袁静，沈薇，戴源，等．三维荧光光谱法在苯酚类水污染事故监测中的应用 [J]. 环境与发展，2016，36 (7): 182-184.

[23] 王欢博，张玉钧，肖雪，等．三种酚类化合物的三维荧光光谱特性研究 [J]. 光谱学与光谱分析，2010，30 (5): 1271-1274.

[24] 吴文涛，陈宇男，肖雪，等．不同环境条件杂环农药三维荧光光谱发射特性研究 [J]. 光谱学与光谱分析，2017，37 (3): 788-793.

[25] Heiss C, Weller M G, Niessner R. Dip-and-read test strips for the determination of trinitrotoluene (TNT) in drinking water [J]. Analytica Chimica Acta, 1999, 396 (2-3): 309-316.

[26] 中国环境监测总站．应急监测技术 [M]. 北京：中国环境出版社，2013.

第 8 章　生物应急监测技术

8.1　概述

工业带突发水污染事件是威胁人体健康，破坏生态环境，影响动植物生长的重要因素。水体污染达到一定程度后，除了直接影响水生生物的正常生存，也直接或间接地威胁人类的健康和生产活动。为了保护水源和水生生态系统，对水质进行生物监测已经成为评价水环境质量的重要环节。

在科学技术不断发展的背景下，环境监测中先后引进了各种先进的科学技术，这些技术的合理利用提升了国内环境监测的整体效率，生物监测即为其中重要的检测技术之一。生物监测是指利用群落、种群或生物个体对环境污染产生的反应，通过生物学的方法，从生物学角度对环境污染状况进行监测和评价的一种技术。生物监测将生态系统相关理论视作其基础，生物与其生存环境间表现出相互依存、相互影响以及相互制约的联系。生物和附近环境之间不断进行能量交换以及物质交换，在生物生存环境被污染以后，生物体内会出现大量有毒物质，而且这些有毒物质会不断累积、不断迁移，以至于生态系统内部的生物环境、生物分布环境、生物生长状况、生物发育状况以及理化指标等随之发生巨大改变。譬如，在水资源被污染的情况下，水中藻类细胞的光合作用、细胞密度等都会受到一定影响。由此可见，生物对客观环境存在各种反应，在合理利用这些反应的基础上，即可实现对环境污染基本状况和整体强度的有效呈现，而这个研究的过程即为生物监测。

与理化监测分析手段相比，生物监测具有直观、客观、综合和历史可溯源的特点，在环境污染预警、环境监测、风险评估以及总量控制等方面得到了有效利用。当工业带发生突发水体污染事件后，应急监测组织在污染源调查的基础上，筛选出典型环境污染物，结合受污染水体中可能存在的污染团和理化生物特征分析，进行污染物理化、生物毒性检测，利用生物应急监测技术可评价水体的状况和污染物的毒性及其他危害性，从而对水质安全进行评估(图 8-1)。

当污染事故发生时，要保证迅速、准确地进行快速监测，启动第一级应急监测时，生物

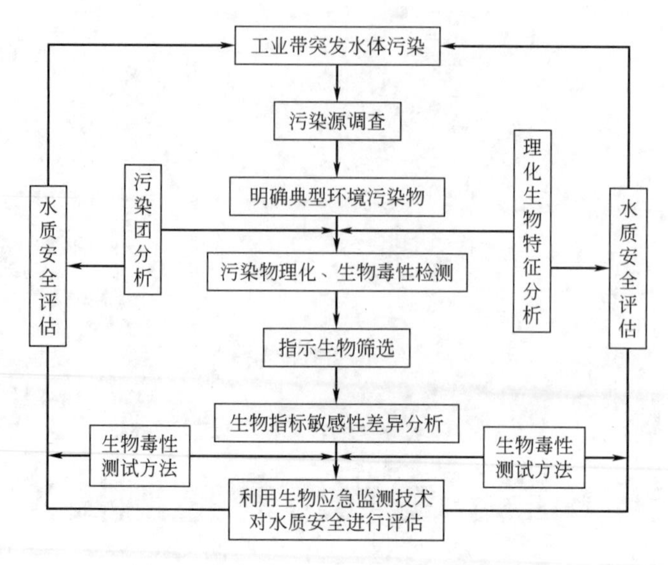

图 8-1 生物应急监测水质安全评估程序

监测能反映效应的相加、协同和拮抗作用。目前生物应急监测广泛采用生物综合毒性检测方法和微生物综合检测方法。生物综合毒性检测方法主要包括生物酶活性毒性检测法、水生生物毒性检测法、细菌毒性检测法等；微生物综合检测方法主要包括微生物快速检测中的即用型纸片试剂盒法、多管发酵法、滤膜法、固定底物酶底物法等。

以上生物应急监测方法较传统的检验方法操作简便、实验时间短、无须大量人员参与，本章主要对上述两类方法中准确、省时、省力、省成本并且使用广泛的快速检验方法的基本原理、特点、应用等内容进行介绍。

8.2 生物综合毒性检测方法

生物综合毒性检测方法是一种快速检测分析方法，它能够反映各种有毒污染物对环境影响的综合毒性，是一项综合性指标。生物综合毒性检测法主要包括生物酶活性毒性检测法、水生生物综合毒性检测法和细菌毒性检测法等。本节对这三种方法进行介绍。

8.2.1 生物酶活性毒性检测法

在野外条件下对水质进行快速评价一直是个难题，而微生物用于毒物的急性毒性评价具有较多的优点，如对毒物反应迅速，易于在实验室操作等。微生物拥有高等有机体的大多数生物化学途径，毒物对高等生物代谢的影响在微生物体系中大部分都能体现出来，因此这一评价方法近年来得到迅速发展，是一种有希望的快速评价体系。

使用微生物进行毒理学实验，采用的指标很多，其中生物酶活性测定属于较简便的方法。酶活性测定法是利用酶能专一而高效地催化化学反应的性质，通过测定酶促反应速度检知体液等生物样品中某种酶的含量和活性的分析技术。在环境检测领域中，生物酶活性毒性检测法可通过测定脱氢酶、鱼类肝脏抗氧化系统酶、ATP 酶、磷酸化酶或者尿激素酶等的活性判断外界环境毒性大小，其中脱氢酶和鱼类肝脏抗氧化系统酶的应用最为广泛。在应急监测时，可通过脱氢酶毒性检测法利用水质综合毒性快速测定仪测定，计算毒物的半有效浓

度 EC_{50} 值。由于鱼类肝脏抗氧化系统酶毒性检测法操作程序相对比较复杂，因此不适合应急监测时使用。本节针对在应急监测时使用的脱氢酶毒性检测法进行介绍。

8.2.1.1　脱氢酶毒性检测方法原理

脱氢酶是一种与呼吸作用有关的胞内酶，能够激活某些特殊的氢原子，使这些氢原子被适当的受氢体转移，而将原来的物质氧化。生物体的脱氢酶活性（DHA）在很大程度上反映了生物体的活性状态，能直接表示生物细胞对其基质降解能力的强弱。脱氢酶活性检测被广泛应用于污水生化处理、细菌菌落总数检验、水质毒性检验和土壤污染评价等研究与应用领域。

微生物新陈代谢过程中，脱氢酶将有机质的氢脱下，使有机质氧化，并将氢转移给氧化型化合物，在无氧条件下亚甲基蓝（蓝色）接收氢转化成还原型亚甲基蓝（无色），发生如下反应。

$(CH_3)_2N$–[亚甲基蓝]=$N(CH_3)_2Cl$ + 基质 $\xrightarrow{\text{酶}}$ $(CH_3)_2N$–[还原型亚甲基蓝，N–H]=$N(CH_3)_2Cl$ + 产物

（蓝色）　　　　（无色）

因此，在无氧反应系统中，亚甲基蓝的脱色速度可表征酶的活性大小，脱氢酶受毒物作用活性降低，降低的程度与毒物毒性成正相关，所以可以用毒物对脱氢酶活性的影响确定其毒性大小。亚甲基蓝的褪色速度通过比色法测定，光源采用橙色发光二极管，其最大发光光谱带为 610～665nm，亚甲基蓝的吸收光谱为 620～660nm，两者正好匹配并有较好的灵敏度。采用占空比为 1∶10 的脉冲发生器点燃发光二极管，可在平均电流不超过发光二极管的额定耗散功率的条件下大大提高其脉冲发光强度，改善信噪比。光线通过样品池后，其强度为光敏三极管所检测，经交流放大和相敏解调为直流信号，再直流放大成为可测量信号，由于光电检测器测量的是脉冲信号，操作可以在不避光的条件下进行。采用单片机系统检测信号的变化，判断并记录亚甲基蓝最大褪色速率附近，信号变化一定范围所需要的时间，用于计算样品的相对毒性和 EC_{50}。采用式(8-1) 计算相对毒性 A（%）：

$$A=\left(\frac{T_s}{T_w}-1\right)\times 100\% \tag{8-1}$$

式中　T_s——样品溶液响应值，即加入样品的亚甲基蓝溶液褪色时间；

T_w——空白溶液响应值（以蒸馏水为空白）。

根据毒性物质在不同浓度下的 A 值，对浓度-毒性响应曲线用经验公式(8-2) 将剂量-响应曲线转化成直线，进行线性回归，用回归方程计算毒物的半有效浓度 EC_{50} 值，定义 $T_s=2T_w$，即 $A=100\%$ 时毒性物质的浓度为毒物的半有效浓度 EC_{50} 值。

$$\frac{1}{A}=\frac{C_0}{B}\times\frac{1}{c}-\frac{1}{B} \tag{8-2}$$

式中　c——待测毒性物质浓度；

C_0，B——线性回归系数。

8.2.1.2　脱氢酶毒性快速检测应用

酶活性测定属于以微生物进行毒理学实验中较简便的方法，在研究环境污染物的毒理学中，脱氢酶活性常作为评价污染物对整体生物毒性的一个指标。脱氢酶作为生命活动中一类

重要的酶，对各类环境污染物相当敏感，具备作为环境污染指示物的条件。酶反应的速率随着抑制剂浓度的增加而降低。低浓度的抑制剂存在时，这种速率的降低与抑制剂的浓度呈线性关系。因此，可通过测定酶活性受抑制的程度评价毒物的浓度大小（生物效应为毒性）。陈翔等采用刃天青测定微生物总脱氢酶活性，进行野外水质快速评价法的研究，考察了8种毒理学指标控制的毒物 Hg^{2+}、Cd^{2+}、Cr^{6+}、Pb^{2+}、Ba^{2+}、AsO_2^-、CN^-、F^- 对混合菌及大肠杆菌8099菌株的脱氢酶活性的作用。结果表明，随着毒物浓度的升高，脱氢酶活性受抑制的程度加剧，毒物浓度与脱氢酶活性受抑制的程度有一定的线性关系。并用大肠杆菌8099菌株脱氢酶活性被抑制达50%时的毒物浓度 EC_{50} 评价毒物的毒性大小，得到 Hg^{2+}、Cd^{2+}、Cr^{6+}、AsO_2^-、CN^- 的 EC_{50} 值分别为1.5mg/L、2.9mg/L、4.0mg/L、16mg/L、90mg/L，由此可得毒物毒性大小顺序为 $Hg^{2+}>Cd^{2+}>Cr^{6+}>AsO_2^->CN^-$（表8-1）。

表8-1　脱氢酶活性法测定纯化合物的毒性

序号	毒性物质	脱氢酶活性法 EC_{50}/(mg/L)
1	Hg^{2+}	1.5
2	Cd^{2+}	2.9
3	Cr^{6+}	4.0
4	AsO_2^-	16
5	CN^-	90

王立世等以动力学比色法测定亚甲基蓝的褪色速度为基础，设计并制造了一台水质综合毒性快速测定仪，测定了15种化合物的毒性，其中包括 Cu^{2+}、Pb^{2+}、Zn^{2+}、Cd^{2+} 等重金属和甲醛、氯仿、苯、苯酚等有机物并与Microtox方法、标准鱼类方法和鱼类呼吸频率方法进行了比较（表8-2），结果显示该方法费用低、速度快、操作简单，是一种具有发展潜力的野外水质综合毒性检测方法。

表8-2　脱氢酶活性法与Microtox方法和鱼类方法测定纯化合物毒性的比较　　单位：mg/L

序号	毒性物质	脱氢酶活性法 EC_{50}	Microtox方法5min测定 EC_{50}	鱼类方法 LC_{50}
1	Zn^{2+}	16.94	2.5～18.7	0.24～7.2
2	Pb^{2+}	72.09	90.3	3.0
3	Ag^+	1.38	2.3	0.283
4	Hg^{2+}	0.0468	0.065	0.01～0.9
5	Cu^{2+}	1.67	1.29～8.0	0.1～10.7
6	Cd^{2+}	0.54	102.0	1.8
7	CN^-	2.83	8.5～13.3	0.1～0.44
8	甲醛	24.92	3.0～8.7	18.0～250
9	五氯酚	19.06	1.03	0.24～0.30
10	苯	221.2	2.0～200	17.0～50.0
11	苯酚	1539	22.0～25.0	9.0～66
12	氯仿	1101	435	32.0

续表

序号	毒性物质	脱氢酶活性法 EC_{50}	Microtox 方法 5min 测定 EC_{50}	鱼类方法 LC_{50}
13	乙醇	91900	31000～47000	13500
14	异丙醇	61380	42000	4200～11130
15	正丁醇	12950	3300～4400	1900～2300

8.2.2　水生生物综合毒性检测法

工业带突发水污染事故时，污染物中的化学物质进入水体后直接或间接地作用于生物，对其个体或群体以至于整个生态系统的结构和功能都会有不同程度的影响，生物效应能充分表达共存污染物间的相互作用，直观描述有害污染物对生物的总体影响，通过生物的毒性实验可以更为直观地评价化学物质的毒性大小及其对生态功能影响的强弱。水生生物毒性实验是一种“黑箱”方法，能综合反映污染物的毒性或对生物的危害程度，同时也为确定污染物的安全排放量和制定污染物排放标准提供科学根据。根据测试时所使用的生物种类，水生生物毒性检测方法可分为水生植物测试法、水生动物测试法、原生（低等后生动物）测试法、软体动物测试法和微生物测试法等，其中水生植物中的藻类毒性检测法、水生动物中的鱼类毒性检测法实验过程较长，需要的实验条件较复杂，不适用于应急监测平台进行毒性检测，而水生动物中的大型蚤毒性检测方法可以实现水体污染事故应急监测的定性和半定量分析。

8.2.2.1　大型蚤毒性检测方法原理

工业的不断发展以及新污染源的不断增加，可能导致污染物组分更加复杂，除了典型环境污染物（表8-3）外，新的污染物组分可能对综合污染指标贡献极小，但往往毒性很大。一方面由于对一些新的污染物缺乏评价、检测标准及监测依据，另一方面无法对新的污染组分进行定性、定量监测，此时利用大型蚤的急性毒性实验监测评价这些新的污染源，既能充分反映受污染水体的综合毒性，又能快速、简便、直观地确定新的污染源位置，为污染源的管理和控制提供可靠的依据。

表8-3　典型环境污染物

污染物种类	污染物名称
重金属类	氯化镉、高锰酸钾、氯化锰、砷
农药类	敌敌畏、马拉硫磷、灭多威、溴氰菊酯、百菌清、DDT
环境雌激素类	壬基酚、双酚A、雌二醇、乙炔雌二醇
苯类	二氯苯、硝基苯、孔雀石绿

大型蚤属甲壳纲、鳃足亚纲的枝角类浮游生物，是水生食物链的一环，其在显微镜下的身体形态见图8-2。大型蚤是鱼类的重要饵料，因而在有食肉脊椎动物存在的环境中难以生存。此外，在受污染的水质中也很难发现大型蚤。由于大型蚤对多种毒物的敏感性比鱼类高，并且具有尺寸小、繁殖快、生活周期短、来源广泛、方便易得、对毒物敏感和易于在实验室培养等特点，能够耐受低的溶解氧浓度、高的pH以及变化幅度很大的盐度和温度，加上其在水域生态系统中的重要性，因而得到广泛的应用，已成为一种标准实验生物，广泛地

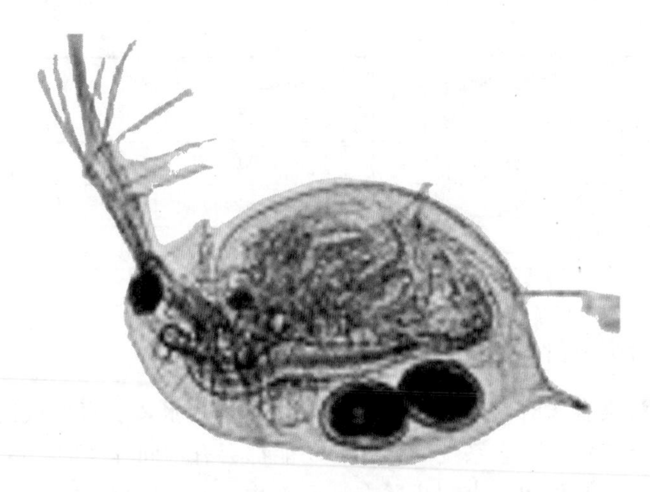

图 8-2　大型蚤形态

用于水生生物毒理实验。

在工业带突发水体污染事故时，会存在污染物尚不明确的情况，采用大型蚤急性毒性实验对污染水体进行检测，可以从生物学角度测定受污染的水质毒性，并把毒性实验与理化监测相比较，综合评价受污染水体水质状况和综合污染程度，为后续治理提供理论依据。

8.2.2.2　大型蚤急性毒性测定方法

大型蚤急性毒性试验可在应急监测平台现场操作，使用便携式水质多参数检测仪对水质的溶解氧、硬度、pH、电导率和温度等参数进行测定，方法操作主要参照国家标准《水质物质对蚤类（大型蚤）急性毒性测定方法》。在规定的条件下，将大型蚤幼蚤置于一系列浓度的受测物溶液中，利用显微镜观察受试蚤类24h和（或）48h后，由不同浓度溶液中大型蚤幼蚤活动能力受到抑制（包括死亡）的数量，求出该时间内受试物使50%的大型蚤活动能力受到抑制（包括死亡）的浓度，即半抑制浓度，记作EC_{50}。

试验过程分为预试验和正式试验。预试验在浓度分别为100mg/L、10mg/L、1mg/L和0.1mg/L的高锰酸钾溶液中放5～10个幼蚤，试验时间为24h，通过预试验找出被测物使100%大型蚤运动受抑制的浓度和最大耐受浓度的范围，然后在此范围内设计出正式试验各组的浓度。每个浓度设2个平行样，并设对照。试验开始后应于1h、2h、4h、8h、16h和24h定期进行观察，记录每个容器中仍能活动的大型蚤数，测定0～100%大型蚤不活动或死亡的浓度范围，并记录其任何不正常的行为。在计算受试蚤的不活动或死亡的百分数后，立即测定试验液的溶解氧浓度。

8.2.2.3　大型蚤急性毒性结果计算

试验结束，计算每个浓度不活动的受试蚤（包括死亡蚤）占试验总数的百分比，用概率单位目测法，计算EC_{50}。也可用计算机EC_{50}程序处理（寇氏修正法），获得EC_{50}。计算公式如下：

$$\lg EC_{50}=X_k-d(\sum P_i-0.5) \tag{8-3}$$

式中　X_k——最大剂量的对数；

d——相邻两组对数数量之差数；

$\sum P_i$——各组死亡率的总和（以小数表示）。

8.2.2.4　大型蚤急性毒性检测应用

常规的水质监测方法耗费大量时间，容易造成漏检，监测获得的理化数据并不能直接反映水生动物和生态系统的受危害程度，因此很难实现对突发水体污染事故的监测。通过大型蚤测试方法对水质进行应急监测，能更直观、综合地反映复杂水质的污染状况，为制定针对污染事故的应急措施提供理论支持。在试验过程中，采用半数死亡时间表征水质变化程度，可以实现水体污染事故应急监测的定性和半定量分析。

刘洋在对污染源污染物进行调查的基础上，以大型蚤为指示生物进行了毒性效应研究，研究表明，不同污染物对大型蚤的毒性不同，毒性大小为敌敌畏＞溴氰菊酯＞灭多威＞DDT＞马拉硫磷＞高锰酸钾＞孔雀石绿＞百菌清＞壬基酚＞乙炔雌二醇＞氯化镉＞雌二醇＞砷＞双酚A＞硫酸铵＞硝基苯＞氯化锰。

大型蚤半数死亡时间、生物行为毒性效应分析和结合污染源调查的污染物理化特征分析，三者共同构成的一套基于生物毒性测试的水体污染事故应急监测技术才是全面完整的、具有应用价值的技术。水体污染物种类繁多，因此有必要研究更多污染物与不同生物半数死亡时间及行为变化之间的关系模型，构建完整数据库，并准确应用到突发水体污染事故的应急监测中，实现突发水体事故的定性及污染物的半定量分析。

8.2.3　细菌毒性检测法

细菌具有生长迅速、周期短、运转费用低、与高等动物拥有类似理化特性和酶作用过程等特点，能在短时间内得到可靠的毒性资料，因而被用作毒性检测的指示生物。根据毒性对细菌作用的不同，建立了细菌生长抑制实验和细菌发光检测技术等。本节对应用较广的发光细菌测试方法进行介绍。

发光细菌，顾名思义，是一种能够发光的细菌。单个细菌所发出的光极其微弱，肉眼无法看到；当成千上万个细菌生长聚集在一起时，在黑暗条件下，可以发出小点或小片的光。发光细菌所发出的光为荧光，波长在450～490nm之间。现已发现并命名的发光细菌约有200种，常见的发光细菌有以下几种：异短杆菌属的发光异短杆菌，发光杆菌属的明亮发光杆菌，弧菌属的哈维氏弧菌、火神弧菌、费氏弧菌和东方弧菌、青海弧菌。多数发光细菌生活在大海中，既可以附着在海水中的有机物上，也可以寄生在鱼、贝等动物体上，同时为宿主提供光线。

8.2.3.1　发光细菌检测原理

发光细菌法实验是建立在生物传感器基础上的毒性检测系统，它能够有效地检测突发性或破坏性的水源污染。发光作用是发光细菌在正常生理状态下所具有的性质，发光细菌在正常的生理条件下能发出波长在450～490nm的蓝绿色可见光，而在一定的实验条件下发光强度是恒定的。与外来受试物接触后，由于毒物具有抑制发光的作用，当细胞活性受到毒性物质作用后，毒性物质将改变细胞的状态，包括细胞壁、细胞膜、电子转移系统、酶及细胞质的结构，其活性将受到抑制，从而使呼吸速率下降，进而导致发光强度降低。发光细菌发光强度变化的程度与毒物的浓度在一定范围内呈相关关系，同时与该物质的毒性大小有关。

外来毒物主要通过下列两个途径抑制细菌发光：

① 直接抑制参与发光反应的酶类活性。

② 抑制细胞内与发光反应有关的代谢过程。能够干扰或破坏发光细菌呼吸、生长、新陈代谢等生理过程的有毒物质的毒性都可以根据发光强度的变化来测定。

发光机理的研究表明，不同种类发光细菌的发光机理是相同的，都是由特异性的荧光酶（LE）、还原型黄素单核苷酸（$FMNH_2$）、八碳以上长链脂肪醛（RCHO）、氧分子（O_2）所参与的复杂反应，大致历程如下：

$$FMNH_2 + LE \longrightarrow FMNH_2 \cdot LE + O_2 \longrightarrow LE \cdot FMNH_2 \cdot O_2 + RCHO \longrightarrow$$
$$LE \cdot FMNH_2 \cdot O_2 \cdot RCHO \longrightarrow LE + FMN + RCOOH + H_2O + \text{光} \tag{8-4}$$

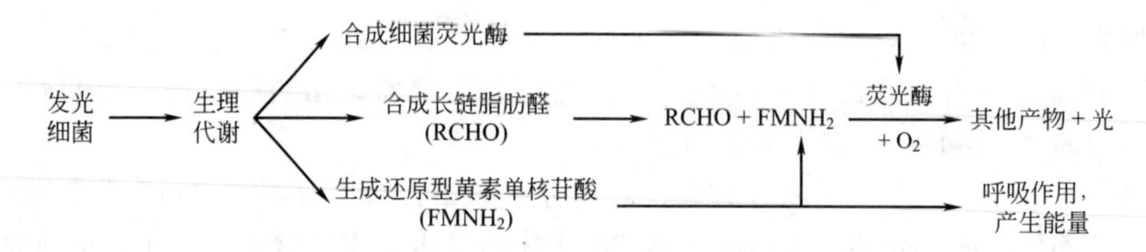

发光细菌通过上述过程产生生物发光，直接与细胞的活性及代谢状况相关。毒性物质将改变细胞的状态，并最终导致生物发光减弱。通过生物发光光强的测定即可计算得到样品毒性。

概括地说，细菌生物发光反应过程是：由分子氧作用，胞内荧光酶催化，将还原型黄素单核苷酸（$FMNH_2$）及长链脂肪醛氧化为 FMN 及长链脂肪酸，同时释放出最大发光强度在波长 450～490nm 处的蓝绿光。其中三步反应产生三种中间产物，寿命极短，很难分离。

荧光酶是生物体内催化荧光素或脂肪醛氧化发光的一类酶的总称，细菌荧光酶是含 α、β 两个多肽亚基的单加氧酶，只有两个亚基共存时才有活性。从不同海洋细菌中提取到的细菌荧光酶其分子量差别较小。王安平等分离纯化了东方弧菌的荧光酶并对其酶学性质进行研究，结果得到两个分子量分别为 44ku 和 41ku 的亚基，该酶反应的最佳温度在 18℃，超过 25℃酶即迅速失活。

毒物的毒性可以用 EC_{50} 表示，即发光菌发光强度降低 50％时毒物的浓度。实验结果显示，毒物浓度与菌体发光强度呈线性负相关关系。因而可以根据发光菌发光强度判断毒物毒性大小，用发光强度表征毒物所处环境的急性毒性。

发光细菌的光强抑制由相对发光强度（RLU）［式(8-5)］以及抑制率（％）［式(8-6)］表示，主要参数为 EC_{50}。

$$\text{相对发光强度(RLU)} = \text{样品光强}/\text{对照光强} \tag{8-5}$$

$$\text{抑制率(\%)} = [1 - (\text{样品光强}/\text{对照光强})] \times 100 \tag{8-6}$$

8.2.3.2 便携式发光细菌毒性测试仪

在突发环境污染事件中，污染源以及污染物一般具有不确定性，水质应急监测需要比普通理化分析方法更快速、更灵敏的监测手段。便携式发光细菌毒性测试仪适用于在突发水环境污染事故现场进行检测，方便使用，并能快速评估水样的污染程度。大部分便携式毒性测试仪具备“急性毒性分析功能”和“ATP（三磷酸腺苷）分析功能”，可快速检测并评估污染水质中的化学污染和生物污染程度，是理想的快速毒性检测工具，其主要操作流程如下：

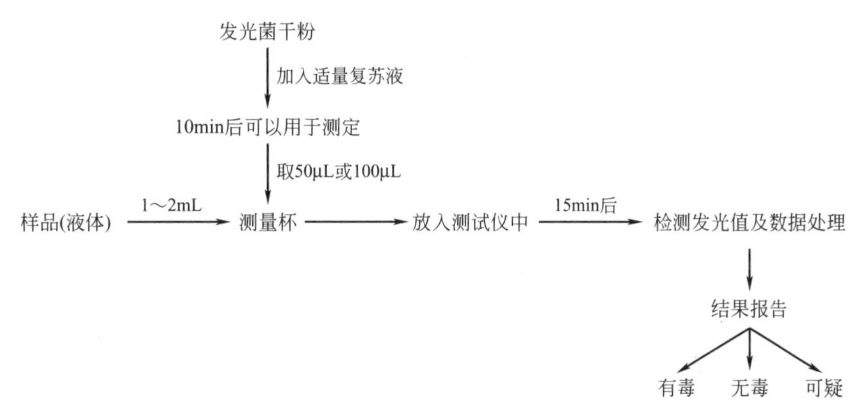

日前应用于应急监测现场的便携式发光细菌毒性测试仪器主要有美国 SDI 公司生产的 Microtox Model 500 和 Deltatox 毒性测试仪、以色列 Checklight 公司生产的 Tox Screen-Ⅲ Test 毒性分析仪、美国 Turner Biosystems 公司生产的 Glomax TM 96 微孔板光度计和美国 Hach 公司的 Hach eclox 便携式水质毒性分析仪等，下面分别对其特点进行介绍。

（1）美国 SDI 公司的 Microtox Model 500 和 Deltatox 毒性测试仪

美国 SDI 公司生产的 Deltatox 毒性测试仪（图 8-3）和 Microtox Model 500 毒性测试仪（图 8-4）是基于 Microtox 生物传感技术的毒性检测系统。急性毒性测试可以在 5～30min 内完成，因而能保证对水质变化的快速反应。该系统使用费氏弧菌，通过光线变弱的程度与无毒对照空白实验的比较表示水样毒性的强弱。由于测试过程很快，因此可以通过稀释测试样本的方法来确定毒性物质在水样中的相对浓度。Microtox Model 500 和 Deltatox 主要技术参数见表 8-4。

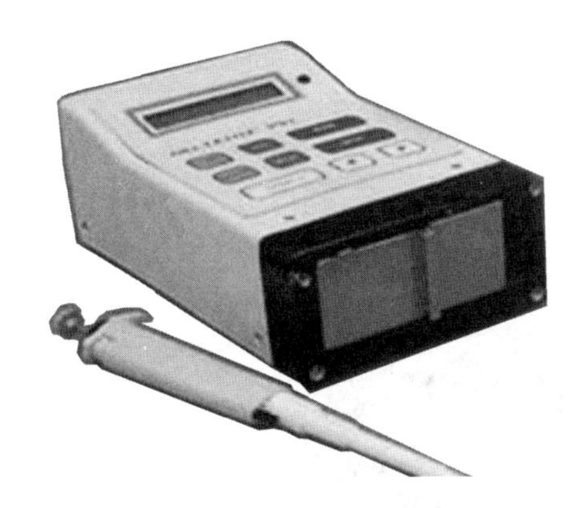
图 8-3　Deltatox 毒性测试仪

图 8-4　Microtox Model 500 毒性测试仪

表 8-4　Microtox Model 500 和 Deltatox 主要技术参数

技术参数	Deltatox	Microtox Model 500
尺寸	25.4cm×15.2cm×11.4cm	18.3cm×39.1cm×41.2cm
质量	2.4kg	9.5kg
主供电	AC100～240V,50/60Hz	AC100～240V,50/60Hz
野外供电	6 节 3 号电池	无
操作温度	10～28℃	15～30℃

续表

技术参数	Deltatox	Microtox Model 500
检测原理	毒性测试：微生物传感器（费氏弧菌）； ATP 测试：荧光酶	毒性测试：微生物传感器（费氏弧菌）； ATP 测试：荧光酶
急性毒性检测时间	5min、15min、30min（可选）	
慢性毒性检测时间	24h	
可检测毒性物质种类	大于 5000 种	
测量范围	0～1.2×10^{8} 个光子	
光子计数最高频率	0.1s 内 5000 个光子	
屏幕显示	LCD 液晶显示	
数据输出	9 针串口	
检测模式	Q-Tox，ATP （急性毒性检测，生物总量分析）	Q-Tox，B-Tox，ATP （急性毒性检测，慢性毒性检测，生物总量分析）
微生物最低检出限	≤100CFU/mL	≤100CFU/mL
冻干发光菌保存年限	①－20℃环境下可保存两年； ②经常取用会导致保存环境温度变化，可保存一年	

（2）以色列 Checklight 公司的 ToxScreen-Ⅲ Test 毒性分析仪

ToxScreen-Ⅲ Test 毒性分析仪（图 8-5）是一种基于生物传感技术的毒性检测系统，根据发光细菌在新陈代谢时发光强度的变化进行定性和定量检测。该仪器使用发光细菌冻干试剂，当这些细菌处于有毒的环境中时，其发出的光受到抑制，根据其光强度变化即可快速准确地测试样品的毒性。该系统使用有机和重金属两种缓冲液，易于辨别毒性来源是有机物或是重金属；可直接检测上千种潜在的毒性物质。主要技术参数见表 8-5。

图 8-5　ToxScreen-Ⅲ Test 毒性分析仪

表 8-5　ToxScreen-Ⅲ Test 毒性分析仪技术参数

技术指标	参数
检测器	380～630nm
数据存储量	1000 组
灵敏度	1×10^{-15}mol ATP
动态范围	大于 6 个数量级
试管规格	径 12mm 或 15mm，高 47～75mm
尺寸	150mm×280mm×170mm(宽×长×高)
接口	RS232C
湿度	10%～90%，无冷凝
测量时间	1～999s，1s 步进
操作温度	15～30℃

(3) 美国 Turner Biosystems 公司的 GloMaxTM 96 微孔板光度计

GloMaxTM 96 微孔板光度计（图 8-6）是美国 Turner Biosystems 公司推出的简单易用、灵敏度高、测量范围广的微孔板光度计，能满足高灵敏度和大测量范围发光检测要求，有两个可供选择的注射器系统，可进行辉光和闪烁发光分析，适用于所有的生物发光和化学发光检测。主要技术参数见表 8-6。

图 8-6　GloMaxTM 96 微孔板光度计

表 8-6　GloMaxTM 96 微孔板光度计技术参数

技术指标	参数
灵敏度	3×10^{-21}mol 荧光酶
线性响应范围	大于 9 个数量级
交叉反应	优于 3×10^{-5}
精确性	变异系数 CV 小于 3%
探测器	光电倍增管(PMT)
光谱响应范围	350～650nm
峰值波长	420nm

续表

技术指标	参数
微孔板制式	96 孔板
注射器	1 个或 2 个注射器(可选择)
注射体积	(25～250)μL±1μL

(4) 美国 Hach 公司 Hach eclox 便携式水质毒性分析仪

Hach eclox 便携式水质毒性分析仪（图 8-7）是美国环保署在紧急响应草案中推荐的水质分析仪器。该水质毒性分析仪的核心组件是用于现场水中重金属、毒素、化学试剂等物质总体毒性检测的 eclox 发光毒性分析仪。eclox 既可用于流行的发光细菌法生物毒性分析，也适用于恶劣环境的化学毒性分析。内置软件可以通过液晶屏直观显示测定结果，具有图形显示功能，对操作人员要求低。eclox 还可以与计算机连接，通过专用软件 LUMIS soft4 进行进一步的数据处理，如根据国际标准 ISO 11348 计算样品的 LID、EC 值等。

增强型发光法分析技术可应用于现场水质痕量污染的毒性评估。该技术的原理是：在过氧化酶的催化下发光试剂与氧化剂发生化学反应，反应过程中会产生发光现象，加入增强剂之后，发光过程稳定可测。当样品中存在有毒物质时，便会影响该反应的进行，进而影响发光强度，通过发光强度的变化即可确定样品毒性强度，毒性分析仪仅需微量电量即可工作，且使用方便。Hach eclox 便携式水质毒性分析仪技术参数如表 8-7 所示。

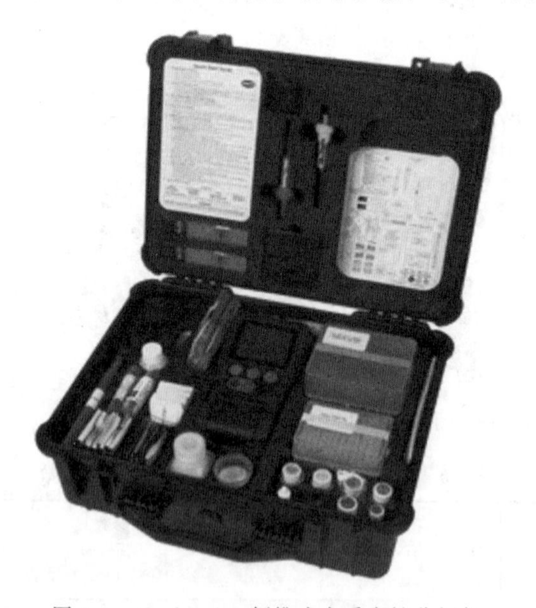

图 8-7　Hach eclox 便携式水质毒性分析仪

表 8-7　Hach eclox 便携式水质毒性分析仪技术参数

技术指标	参数
尺寸	520mm×450mm×215mm
质量	9kg
使用环境条件	工作温度 5～40℃，环境湿度 20%～80%

续表

技术指标	参数
电池(光度计用)	4 节碱性 AA 电池,锂电池
测试参数	砷、发光毒性、余氯、总氯、铂钴色度、神经毒剂、杀虫剂、pH、总溶解性固体(电导率)
检测器	高灵敏度光电管
菌种	符合 ISO 11348 标准规定的菌种
单样检测时间	5min(化学发光法);15min(发光细菌法)
试剂质保期	化学发光法:1 年;发光细菌法:1 年

8.2.3.3　发光菌技术的性能影响

采用现代光电检测手段（生物发光光度计）的发光菌生物毒性实验是毒理学中生物测定的方法之一。该方法快速、简便、灵敏、廉价，在有毒物质的筛选、环境污染生物学评价等方面具有重要的意义，但该方法存在细胞发光强度本底差异大、检测期间发光变化幅度宽等问题，因此对水样的 pH、生长温度、测试温度、测试时间等因素有一定的要求。

（1）测试时间的影响

不同化学药品对发光菌的影响程度不同，反映了不同的作用机理。某些化学药品对发光的影响作用在 5min 内完成；而对于另一些化学药品，15min 的实验数据更为可靠。当细菌的水合时间超过 30min，试剂对某些样本的敏感性会改变。

（2）测试温度的影响

部分监测仪器能在比较宽的温度范围（10～28℃）运行，推荐毒性测试温度为 26℃。

（3）含氯水样的影响

水中氯及其副产物的存在会导致细菌发光强度的下降，从而影响测试结果，这种样品可加入硫代硫酸钠溶液消除氯的影响，而对于较高浓度的含氯水样应先进行稀释或采取其他手段降低氯浓度。

（4）pH 的影响

样本的 pH 会影响测试结果，当 pH 在 6.0～8.0 时测试试剂表现出良好的发光性，超出这个范围，就会影响毒性检测结果。一般先将样品 pH 调节至 7.0 左右，而这有可能改变待测样品中毒物的存在形态和性质。因而，样本的 pH 应该按照规定就近调节到 6.0～8.0，尽量减小因调节待测样品 pH 而引起的不必要的毒性变化。

（5）浑浊水样的影响

对浑浊或含有不沉淀颗粒物的水样，需要对样品进行离心过滤，以达到去除浊度或颗粒物的目的。但应当注意的是，样品的浑浊可能引起不明确的发光增强或减弱，只有不考虑浑浊带来的毒性时，才考虑使用以上去除浊度的方法。

（6）有色水样的影响

如果有明显的颜色（特别是红、棕或黑色），可能会吸收光而影响测试精度，这样的水样应该在测试前用蒸馏水或去离子水稀释（稀释比例为 25%或 50%）。

8.2.3.4　发光菌技术的应用

当工业带突发水污染事件时，毒性物质会对周边江河、湖泊等水环境造成污染。用便携式毒性测定仪对环境突发事故中被污染水体的毒性进行检测，是较为快速、灵敏、低成本的生物检测方法，因此发光菌用于环境污染毒性检测的研究得到显著发展。1995 年，我国颁布了应用发光菌进行水质毒性测试的国家标准，大量学者也利用发光菌的不同种类进行了重金属、有机溶剂、除草剂等的毒性评价，并研究了最佳测试条件、毒性与污染物的相关性等。李汝等以突发水环境污染事件中常见的重金属、农药和工业有机污染物三大类污染物为研究对象，选取费氏弧菌（海洋发光菌）对 Zn^{2+}、Cr^{6+}、Cu^{2+}、马拉硫磷、百菌清、苯酚和四氯化碳等不同种类的污染物进行生物综合毒性检测，得出相比于农药类污染物、工业有机污染物，费氏弧菌对重金属类污染物的敏感性更强的结论。他们又根据各污染物对发光菌的发光抑制作用曲线拟合方程所得的 EC_{50}，得出费氏弧菌对不同污染物的敏感程度排序和污染物对费氏弧菌的急性毒性作用排序：重金属类污染物为 $Zn^{2+}>Cu^{2+}>Cr^{6+}$；农药类污染物为马拉硫磷>百菌清；工业有机污染物为四氯化碳>苯酚。除营养元素锌外，污染物与费氏弧菌接触时间为 10min 时的 EC_{50} 大于或略大于 15min 时的 EC_{50}。综上可以表明，发光细菌应急监测是一种快速筛选生物毒性的综合毒性检测方法，其反应速度快、准确度较高，适合作为水质常规监测技术的补充手段，并在快速监测中拥有广阔的应用前景，对保障水质安全具有指导意义。

8.3 微生物综合检测方法

在突发水污染事故中，被污染水体中存在大量有机物，适于各种微生物的生长，微生物将大量繁殖而导致食源性疾病或环境污染。水中常见的致病性细菌主要包括：大肠杆菌、志贺氏菌、沙门氏菌、霍乱弧菌、小肠结肠炎耶尔森氏菌和副溶血性弧菌等。在实际水质评价和控制中，无法对各种可能存在的致病微生物一一进行检测，因此，一般选择有代表性的一种或一类微生物作为指示菌进行检测，以了解水质是否受到微生物污染。目前，总大肠菌群、粪大肠菌群和大肠埃希氏菌是世界各国环境管理中最具代表性的卫生学指标，美国、法国、德国、意大利、英国、俄罗斯等将其作为基本的微生物学指标进行应用。传统的检验方法，主要包括形态检查和生化方法，其准确性、灵敏性均较高，但涉及的实验较多、操作烦琐、需要时间较长、准备和收尾工作繁重，而且要有大量人员参与，所以需要准确、省时、省力和省成本的快速检验方法。本节对微生物快速检测中的即用型纸片试剂盒法、多管发酵法、滤膜法和固定底物酶底物法进行介绍。

8.3.1 即用型纸片试剂盒法

纸片法是中国环境监测总站推荐的检测方法，适用于污染事故应急监测。即用型纸片法是在无菌滤纸上吸附大肠菌群生长所需要的乳糖等营养成分、指示剂和抑菌剂等制成的。大肠菌群发酵乳糖产酸，使溴甲酚紫指示剂由紫色变为黄色，同时产生脱氢酶还原无色氯化三苯基四氮唑（TTC）形成红色四氮唑，显现出红色菌落，同时满足这两种特性即为阳性结果。可使用 3M 公司的 Petrifilm™Plate 系列微生物测试片，分别检测菌落总数、大肠菌群计数、霉菌和酵母计数，与传统检测方法之间的相关性非常好，操作简便、快速、节省试剂，特异性和敏感性与发酵法符合率高，该方法已经被列为国标方法。使用时应正确掌握操作技术和判断标准，从而达到理想的检测效果。PF（Petrifilm™）试纸还加入了染色剂、显色剂，增强了菌落的目视效果，而且避免了热琼脂法不适宜受损细菌恢复的缺陷。霉菌快速检验纸片，仅需36℃培养，不需要低温设备，实验过程快速，仅需2天就可观察结果，比现在的国家标准检验方法缩短3～5天，大大提高了工作效率。纸片法与国标法在霉菌检出率方面的差异无统计学意义，且菌落典型，易判定。同时纸片可高压灭菌处理，4℃保存，简化了实验准备、操作和判断。

8.3.1.1　方法原理

以滤纸片、纸膜、胶片等作为培养基载体，培养基中含有的2,3,5-氯化三苯基四氮唑（TTC）溶于水成为无色溶液。按最大可能数（Most Probable Number，MPN）法，将一定量的水样以无菌操作的方式接种到吸附有适量指示剂（溴甲酚紫和TTC）以及乳糖等营养成分的无菌滤纸上，在特定的温度（37℃或44.5℃）培养24h，细菌生长繁殖时产酸使pH降低，溴甲酚紫指示剂由紫色变为黄色，同时，产气过程中相应的脱氢酶在适宜的pH范围内催化底物脱氢还原TTC形成红色的不溶性三苯基甲臜（TTF），即可在产酸后的黄色背景下显示出红色斑点（或红晕）。通过上述指示剂的颜色变化可对是否产酸产气做出判断，从而确定是否有总大肠菌群或粪大肠菌群存在，再通过查MPN表就可得出相应总大肠菌群或粪大肠菌群的浓度。

8.3.1.2　测定方法

（1）纸片的选用

使用市售水质总大肠菌群和粪大肠菌群测试纸片：10mL水样量纸片和1mL水样量纸片，按以下方法进行质量鉴定，达到要求后方可使用。

① 外层铝箔包装袋应密封完好，内包装聚丙烯塑膜袋无破损。

② 纸片外观应整洁无毛边，无损坏，呈均匀淡黄绿色（图8-8），加去离子水或蒸馏水后呈紫色（图8-9），无论加水与否，应无杂色斑点，无明显变形，表面平整。

图8-8　纸片不加水

图8-9　纸片加水

（2）实验步骤

调节水样pH至中性（7.0～8.0），按多管发酵法的稀释、接种方法对各种水样做适当稀释，然后接种（参照表8-8）。以5张纸片为1组，每份样品至少设3组，接种10mL水样于大纸片上，接种1mL水样或稀释水样于小纸片上，接种的纸片以无菌操作方式放在培养皿中，然后置于恒温培养箱中，37℃培养15～18h。

（3）结果判读

纸片上出现红斑或红晕且周围变黄，或纸片全片变黄，无红斑或红晕，则为阳性；纸片部分变黄，无红斑或红晕，或纸片的紫色背景上出现红斑或红晕，而周围不变黄，或纸片无

表 8-8 水样接种量参考表

水样类型	接种量/mL							
	10	1	0.1	10^{-2}	10^{-3}	10^{-4}	10^{-5}	10^{-6}
湖水、水源水	▲	▲	▲					
河水			▲	▲	▲			
生活污水					▲	▲	▲	
医疗机构排放污水(处理后)		▲	▲	▲				
禽畜养殖业等排放废水						▲	▲	▲

变化，则为阴性。

根据不同接种量的阳性纸片数量，查 MPN 表得到 MPN 值（MPN/100mL），按公式换算并报告 1L 水样中总大肠菌群或粪大肠菌群数：

$$c=100\times\frac{M}{Q} \tag{8-7}$$

式中 c——水样总大肠菌群或粪大肠菌群浓度，MPN/L；

M——查 MPN 表得到的 MPN 值，MPN/100mL；

Q——实际水样最大接种量，mL；

100——10×10mL，其中，10 将 MPN 值的单位由 MPN/100mL 转换为 MPN/L，10mL 为 MPN 表中最大接种量。

8.3.1.3 纸片法应用

6 家实验室对使用纸片法和多管发酵法测定水质中总大肠菌群进行了比对实验，使用两种方法测定的结果见表 8-9。表 8-9 表明纸片法与多管法的相关性（95%置信限）较好，相关系数最小值为 0.5894，大于相关系数临界值 $r_a=0.5139$，经配对 t 检验，6 家实验室均显示两种方法总体均值无显著差异，由此可以认为纸片法能较准确地测定水中总大肠菌群数，且具有操作简便、不需单独配制培养基、测定周期短、性能稳定等特点，在 4℃可保持一年，尤其对污染事故应急监测更具有较好的实用性。

表 8-9 6 家实验室纸片法与多管发酵法总大肠菌群测定结果

实验室编号	纸片法大肠菌群个数/(个·L^{-1})	多管法大肠菌群个数/(个·L^{-1})	t	相关系数
1	20～5.4×10^6	20～5.4×10^6	0.0146	0.9990
2	2～2.4×10^6	2～2.4×10^6	0.725	0.8430
3	1.7×10^3～4.2×10^7	1.7×10^3～4.2×10^7	1.668	0.9790
4	5.4×10^4～2.4×10^5	5.4×10^4～2.4×10^5	0.453	0.7760
5	7.7×10^2～1.6×10^5	7.7×10^2～1.6×10^5	1.57	0.9740
6	20～1.6×10^4	20～1.6×10^4	0.415	0.5894

8.3.2 多管发酵法

多管发酵法是根据统计学原理，以大肠菌群最大可能数（MPN）表示实验结果，是一种半定量的方法，同时也是大肠菌群检测最经典的方法。传统的多管发酵法可运用于水中大肠菌群检测，但操作烦琐复杂、所需时间长。在突发水环境污染时，可采用最大可能数法便携式微生物实验室对受污染水体中的大肠菌群进行快速测定。

8.3.2.1　方法原理

MPN 法是一种国际公认的微生物检测方法，同时是饮用水、污水微生物检测的国标方法，常规检测可参考《水质　粪大肠菌群的测定　多管发酵法》（HJ 347.2—2018）。MPN 法是根据统计学理论，估计水体中的大肠杆菌密度和卫生质量的一种方法。如果从理论上考虑，并且进行大量的重复检定，可以发现这种估计有大于实际数字的倾向。不过只要每一稀释度试管重复数目增加，这种差异便会减少，对细菌含量的估计值，大部分取决于那些既显示阳性又显示阴性的稀释度。

8.3.2.2　检测方法

在应急监测过程中，可携带哈希公司便携式微生物实验室进行现场检测，哈希公司 MPN 最大可能数法便携式微生物实验室通过多管发酵法测定水质中的总大肠菌群、大肠杆菌和粪大肠菌群等指标。该便携式微生物实验室主要包括：便携式培养箱、含除氯剂的取样袋以及灭菌接种环等必备实验器材。

（1）样品的测试方法

样品测试方法如图 8-10 所示。

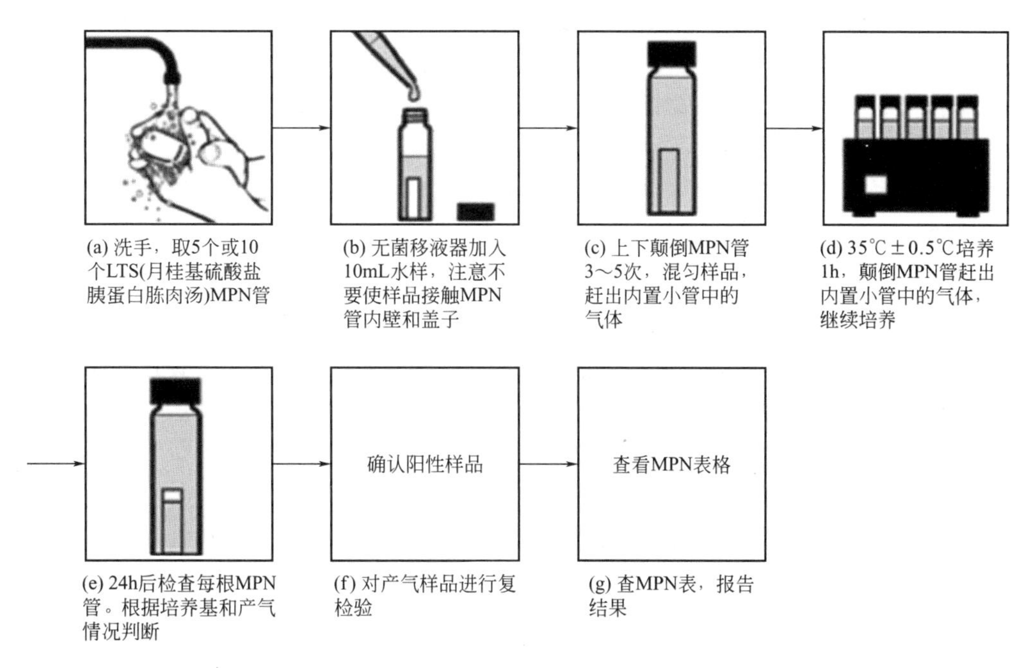

图 8-10　样品的测试方法

（2）结果计算

根据不同接种量的发酵管所出现阳性结果的数目，可对照《水质　粪大肠菌群的测定　多管发酵法》（HJ 347.2—2018）方法中的粪大肠菌群检数表和最大可能数（MPN）表查得每升水样中的粪大肠菌群数。

8.3.2.3 实际应用特点

(1) 检测方法对样品的适用性

多管发酵法由于只需要根据水样的取样量决定将样品培养于何种培养液中（单倍或是三倍乳糖）进行培养，因此理论上可适用于各种水样，但由于受发酵管容积的限制，其更适合检测水源水、地表水和污染源废水（取样量不大），而且如果接种的水样量不是 MPN 表中的 3 种接种量时，还需用公式进行换算。

(2) 检测时间及操作过程的烦琐程度

多管发酵法需要经过发酵实验过程后，才能根据不同接种量的发酵管所出现阳性结果的数目，从 MPN 表中查得相应的 MPN 指数，从而最后得出每升水中粪大肠菌群细菌的 MPN 值。多管发酵法的培养时间需要 2d，且对每个接种量的发酵管数都有严格要求（MPN 表多采用 9 管、15 管发酵管，接种量为 10mL、1mL、0.1mL 等 3 种），否则结果难以统计。

8.3.3 滤膜法

滤膜法是把样品加压或者通过抽真空，使其经过装有滤膜的装置，由于细菌菌体无法通过滤膜从而被截留在滤膜上，再利用选择性培养基培养滤膜上的细菌，然后进行菌落计数的方法。滤膜法主要用于水质微生物的检测，已经被很多国家作为标准方法。滤膜法的优点是检测大体积水样时，比传统的多管发酵法检出限更低，可靠性更高。

8.3.3.1 实验原理

滤膜法采用滤膜过滤水样，使其中的细菌截留在滤膜上，然后将滤膜放在适当的培养基上进行培养，大肠杆菌可直接在膜上生长，从而直接计数。滤膜法（MF）是一种快速、简单的大肠杆菌的测量方法。将适当体积的水样通过过滤膜片，膜的孔径小于 0.45μm，因此可以截留细菌。过滤膜片放在一个浸满了培养基的衬垫上（在一个有盖的培养皿上），培养基根据需要测定的细菌种类选择。将培养基和过滤器的培养皿放在培养箱内，在合适的温度下培养 24h。培养完成后，细菌群已经繁殖，并可以通过照明放大镜或 10～15 倍显微镜计数。

8.3.3.2 检测方法

在应急监测过程中，可采用 MF 滤膜法便携式微生物实验室，在野外现场或应急监测平台进行总菌群、粪大肠菌群、大肠杆菌、异养细菌、酵母菌和霉菌等水中的微生物测试。通过精确、快速、可靠的检测方法，准确及时地监测水域的微生物污染状况。

(1) 样品的采集和准备

在应急监测过程中，可使用便携式微生物实验室，为确保测定的准确性，要严格控制各项技术参数，包括样品收集和准备、干净的实验室、正确的消毒和接种操作以及温度的控制。现场采样方法可参照《水质　粪大肠菌群的测定　滤膜法》（HJ 347.1—2018）和便携式微生物实验室操作说明。

(2) 样品的测试方法

① MF 法测量步骤。MF 法测量的步骤详见图 8-11。

② 压迫型生物体的总大肠杆菌测量步骤。暴露在不利生长环境（如废水处理）下的生物有机体，在微生物检测过程中生长缓慢，甚至根本不生长，这种类型的生物体被称为压迫型生物体。压迫型生物体在滤膜法测量中会给出错误的阴性结果。压迫型生物体经常存在于

(a) 把无菌的吸收衬垫放在培养皿中(采用消过毒的钳子)，把培养皿盖好

(b) 打开m-Endo培养基的安瓿瓶，倒入吸收衬垫，把培养皿盖好

(c) 将膜过滤装置准备好。用消过毒的钳子把膜放在膜过滤装置上，格子面朝上

(d) 用力摇晃样品瓶，把100mL样品倒入漏斗中。启动真空和过滤设备，过滤完毕用20～30mL的无菌水冲洗漏斗3次

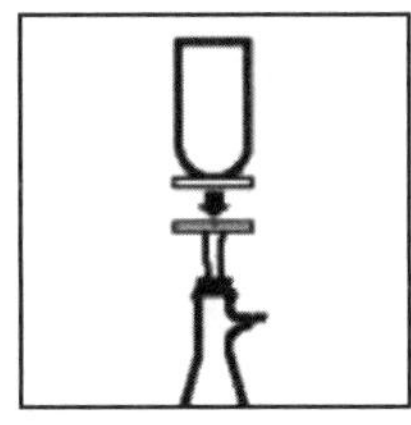
(e) 旋开真空器，把漏斗取下，用钳子把过滤膜片取下，放到已经准备好的培养皿中

(f) 把过滤膜片放在培养皿中的吸收衬垫上，格子面朝上，轻轻摇晃，确保整个过滤膜片紧贴衬垫。盖好培养皿

(g) 把培养皿放在便携式培养箱中，在35℃±0.5℃的温度下培养24h

(h) 培养结束后，用10～15倍显微镜或放大镜计算呈绿色的菌群数

图 8-11　MF 法测量的步骤

含氯水、含盐水和含重金属离子或其他有毒物质的有机废水中。取样的条件、温度的骤变、极端的 pH 环境、低营养浓度和消毒剂都可以导致压迫型生物体的产生。

在采用 MF 方法时，压迫型生物体需要特殊的技术才能完全恢复。采用 m-FC 肉汤测量大肠杆菌，操作方法如图 8-12 所示。

(3) MF 法测量结果的计算

大肠杆菌的密度是指每 100mL 中的菌群数量。对于大肠杆菌的野外测试，理想的样品体积为 20～60 个，每个过滤器不要超过 200 个。

式(8-8) 用来计算一个过滤膜片上的总大肠杆菌的密度。其中，“mL” 指的是样品的真实体积，而不是稀释后的体积。

$$大肠杆菌数/100mL=[大肠杆菌读数/样品体积(mL)]\times 100 \tag{8-8}$$

在测量非饮用水时，如果在一张膜片上没有得到预期的最小菌群数，可以取多个样同时测量，用式(8-9) 计算大肠杆菌的平均密度。

$$大肠杆菌数/100mL=[所有膜片上大肠杆菌读数/所有样品的总体积(mL)]\times 100 \tag{8-9}$$

8.3.3.3　实际中的应用特点

(1) 检测方法对样品的适用性

滤膜法主要是采用抽滤装置将细菌截留在滤膜上，然后将滤膜贴附在固体培养基上培养，因此可用于检测体积较大的水样，但受滤膜孔径的限制，在检测浊度高（污染源废水）、非大肠杆菌类细菌密度大（河湖水）的水样时，对菌落计数统计有一定影响。此外，如水样中毒性物质含量较高，也会在滤膜上形成累积，抑制细菌培养。

(a) 把无菌的吸收衬垫放在培养皿中(采用消过毒的钳子)，把培养皿盖好

(b) 打开m-FC培养基的安瓿瓶，倒入吸收衬垫，把培养皿盖好

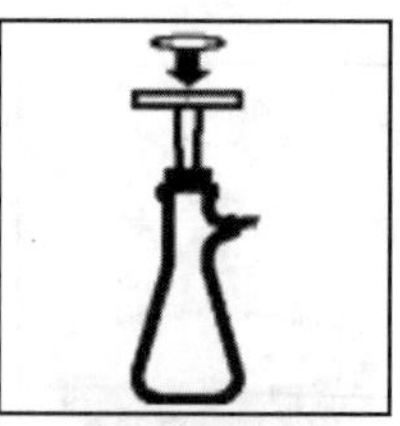

(c) 将膜过滤装置准备好。用消过毒的钳子把膜放在膜过滤装置上，格子面朝上

(d) 漏斗中加入100mL混匀后的样品，启动真空和过滤设备，过滤完毕用20～30mL的无菌缓冲液冲洗漏斗壁3次

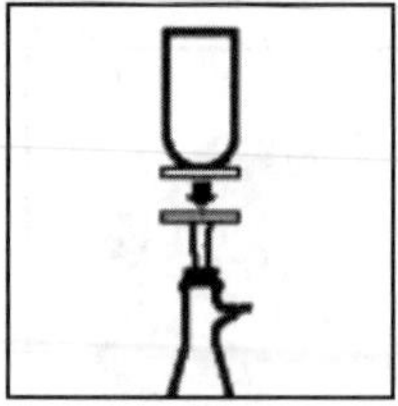

(e) 旋开真空器，把漏斗取下，用钳子把过滤膜片取下，放到已经准备好的培养皿中

(f) 把过滤膜片放在培养皿中的吸收衬垫上，格子面朝上，轻轻摇晃，确保整个过滤膜片紧贴衬垫。盖好培养皿

(g) 把培养皿放在便携式培养箱中，在44.5℃±0.2℃的温度下培养24h±2h

(h) 培养结束后，用10～15倍显微镜或放大镜计算呈绿色的菌群数

图 8-12　采用 m-FC 肉汤测量大肠杆菌的操作方法

（2）检测时间及操作过程的烦琐程度

MF 滤膜法便携式微生物实验室设备将一套完整的滤膜法微生物检测所需设施整合到一个便携式箱中，选配相应的培养基可以检测多种水生微生物，适用于多种水质的测定，具有快速、便捷、测量结果精确、经济等特点。使用时只需用少量无菌水润湿培养基垫即可使用，培养时间 1d 左右，具有较高的再现性和精密度。此外，由于采用单片无菌包装，节省了灭菌时间，还可避免操作过程中的二次污染，并且长有菌落的滤膜片可在紫外线灭菌、干燥后作为检测记录永久保存，更符合计量认证规范。

（3）滤膜法优势

滤膜法具有省时、省料、设备要求低、可以采集较多的检测水样等优点。当面对各种突发水环境污染事件，需迅速做出反应、更快地获得肯定结果时，滤膜法的优点越发突出。因此在实际应急监测工作中，可以将滤膜法作为大肠菌群的主要检测方法，采取相应措施克服其易受水样浊度、其他菌种和有毒物质干扰的局限性，将多管发酵法作为辅助方法，对滤膜法培养的可疑菌种进行鉴定，从而使检测结果更加准确，为应急监测提供科学数据。

8.3.4　固定底物酶底物法

检测水中粪大肠菌群的传统方法是采用多管发酵法或滤膜法。但这两种方法检测时间相对较长（48h 左右），且需进行验证实验，实验步骤较为烦琐，所以常规多管发酵法或滤膜法不能对水质状况做出快速评价。因此，采用快速简便的检测方法十分必要。酶底物法是一种新型酶技术检测方法，2003 年从美国引入我国，用于大肠杆菌检测，可以较好地弥补传统方法的不足。在美国，90％以上的实验室使用酶底物检测技术；在加拿大、日本的饮用水市场，酶底物法的使用率高于其他检测方法的总和；在我国，该方法也日益普及，拥有相关设备的各级环境监测站达百余家，目前已作为检测水中粪大肠菌群的标准方法列入《生活饮用水卫生标准》（GB 5749—2006）。

根据《生活饮用水标准检验方法　微生物指标》（GB/T 5750.12—2006）中推荐的固定底物酶底物法，可购买到市售产品美国爱德士生物科技股份有限公司（以下简称 IDEXX 公司）的科立得 TM（Colilert®）试剂。用于检测 100mL 水样，只需手工操作 1min，无需无菌实验室，即可在 24h 内定量检测出水中粪大肠菌群数。此方法极大地减少了工作量，避免了使用多管法逐级稀释带来的操作误差，也避免了使用滤膜法肉眼读数的人为误差。因此，在应急监测平台内利用便携式微生物实验室和便携式恒温培养箱即可进行。酶底物法能抑制 200 万个异养细菌，精确检测到每 100mL 样品中的 1 个粪大肠菌群。

8.3.4.1　方法原理

在特定温度下培养一定时间，总大肠菌群、粪大肠菌群、大肠埃希氏菌能产生 β-半乳糖苷酶，将选择性培养基中的无色底物邻硝基苯-β-D-吡喃半乳糖苷（ONPG）分解为黄色的邻硝基苯酚（ONP）；大肠埃希氏菌同时还能产生 β-葡萄糖醛酸酶，将选择性培养基中的 4-甲基伞形酮-β-D-葡萄糖醛酸苷（MUG）分解为 4-甲基伞形酮，在紫外灯照射下产生荧光。统计阳性反应出现的数量，查 MPN 表，可分别计算样品中总大肠菌群、粪大肠菌群、大肠埃希氏菌的浓度值。

8.3.4.2　检测方法

在应急监测中，对受污染水体中的总大肠菌群、粪大肠菌群和大肠埃希氏菌测定过程可参考《水质　总大肠菌群、粪大肠菌群和大肠埃希氏菌的测定　酶底物法》（HJ 1001—2018）。

（1）仪器和试剂

实验过程使用的培养基可选用 IDEXX 公司生产的实验试剂和耗材。主要仪器和试剂详见表 8-10。

表 8-10　主要仪器和试剂一览表

序号	名称
1	便携式生化培养箱(哈希公司)
2	程控定量封口机(IDEXX 公司)
3	100mL 无菌取样瓶(装有 1.5%的硫代硫酸钠)
4	500mL 棕色玻璃采样瓶
5	97 孔定量盘橡胶托垫(IDEXX 公司)
6	97 孔定量盘(IDEXX 公司)
7	97 孔阳性标准比色盘(IDEXX 公司)
8	科立得试剂(IDEXX 公司)

（2）实验过程

① 采用 100mL 无菌取样瓶，取 100mL 混匀水样（如果水样中粪大肠菌群数大于 2005 个/L，则酌情少取，并用新配制的超纯水稀释至 100mL 刻度线）。

② 在装有水样的取样瓶中加入科立得试剂，充分摇匀，使试剂完全溶解。

③ 把溶解完全的水样倒入无菌培养 97 孔定量盘中。

④ 采用97孔定量盘橡胶托垫在封口机上进行封装。

⑤ 把封装好的97孔定量盘放入37℃±1℃（测定总大肠菌群和大肠埃希氏菌）或44.5℃±1℃（测定粪大肠菌群）恒温培养箱中培养24h。

⑥ 培养24h后，从培养箱中取出，与97孔阳性标准比色盘进行比较，黄色孔颜色比97孔阳性标准比色盘深的为阳性反应，根据97孔定量盘上的阳性孔数，对照IDEXX公司提供的MPN表，报出结果。

（3）结果判读与计算

对培养24h后的97孔定量盘进行结果判读，样品变黄色，判断为总大肠菌群或粪大肠菌群阳性；样品变黄色且在紫外灯照射下有蓝色荧光，判断为大肠埃希氏菌阳性。如果结果可疑，可延长培养至28h进行结果判读，超过28h后出现的颜色反应不作为阳性结果。分别记录97孔定量盘中大孔和小孔的阳性孔数量。

从97孔定量盘法MPN表中查得每100mL样品中总大肠菌群数、粪大肠菌群数或大肠埃希氏菌的MPN值后，再根据样品不同的稀释度，按照式(8-10) 换算样品中总大肠菌群数、粪大肠菌群数或大肠埃希氏菌浓度（MPN/L）：

$$c=\frac{\text{MPN 值}\times 1000}{f} \tag{8-10}$$

式中 c——样品中总大肠菌群数、粪大肠菌群数或大肠埃希氏菌浓度，MPN/L；

MPN值——每100mL样品中总大肠菌群数、粪大肠菌群数或大肠埃希氏菌浓度，MPN/100mL；

1000——将 c 单位由MPN/mL转换为MPN/L；

f——最大接种量，mL。

8.3.4.3 酶底物法快速测定应用

段玉林等人采用酶底物法对地表水进行不同倍数的稀释后进行培养检测，结果表明地表水水样稀释倍数越小，结果越准确。采用酶底物法测定地表水中的粪大肠菌群具有快速、简便的特点，准确掌握水样稀释倍数，测定结果就越准确。

敬小兰等人采用酶底物快速测定法与传统多管发酵法共同测定河流地表水和地表饮用水源水中的粪大肠菌群，检测结果如表8-11所示。分别对两种方法测定的粪大肠菌群结果进行对数处理后进行配对 t 检验，如表8-12所示，可知两种方法的泊松相关系数分别为0.98和0.99，属于强相关（系数越趋于1，相关性越好），说明两组数据的相关性很好；P 分别为0.426和0.725，均大于0.05，说明两组数据无统计学意义上的显著性差异。通过结果分析可认为，酶底物快速测定法以粪大肠菌群的特异性酶与特异性底物产生特异性反应为原理，具有检测快速、准确的特点。该方法操作简便，检测周期短，能准确判断水样受污染状况，符合突发环境污染事故应急监测实时、快速、准确的要求，能满足环境监测技术要求。

表8-11　地表水粪大肠菌群检测结果　　单位：个/L

样品号	河流地表水		地表饮用水源水	
	多管发酵法	酶底物法	多管发酵法	酶底物法
1	3500	3500	2200	2294
2	5400	5440	3400	3314
3	3400	3410	2700	2638

续表

样品号	河流地表水		地表饮用水源水	
	多管发酵法	酶底物法	多管发酵法	酶底物法
4	21000	20980	2100	2114
5	13000	13010	2600	2510
6	9200	9150	2200	2209
7	9400	9360	2400	2235
8	2800	2800	2200	2172
9	4600	4620	3500	3538
10	6300	6300	260	266
11	1300	1320	790	749
12	14000	14010	790	792
13	11000	10980	1800	1768
14	11000	11020	1800	1605
15	5400	5390	1700	1636
16	16000	16070	940	936
17	5400	5390	1600	1513
18	6300	6300	1400	1421
19	1800	1800	3500	3325
20	1700	1690	1700	1616
21	4300	4320	1600	1850
22	4600	4590	1400	1529
23	4300	4280	1100	1039
24	3500	3500	2600	2638
25	7000	7120	1700	1624
26	21000	21780	2200	2143
27	17000	17200	1300	1483
28	9200	9120	1200	1119
29	24000	23590	3300	3578
30	24000	23590	2700	2755
均值	9380	9054	1956	1947

表 8-12　两种方法的配对 t 检验结果

分析方法	样品数据	泊松相关系数	自由度	t	P
多管发酵法和酶底物法测定河流地表水	30	0.98	29	0.808	0.426
多管发酵法和酶底物法测定地表饮用水源水	30	0.99	29	0.355	0.725

参 考 文 献

[1] 谢军，祁峰，裴海燕，等．脱氢酶活性检测方法及其在环境监测中的应用 [J]. 中国环境监测，2006 (5)：16-21.

[2] 陈翔，陈奇洲，张林．野外水质快速评价方法的研究 [J]. 中国公共卫生，1999 (1)：51-52.

[3] 刘洋．基于大型蚤急性毒性实验的水质监测技术构建 [D]. 济南：山东师范大学，2011.

[4] 王安平，朱文杰，郑幼霞．东方弧菌荧光酶的分离纯化和性质研究 [J]. 发光学报，1993，14 (3)：292-298.

[5] 国家环境保护局．水质　物质对蚤类（大型蚤）急性毒性测定方法：GB/T 13266—91 [S].

[6] 张迪．便携式生物毒性快速检测仪的设计研究 [D]. 秦皇岛：燕山大学，2006.

[7] 阴琨，吕天峰，梁宵，等．生物综合毒性分析仪的毒性测试方法及适用范围研究 [J]. 中国环境监测，2010 (4)：51-54.

[8] 刘允，解鑫．水体生物毒性检测技术研究进展综述 [J]. 净水技术，2013，32 (5)：5-10.

[9] 聂晓冬．用于水质生物毒性检测的新型发光细菌试纸的研究与应用 [D]. 上海：复旦大学，2013.

[10] 王立世，张宝贵，陈叙龙，等．基于细菌脱氢酶活性法的水质综合毒性快速测定仪 [J]. 南开大学学报（自然科学版），1998 (1)：100-104.

[11] 李汝，逯南南，李梅，等．费氏弧菌综合毒性法对不同种类污染物的应急监测试验研究 [J]. 安全与环境工程，2015，22 (4)：104-109.

[12] 李满英．粪大肠菌群酶底物法在环境应急监测中的应用分析 [J]. 水资源开发与管理，2017 (5)：24-27.

[13] 朱建文，王祥生．纸片法快速测定水质总大肠菌群 [J]. 干旱环境监测，2000 (4)：50-52.

[14] 张莉莉．细菌总数及大肠菌群快速检测纸片的研究 [D]. 南昌：南昌大学，2011.

[15] 段玉林，张少梅，温韬，等．酶底物法快速测定地表水中粪大肠菌群的研究 [J]. 洛阳理工学院学报（自然科学版），2011 (4)：13-15.

[16] 敬小兰，文丽娜，库永刚．酶底物法快速测定地表水中粪大肠菌群实验研究 [J]. 环境研究与监测，2019，32 (1)：10-12.

[17] 王菊，潘孝楼，吴丽．酶底物法与多管发酵法检测水中大肠菌群比较 [J]. 中国热带医学，2010 (9)：1141-1142.

第9章 “天-地-水”一体化环境风险应急侦测体系

9.1 概 述

突发环境事件最主要的特点之一是突发性、非正常性，在时间、地点，排放方式、途径，污染物种类、数量和浓度等方面难以预计，可能对环境造成严重的污染和破坏，对人民生命财产造成重大损失；同时，还存在污染水域面积大、污染现场情况复杂，应急人员无法第一时间安全进入污染区域进行水样采集，不能确定污染源头等问题，导致了仅依靠一些常规监测手段不能有效获取事故区域环境信息，无法为应急决策提供有效支撑。

目前，以无人机、无人船为代表的无人化应急监测设备有作业效率高、机动灵活、使用方便、监测范围广的特点，能够满足一些常规参数的在线监测要求，为突发环境事件的应急监测提供了一种新的技术平台与工具选择。对于一些非常规参数，则可以利用车载平台搭载具有非常规参数和特殊性能的车载仪器设备进行监测及采样，以便能在恶劣条件下完成监测任务，保障应急监测的快速、科学、可靠。“十三五”水体污染控制与治理国家科技重大专项“水环境风险应急监管体系与应急设备研发与示范”课题组有针对性地对无人化应急监测设备、车载现场应急监测指挥中心、水污染事故应急指挥平台进行了设计开发，形成了一套可行的“天-地-水”一体化环境风险应急侦测系统建设方案，并在多个应急演练及污染事故处理过程中进行了应用，有效地提升了水污染事故应急响应能力和科学决策水平（图9-1）。其中，无人化应急监测设备能够快速对事故区域进行侦测及采样监测并回传数据，实现第一时间安全、全面获取复杂现场的污染状态；车载现场应急监测指挥中心能够为现场应急监测与处置提供野外实验条件及指挥场所；水污染事故应急指挥平台在搭建区域应急数据库的基础上对无人化应急监测设备与车载现场应急监测指挥中心进行数字化集成，最终实现现场人员、监测设备、实验室、远端指挥中心的实时沟通与联系。

本章将重点阐述“天-地-水”一体化环境风险应急侦测体系所包含的重要组成部分，即

图 9-1 “天-地-水”一体化环境风险应急侦测系统

无人化应急监测设备、车载现场应急监测指挥中心、水污染事故应急指挥平台，以及各部分如何相互协调工作。

9.2 无人化应急监测设备

9.2.1 水陆两栖无人船

在特大的、突发性的、原因不明的水污染事故应急过程中，如危险品爆炸事件水污染应急、重金属泄漏应急、污染河段水污染应急等，存在污染水域面积大、污染严重，应急人员无法进入污染区域进行水样采集，不能确定污染源头的问题。为解决以上问题，可以使用水陆两栖无人船完成采样监测工作。无人船在执行水陆危险区采样监测任务时，能够利用无人车陆地行走特性，快速到达危险水域，通过无人船的特性在危险水域进行水质采样，按照既定程序对水质采样进行监测并传回事故区域视频信号（图 9-2）。

水陆两栖无人船主要由以下几个部分组成：上位机系统、无线传输系统、水质监测单元、水样采集单元、无人船控制单元（图 9-3）。各部分组成框架及介绍如下。

9.2.1.1 上位机和无线传输系统

上位机系统的主要功能为下达控制指令、实时显示无人船的航行与工作状态、实时显示水质传感器监测到的实时数据及实时显示当前监测水域的水面影像。在上位机界面可以查看无人船所处点的具体 GPS 坐标信息、当前的电池电量、无人船工作模式、选中坐标点的水

图 9-2 水陆两栖无人船现场工作图

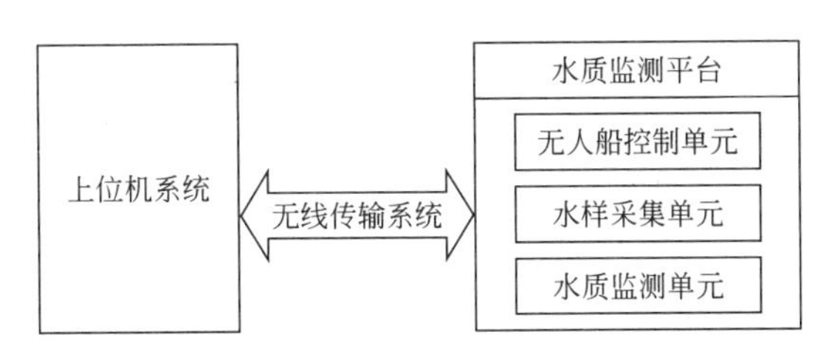

图 9-3 水陆两栖无人船整体功能框架

质监测数据、水样采集系统的当前状态及无人船载高清摄像头回传的水面实时画面信息等。

无线传输系统的主要功能为在无人船和上位机之间搭建无线传输桥梁，用于进行上位机与无人船之间的指令与数据的下达与传输。

9.2.1.2 无人船控制单元

无人船控制单元的主要功能是接收上位机下达的指令并执行，收集当前智能水质监测平台的相关数据并上传。控制单元由嵌入式系统构成，包括电机驱动模块、通信模块、GPS 定位模块、电子罗盘模块、超声波避障模块等。该单元可以实现无人船的自主巡航功能及自主避障功能。

（1）自主巡航功能

无人船智能水质监测平台的工作模式分为两种：自主巡航监测模式及人工控制监测模式。自主巡航监测模式是由工作人员将预先设定的水质监测路线导入上位机系统中。在该模式下，工作人员可以预先设定水质监测坐标点，设定水样采集点的坐标信息、水样采集的具体容量及存储采集水样的采样瓶信息。人工控制监测模式是由工作人员人工实时控制无人船进行水质监测的模式。

（2）自主避障功能

浅水域常常存在大量暗礁和水下障碍物，对无人船以及船底设备构成危险，因此需要建立水面和水下障碍物立体实时感知和立体组合避碰技术，实现自主避障功能，保障无人监控平台的安全。

无人船控制系统如图 9-4 所示。

9.2.1.3 水样采集单元

水陆两栖无人船采用一种智能船用水质采样系统的方案。该方案不仅可以满足用户的采

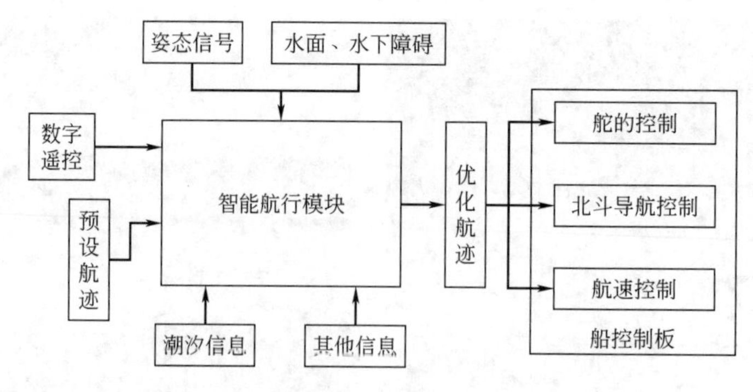

图 9-4　无人船控制系统

水功能需求，还可利用上位机软件实现水质采样功能的智能化，降低水质采样工作的相关成本。该水质采样系统的工作原理如图 9-5 所示。

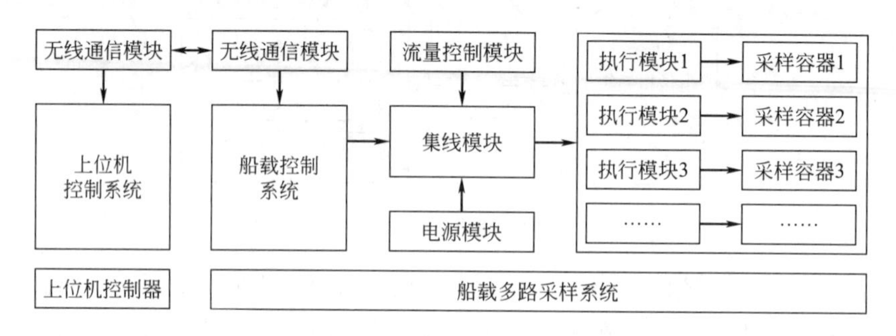

图 9-5　水质采样系统的工作原理

水质采样系统的工作流程如下：

① 利用上位机控制软件设定待采样的水域坐标点、需采集的水样容量及用于水样存储的采样瓶标号。

② 相关控制指令通过上位机与无人船间的无线传输系统下达到无人船控制单元，然后无人船控制单元控制水泵对应的模块，其工作的同时控制水质采样系统选取对应采样瓶及采样通道，并使其对应的执行模块开始工作进行水样采集，通过流量控制模块开始对采集水样容量进行监控。

③ 当所采集水样容量达到预设目标时，水质采样工作停止，并将当前采样状态反馈给上位机，上位机显示对应采样瓶的当前状态。

9.2.1.4　水质监测单元

水质监测单元的主要功能是利用水质监测传感器，对待测水域的水质参数进行监测，并将结果通过数据传输系统上传至上位机实时显示。监测控制人员接到航行任务后，控制水面无人船数据采集平台航行并执行辖区范围内的防污染监测任务。平台提供视频监测、水质监测、空间定位等水域监测服务。监测数据通过平台搭载的数据传输设备，向数据接收平台发布。监测单元可根据需要集成多种水质监测物参数仪（pH、溶解氧、电导率、水温、浊度、ORP、叶绿素 a、蓝绿藻）、紫外 COD 监测仪等水质监测传感器。

9.2.2　定深采样侦测无人机

传统的环境监测手段都是基于人工监测的，在实时监控方面很难达到理想效果，特别是在事故区域存在有害物质或陆域屏障的情况下人工采样监测不能满足应急的需求。采样侦测无人机具备无人驾驶、可悬停、体积小、控制灵活方便、可随意低空领域飞行的特点，为其在环保领域的应用提供了诸多优势。同时，无人机可以搭载载重范围内的各种功能设备或物件，包括遥感检测设备、高清摄像机、巡航监控设备、环境监测设备、采样设备等。

针对平时应用，可通过预设航线飞行模式，通过视频监测和图像采集功能实现对重点关注的环境敏感区（如饮用水水源地、自然保护区）的定期巡航监测，作为环境风险监控的一种有益补充。在突发环境污染事件中，环境应急无人机系统可以通过机载视频监控及环境监测设备，实时传输针对事件现场的视频监控和环境监测信息，并提供视频图像的分析处理功能，实现事件现场信息的快速获取，为应急指挥调度提供支撑与依据。

采样侦测无人机主要由以下几个部分组成：上位机系统、无线传输系统、监测单元、采样单元、控制单元、航拍及倾斜摄影单元（图 9-6）。各部分组成框架及介绍如下。

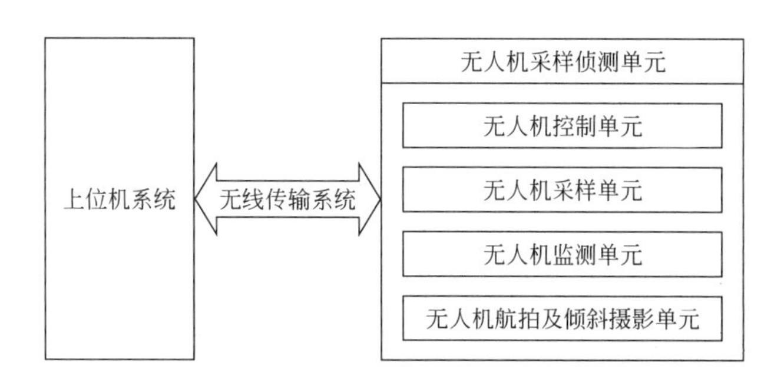

图 9-6 采样侦测无人机整体功能框架

9.2.2.1 上位机和无线传输系统

上位机系统的主要功能为下达控制指令、实时显示无人机的航行与工作状态、实时显示水质传感器监测到的实时数据及实时显示当前监测水域的水面影像。在上位机界面可以查看无人机所处点的具体 GPS 坐标信息、当前的电池电量和无人机工作模式；无人机搭载水样采集、监测及视频传输单元后，能够查看选中坐标点的水质监测数据及无人机载高清摄像头回传的水面实时画面信息。

无线传输系统的主要功能为指令与数据的传输。在无人机和上位机之间搭建无线传输系统，用于进行上位机与无人机之间的指令与数据的下达与传输。

9.2.2.2 航拍及倾斜摄影单元

通过搭载航拍设备（如数码相机）实现对事件现场的高精度航拍，对航拍图像进行快速纠正、拼接、匀色等处理后，可为事件污染范围的测算提供依据。例如，2010 年大连新港溢油事件中，环保部卫星环境应用中心基于无人机航拍进行了污染范围的快速调查工作。若搭载倾斜摄影模块，无人机返航时能够提取拍摄区域三维立体影像信息。

9.2.2.3 采样单元

采样单元的主要功能是提高和加大应急过程中获取水样的速度和范围，同时能够深入危险区域或者代替人的作业，从而弥补传统采样方法的缺陷并降低成本和工作量。采样单元由控制器、采样绞盘、采样器等组成，能够悬挂在无人机上，实现定深采集水样（图 9-7）。

图 9-7　无人机采样单元工作图

9.2.2.4　监测单元

监测单元主要包括有毒有害气体监测和水体水质监测两个模块，可为污染物鉴别、污染范围调查、污染态势的研判提供依据，并与预案的启动关联，提升决策支持能力。

① 有毒有害气体监测模块主要通过搭载气体分析仪实现对区域有毒有害气体的定性鉴别，以及对污染范围和浓度进行定性和半定量的快速研判。其中气体分析仪主要的作用是监测大气空气质量 AQI 与应急检测有毒有害气体（常规六参数 PM_{10}、$PM_{2.5}$、SO_2、NO_2、CO、O_3及 VOC、Cl_2、H_2S、NH_3 等多种特征污染参数），其精度高，气体传感器可以随时更换。相关原理主要为通过搭载泵吸式或者扩散式气体监测装置，在飞行过程中实现气体浓度的监测，并在一定程度上实现气体鉴别。此外，通过搭载抛撒式气体监测传感器，利用无人机平台定点抛撒气体监测传感器可实现多点近地面的气体监测，并通过无线自主网络传输技术实现气体监测信息的快速采集。

② 水体水质监测模块主要通过基于二维面状航拍作业模式的光谱类设备，如热红外成像仪、轻型红外航扫仪、红外扫描仪、微波辐射计等，实现水质宏观污染情况监测。可选用的设备包括：中国科学院空间科学与应用研究中心研发的 X 波段、空间分辨率 2 度的机载高分辨力微波辐射计，该设备可获取高分辨率地物辐射亮温图像，通过反演，获取湖面水体、冰面、河流、沼泽、陆地等地物信息；中科院上海技术物理研究所研制的小型多光谱成像仪，采用面阵 CCD 元件，有红、绿、蓝、近红 4 个波段，可用于海洋污染、海冰、赤潮、溢油等的监测；等。同时，还可通过搭载抛撒式水质监测传感器，利用无人机平台定点抛撒传感器到水面以下实现定深水质监测，并通过无线自主网络传输技术实现水质监测信息的快速采集。

9.3　车载现场应急监测指挥中心

在特大的、突发性的、原因不明的水污染事故应急过程中，如危险品爆炸事件水污染应急、污染河段水污染应急等，往往存在事故地点在野外、现场实验场所不足和现场不能满足应急实验监测与现场指挥的条件等情况。车载现场应急监测指挥中心主要针对在水环境应急过程中，应急监测设备运输和现场实验室条件不足的现状，实现突发水环境污染事故应急监测的快速响应，满足常规污染指标、石油类、重金属、有机类污染指标、生物毒性指标全覆盖，同时能够满足应急过程中现场应急指挥需要。

9.3.1 国内外应急监测实验室建设情况

随着我国经济的快速发展和科技的不断进步，特别是“非典”以后公共安全意识的提升，移动实验室建设越来越受到政府和社会的关注。疾病防控、突发环境事件应急监测、食品安全等领域的移动实验室建设得到了极大的加强，在“非典”“禽流感”“甲型 H1N1 流感”防治，水污染、大气污染、毒气泄漏事故监控治理，汶川地震、北京奥运会等诸多突发事故和重大事件中都发挥了积极的重要作用。

我国针对目前的公共安全现状正在大力推行移动实验室的认可制度，如经过省级以上人民政府计量行政主管部门（CMA）认证或由中国合格评定国家认可委员会（CNAS）认证的移动实验室，其认可范围内的监测结果可以得到国内或国际互认，从而为我国认证事业的发展和移动实验室充分发挥社会监督作用奠定了基础。浙江聚光检测于 2017 年成为全国首家拥有环境检测移动实验室 CMA 资质的检测机构，并在 G20 杭州峰会和厦门金砖国家领导人会晤活动过程中起到了非常重要的作用。国内其他各地方政府也大力推进移动实验室的应用，如黑龙江省已经拥有 25 个移动实验室，并在日常及突发性公共安全事件中发挥了重要作用，尤其是在 2005 年松花江苯污染事件中起到了关键性作用，事故发生后移动实验室立即实施现场监测，在污染物快速流向下游的紧急情况下，准确得出监测数据及水体的污染情况，为应急指挥的决策提供了及时、可靠的数据和技术支撑。

在国外，移动实验室研发应用的领域更为广泛。2010 年加拿大凯德乐公司研发出一种农用移动实验室，这种实验室具有多种功能，可进行土壤营养分析，水源和农药、病虫害检测。2008 年英国卫生部（DOH）发布了移动实验室电子清单，详细列出了移动实验室的标识分类号、所在区域位置、职能划分等，旨在使移动实验室能够更加便捷地开展社会化服务。发达国家的移动实验室部分属于政府机构用于社会服务，大部分是作为政府与企业之外的第三方检测机构用于有偿使用的。这些移动实验室不但装备精良的仪器设备，而且具有一些特殊的性能，以便能在恶劣条件下完成检测任务，部分移动实验室已经通过国际权威机构的认证，具有完善的质量保障措施，以确保检测结果的科学可靠。

9.3.2 车载现场应急监测指挥中心组成

突发水环境污染事故车载现场应急监测指挥中心主要由基础车辆、供电系统、照明系统、空调系统、通风系统、监控系统、给排水系统、实验室、其他辅助设备设施等组成，功能区域主要分为中控室、仪器分析室和理化分析室（图 9-8）。其中，中控室配备显示器和有线、无线信号接收装置，满足移动端数据上传展示和应急现场指挥需要；仪器分析室和理化分析室分别装载相关车载监测仪器并配备野外应急监测条件。车载现场应急监测指挥中心在“天-地-水”一体化环境风险应急侦测体系中起到现场应急实验室和现场中枢指挥所的作用。

9.3.3 现场应急实验室

现场应急实验室由车体、车载电源系统、车载实验平台、数据采集及传输系统、供电及

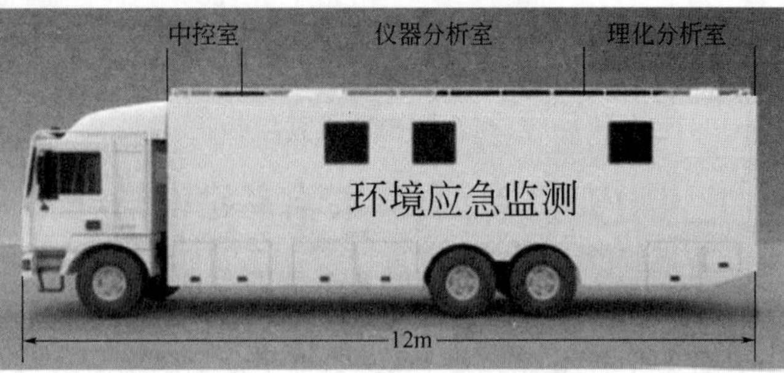

图 9-8　现场应急监测指挥中心现场照片及功能区域划分

照明系统、空调及通风系统、便携应急监测仪器、车载大型仪器和应急防护设施等组成。它不受地点、时间、季节的限制，在突发环境污染事故发生时，监测车可迅速进入污染现场，监测人员在应急防护设施的保护下立即开展工作，应用监测仪器在第一时间查明污染物的种类、污染程度，同时通过数据采集及传输系统及时与相关部门沟通现场情况。

（1）基本功能

在实验室功能方面，现场应急实验室能够为监测仪器及装备提供减震、抗冲击的专业运载；配备实验室用水、排水及纯水系统以及达到固定站标准的实验仪器供电条件，具备专业工作实验室能力，全面支持区域水质监测工作以及强污染环境下的监测工作和综合监测数据的处理工作。

在相关保障功能方面，现场应急实验室具有综合语音指挥与警示功能，便于监测工作的快速执行；具有空调与通风、车体支撑与平衡系统，满足野外不同条件的工作需求；同时，为便于车载固定设备维护和非固定设备的快速装卸，还配备相应的辅助设备，并为未来预想装备提供使用构架和扩展构架。

（2）实验室功能介绍

现场应急实验室配置理化实验台、实验室供排水系统、车载专用的仪器设备及试剂、样品的储存柜以及数据采集传输系统；同时，室内装饰适合实验需求，耐腐蚀、易清洗。

应急检测人员能够利用仪器分析室、理化分析室配套的实验室条件快速完成相关应急分析检测，实验室可根据需要配备表 9-1 中的检测仪器设备；同时，为了完成检测及部分场地侦察任务，实验室还需配备一定的实验室配套、个人防护、采样和勘察等其他类别仪器设备（表 9-2）。应急检测人员在得到实验数据后，能够利用实验室配置的数据采集传输系统，第一时间完成检测数据的传输。

表 9-1　不同种类污染物检测仪器设备（参考）

序号	污染物分类	仪器
1	常规综合指标和无机污染物类	常规指标试纸/检测管/试剂盒、便携式光谱仪、便携式多参数水质分析仪、便携式多参数快速实验箱、便携式离子色谱仪
2	石油类	手动固相萃取仪及滤膜、便携式红外测油仪、便携式傅里叶红外光谱仪、便携式地物光谱仪
3	重金属类	重金属检测指标试纸/检测管/试剂盒、便携式重金属分析仪（ASV 法）、金属快速测定仪（分光光度计法）、便携式 XRF（X 射线荧光光谱法）、车载式电感耦合等离子体质谱仪（ICP-MS）

续表

序号	污染物分类	仪器
4	有机污染物类	便携式气相色谱仪、便携式气相色谱-质谱仪、便携式傅里叶红外光谱仪、便携式拉曼光谱仪、三维荧光光谱仪
5	生物类	水质综合毒性快速测定仪(生物酶活性毒性检测法)、便携式发光细菌毒性测试仪、即用型纸片试剂盒(水中微生物检测)

表 9-2 其他种类仪器设备（参考）

序号	分类	仪器
1	实验室配套类	试管、烧杯、便携式电子天平、高纯氦气/氮气瓶
2	个人防护类	防护手套、头盔、防护靴、应急灯、救护箱、灭火器、防护口罩、呼吸器、防护服、水上救生设备、常用的解毒药品
3	采样类	多功能水质采样器、无人机采样设备、无人船采样设备
4	侦察类	回声测探仪、全站仪、无人机勘察设备、无人船勘察设备

9.3.4 现场中枢指挥所

在“天-地-水”一体化环境风险应急侦测体系构建中，将通过综合采用各类通信手段，力求做到实时获取现场环境监测和监控信息，并将这些信息即时传输到现场指挥平台和环保部门的应急指挥中心，用于决策分析，从而提高环境应急响应的速度。

车载现场应急监测指挥中心在作为通信指挥平台的同时也可实现对无人设备的测控指挥和对无人设备搭载的环境监测任务载荷信息的接收和处理，实现了车辆的集约化应用；应急指挥中心通过卫星接收终端和地面网络接入现场信息，实现指挥中心与应急指挥现场的联动。

车载现场应急监测指挥中心主要由实时通信系统、计算机控制终端、现场监控及视频传输系统、配电系统等四大系统组成，实现并满足了发生危险化学品泄漏、爆炸等重大环境污染事件时的应急指挥功能。

(1) 实时通信系统设计

在危险化学品泄漏、爆炸等重大环境污染事件的事故应急处理处置过程中，通信是连接一切求援人员和设备的重要环节。应急移动平台设计配置了无线专网通信系统，实现应急指挥中心与应急移动平台之间良好的通信联系。还可以使用车载的 GSM 移动电话、GPS 定位导航系统，扩大指挥车与各工作单元组的交流协作使用范围，最终实现快速、灵活的现场指挥调度。

(2) 计算机控制终端设计

在重大应急处理处置工作中，计算机以其快速的运算、反应能力等优良的性能，成为贯穿整个应急处理处置工作过程的神经中枢。在应急移动平台中同样需要计算机终端的功能，该设计配置专业车载计算机、网络交换机，配置无线局域网卡和解码器，可实现现场计算机组网及资源共享，也可与指挥中心交换数据信息。另外计算机终端中安装了多款应急指挥系统软件，用于临时指挥处理处置现场。

(3) 现场监控及视频传输系统设计

在危险化学品泄漏、爆炸等重大环境污染事件的应急处理处置中，对现场的环境情况进行实时监控，可以帮助指挥中心的专家对现场情况进行决策，因此现场监控功能尤为重要。应急移动平台设计配置了高解析度、低照度车顶摄像机，用于现场环境情况的监控。操控人员可根据需要将摄像机设置在合适的高度及角度实现全天候、全方位录像和监控。另外应急移动平台还设计配置了车载气象仪，用于对事故现场的风速、风向等气象参数进行实时监测，以供指挥中心的专家做决策参考。

对于现场监测到的事故图像、人员情况、气象参数等信息，准确及时地传输到指挥中心以辅助决策是至关重要的。应急移动平台配置了模拟微波收发信机、接收天线等数据传输设备，可将现场采集的事故图像、人员情况、气象参数等信息回传至应急移动平台，通过液晶电视、画面分割器，实现各路现场图像的实时监控。

（4）配电系统

处理处置移动平台在事故现场有市电或发电车的情况下将电源引入平台，无外接电源时由平台发电机供电，强电控制柜中电源自动转换器的作用是将市电电源和发电机电源自动切换，AC220V 输出口和 AC380V 输出口为平台外部设备提供电源。

9.4 水污染事故应急指挥平台

在突发水污染应急事故管控过程中，需要明确突发水环境污染应急监控和管理的联动机制与响应流程，形成突发水环境污染事件应急响应机制，为了实现这一目标，建立水污染事故应急指挥平台是很好的解决方案。应急平台应以污染事故发展为主线，以污染物为核心，以应急监测向导为纽带，实现无人化应急监测设备、车载现场应急监测指挥中心与应急监测人员的有机整合，使监测技术集成化、运作高效化、服务智能化，为实施应急指挥提供技术支持。本节将以滨海新区环境突发事故应急监测现场支持系统的构建为例，对如何建立应急监测平台进行介绍。

9.4.1 平台建设目标

平台基于当地的环境监测网络和互联网遥感地图平台，整合并集成基础地理、资源、应急、环境、灾害与社会经济等数据，实现查询、向导、预测、评估、报告等功能，构建滨海新区环境突发事故应急监测现场支持系统。

为满足应急监测服务应急决策需求，需要分别构建电脑版和手机版系统。电脑版包含系统主要功能和各种信息的实时更新；手机版主要用于现场监测分析的记录，将监测样品采集时间、地点、分析结果传输到电脑版，同时也可以实现简单的查询功能。系统桌面端和移动端界面见图 9-9。

该系统适用范围：应急监测现场技术支持和日常的应急监测管理和演练。

9.4.2 框架设计

系统最终面向应急监测技术、管理人员，支持应急监测的日常管理和事故发生时的现场快速监测。分为三个层次，两个客户端。底层为数据层，包括 7 个数据库和 3 个文件系统，第二层为数据/网页服务层，第三层为应用层，基于当地环境监测网络和互联网遥感地图平台，实现查询、向导、预测、评估、报告等功能，构建一个支持应急监测全过程的体系。同时针对应急监测的复杂性，开发两个版本，包括电脑版、手机版。系统以污染事件发生过程

图 9-9 系统桌面端（a）和移动端界面（b）

为主线，以污染物为纽带，以应急监测程序为指导，实现查询、向导、预测、评估、报告等功能之间的自动智能链接，查询结果、监测结果报告、预测、评估结果报告都在报告模板的支持下自动生成。

应急监测平台底层框架见图 9-10。

移动端	计算机(PC)端	客户端
数据查询及管理　人员及设备管理　应急事件向导	模拟及评估　自动报告系统	应用层
网络应用程序接口(Web API)/实体框架(Entity Framework)	技术备忘录(ASP. NET MVC)	数据/网页服务层
数据库：人员　设备　专家　化学品　污染源　案例库　向导数据	文件系统：图片/语音　参考文件　国家标准	数据层

图 9-10 应急监测平台底层框架

9.4.3 功能设计

本次功能设计充分考虑综合预警系统的特点，以互联网地图为基础，能随时携带到现场，从横向功能分析，实现查询、应急监测向导、预测、评估、报告的功能，同时通过当地污染源筛选，根据污染源特征建设重点源库、化学品库、应急监测技术人员管理信息库、应急监测设备库、应急监测专家库、应急监测案例库、监测方法库。整个系统以污染事故发展为主线，以污染物为核心，以应急监测向导为纽带，实现各项功能的技术集成化、运作高效化、服务智能化，为实施应急指挥提供技术支持。

9.4.3.1 应急信息管理

（1）专家库

应急专家作为应急指挥过程中的智囊团，对应急指挥的决策起着重要的辅助作用，应急专家库的建立可全面提升应急预案的编制、评估和应急处置能力。该模块实现对大气污染防治、水污染防治、环境工程、环境监测、环境分析、环境评估等领域的环境应急专家信息的集中分类管理。可根据专家专长领域、以往处理经验等信息，快速检索适合所需处置的环境突发事件的专家，并快速与专家取得联系。

（2）应急专业队

应急专业队为应急处置的专业人员，对应急处置起关键作用，应急专业队的建立可全面提升应急处置能力及水平。该模块实现对大气污染防治、水污染防治、环境工程、环境监测、环境分析、环境评估等领域的环境专业人员的集中分类管理。可根据专业人员特长领域、以往处理经验等信息，快速检索适合所需处置的环境突发事件的专业人员，并快速与专业人员取得联系。

（3）危险品库

对环境污染事故中可能出现的危险品进行管理，包括对危险品的物理特性、化学特性、污染危害性质、实验室检测办法、危险品泄漏处理办法、应急救助措施、危险品防护措施、危险品对周边环境影响及评价等信息进行维护管理，以便发生突发环境事故后可以快速检索到该危险品，并制定应急处置方案。

在现场，能通过污染源要素搜索，结合区域污染源普查企业信息库，确定污染源的位置，根据污染源或污染物的相关信息进行溯源分析；能对30000种以上污染物的理化性质、处置方法等进行查询；能对4000种以上常见污染物，根据感官特征进行反向模糊搜索；能对600种以上常见污染物进行现场快速检测方法和实验室经典检测方法的实时查询；能对600种以上常见污染物进行包括国标、行标或美国EPA等标准的实时查询。

（4）应急物资

实现对应急指挥调度过程中所需的应急处置资源的集中分类管理，为环境应急物资综合调度和后勤保障提供可靠的环境应急资源信息。该模块对环境应急资源根据用途等进行分类，包括仪器设备、车辆、化学试剂及应急避难场所等，同时跟踪管理各类应急资源的全生命周期状态。

（5）风险源管理

突发环境事故的发生以事故预防为主，建立针对环境风险源防范的数据库，实现对排放危险废物、重金属，生产使用危险化学品和持久性有机污染物企业的重点监管，全面调查环境敏感信息和重点环境风险源企业。具体包括风险企业信息，风险源存在情况，企业生产原料及储存情况，风险防范措施、预案，企业周边的居民、大气、水环境及环境保护情况等。同时，将风险源与空间信息紧密结合起来，直观展示环境风险源位置或空间分布情况，了解环境风险源周边环境敏感信息分布等环境相关信息；将环境风险源所有的环境相关风险数据集中叠加到电子地图上进行综合展示、分析，更快速、便捷地掌握全部环境风险源情况，为环保部门应急指挥决策提供便捷的数据支持。

（6）应急预案

对环境风险源企业制定突发事故发生时的应急预案，当该企业或同行企业发生突发性污染事故时，及时调动该应急预案，快速处理突发性污染事故。预案包括环境风险源名称、二次污染物、处理方法、应急物资及相应的环境污染防范措施等。

（7）事故案例

突发性环境污染事故案例以现有的突发性环境污染事故发生时的处理过程作为参考，快速帮助选定污染事故相关处理方案。突发性环境污染事故包含国内、国外的典型环境污染事故的发生地址、时间、污染类型及原因等信息。

9.4.3.2　应急管理

（1）应急指挥

发生突发性环境污染事故时，可以直接利用地理信息系统的应急地理电子指挥沙盘，通过平台整合污染扩散模型分析、了解环境空间情况、部署应急任务和接收反馈情况、调动相关应急资源，快速掌握全盘信息，对污染事故进行快速分析，从而迅速决策，实现快速响应。同时，通过与应急车辆GPS导航设备的集成，GPS定位信息定时上传至环境应急平台，并在地理信息平台上标绘出来，指挥中心可以实时跟踪事件现场人员及车辆的行动过程轨迹，指挥中心结合来自地理信息平台的路网信息以及来自当地交通部门的实时交通信息为现场人员规划出到达现场的最佳路径，也可为环境应急救援人员规划最佳的环境应急救援路线。平台web端界面添加事故地点后，能够确认事故污染点位，围绕点位周边污染物及污染物信息提醒，能快速查询周边信息，界面显示可能存在的风险物信息，并能够智能推荐应急监测设备，同时提供设备列表选择。

（2）应急监测

应急专业人员根据指挥中心综合现场环境因素分析进行应急监测点部署并进行监测。同时可以通过移动设备直接填写监测结果。指挥中心电子地图实时反映监测情况及结果，并通过平台生成、分析事故动态等。系统可以在GIS地图上借助扩散模型或者依据规范要求直接进行监测点位设置，污染因子和监测点位信息后期也可依据事故信息随时做出调整，实时快速生成监测方案。平台web端工作人员接收信息后，可在GIS地图界面进行监测信息及监测数据上传，可上传数据为事故类型、事故污染因子、事故现场风速风向、事故测试数据，在web端的事故时间轴上显示所有信息，并在GIS地图上直接显示监测数据信息。

（3）扩散分析

环境扩散模型可对各种环境问题和环境过程描述准确、算法精练，且大都具有明显的空间特性，如大气扩散模型和一维水质模型等，但对这些环境模型空间数据的操作按传统方式实现结果显示比较困难，而空间数据管理和空间分析正是环境地理信息系统的优势。环境地理信息系统可以为环境污染扩散模型提供一整套基于地理信息系统逻辑原理的空间操作规范，实时反映具有空间分布特性的环境污染扩散模型研究对象的扩散、移动、动态变化及相互作用。系统能根据现场情况采用适用于污染物的扩散模型，并结合地理信息系统，对非正常排放情况进行预报。能够预报事故影响范围、影响程度，根据危险物浓度划分危险区，同时可以查询该地区的各种信息，由此确定疏散方案。

（4）应急预警

对应急监测数据进行预警分析，根据不同类型的数据预警条件，对监测数据变化趋势异常及时进行预判。同时通过具有地理信息系统功能的环境污染预测模型结合环境应急监测数据、气象、水文等现场信息进行环境影响风险评估，为环境污染事故应急决策分析提供第一时间的决策支撑信息。对不同级别的事件以不同颜色显示，预警级别由低到高，颜色依次为蓝色、黄色、橙色、红色。根据事态的发展情况和采取措施的效果，预警颜色可以升级、降级或解除。

（5）应急报告自动生成

根据应急监测的特点，构建报告数据模板自动生成报告，可以生成PDF文件也可以生成Word文件，输出相应的应急监测报告，为现场应急指挥提供决策解决方案。

9.4.3.3 系统管理

（1）系统设置

对环境污染事故应急管理综合平台相关使用参数进行自定义设置。

（2）代码维护

随着环境污染事故应急管理综合平台应用范围的扩大，以及应用环境的变化，平台的各种代码都需要进行增加、删除、修改以及设置新的代码。

（3）用户管理

对环境污染事故应急管理综合平台的使用用户进行增加、修改、删除、查询等。

（4）模块管理

对环境污染事故应急管理综合平台的模块名称进行增加、修改、删除、查询等。

（5）角色管理

根据用户对象使用权限划分，定义不同的使用角色，每种角色由不同的对象类的权限组成。一个角色可以对应一个或多个对象类的权限，多个角色也可以同时对应一个权限。角色按平台功能、区域、部门进行相应的组合授权。角色的基本信息包括角色描述、角色名称。角色名称应该清晰易懂。

（6）日志管理

对于环境污染事故应急管理综合平台而言，平台的安全日志是非常有价值的跟踪数据。通过收集相应日志进行查询、分析，可以及时发现违反规则的平台操作行为，定位平台层面的安全隐患，或者发生事故后帮助系统管理员查明原因，因此安全日志是非常有效的指证凭据。

（7）密码修改

提供用户修改登录密码功能。

9.4.3.4 手机端功能

系统可以通过手机端实时记录样本采集时间、地点、分析结果、处理人员安排以及上传现场照片等相关信息，主要功能见表 9-3。

表 9-3 手机端功能

手机端功能类别	功能描述
查询功能	对重点源库、化学品库、应急监测事故库等三方面的信息进行查询
事故点确认与导航功能	通过移动端或者 PC 端确定事故地点信息后，自动发送到相关应急人员的移动端，在 PC 端或者手机端 GIS 地图显示点位，可以直接连接到导航
导航功能	移动端接收监测点位信息，可以准确导航到该测试点位进行监测
数据及图片传输	监测信息及监测数据可以用移动端实时上传

参 考 文 献

[1] 汪杰，杨青，黄艺，等．突发性水污染事件应急系统的建立［J］．环境污染与防治，2010（6）：117-120.

[2] 王明贤，张莉莉，孙娜．基于信息技术的环境应急监测技术的研究［J］．环境科学与技术，2009（1）：196-199.

[3] 陈军，何超英，朱武，等．汶川抗震救灾的基础地理信息综合应急服务［J］．地理信息世界，2008（6）：7-11.

[4] 时宏．辽河流域水环境应急管理指挥平台的软件架构设计［J］．环境保护与循环经济，2018，38（5）：78-80，85.

[5] 刘凯，彭理谦，范勇强．成都市环境应急管理平台建设与研究［J］．四川环境，2017（5）：153-159.

[6] 海青，詹亮．一种非公网环境下应急GIS平台消息发送方法 [J]. 测绘科学，2017 (5)：194-199.
[7] 尹琦明．基于大数据的环境应急指挥平台并行调度的设计与实现 [J]. 计算机与现代化，2017 (11)：76-79，98.
[8] 中交信通（天津）科技有限公司．一种海洋环境污染应急信息平台．CN 201620767041.8 [P]. 2017-02-22.
[9] 杨丽凤．突发环境污染事件应急平台设计与开发 [J]. 电脑开发与应用，2013 (1)：12-15.
[10] 吴洽灏，潘腾，陈斌．基于物联网技术的杭州市环境应急信息平台建设研究 [J]. 电脑知识与技术，2012，8 (23)：5738-5740.
[11] 郑丰．环境应急信息管理平台 [J]. 污染防治技术，2011 (4)：75-79.
[12] 王迪．移动实验室在应急监测工作中的应用 [J]. 山西水利，2017 (3)：33-34.
[13] 万军峰，解建仓，刘子介．水环境无线监测移动实验室应用系统研究 [J]. 南水北调与水利科技，2006 (4)：31-34.
[14] 邹爽，汤杰，崔海松，等．移动水质实验室的设计与实现 [J]. 化学分析计量，2018，27 (3)：104-107.

第 10 章　应急监测准备与组织实施

10.1　概　　述

突发环境事件应对工作应坚持统一领导、分级负责，属地为主、协调联动，快速反应、科学处置，资源共享、保障有力的原则。突发环境事件发生后，地方人民政府和有关部门立即自动按照职责分工和相关预案开展应急处置工作。按照《国家突发环境事件应急预案》（国办函〔2014〕119 号）中的规定，需要根据突发环境事件的严重程度和发展态势，将应急响应设定为Ⅰ级、Ⅱ级、Ⅲ级和Ⅳ级四个等级。初判发生特别重大、重大突发环境事件，分别启动Ⅰ级、Ⅱ级应急响应，由事发地省级人民政府负责应对工作；初判发生较大突发环

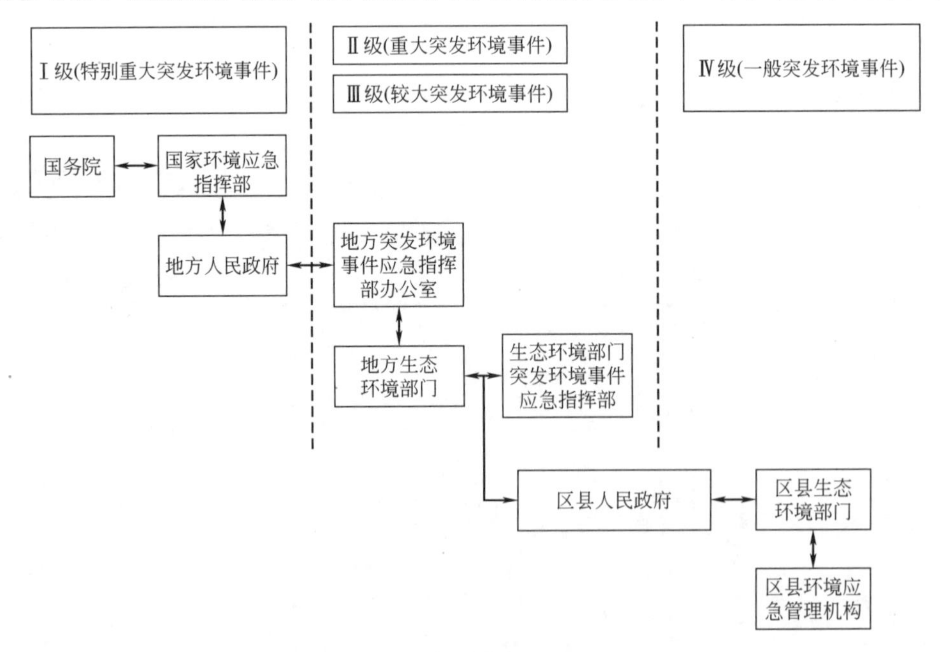

图 10-1　突发环境事件应急响应分级

境事件，启动Ⅲ级应急响应，由事发地设区的市级人民政府负责应对工作；初判发生一般突发环境事件，启动Ⅳ级应急响应，由事发地县级人民政府负责应对工作。应急响应分级如图 10-1 所示。

本章重点阐述了在突发环境事件应急响应过程中各级管理部门成立应急指挥机构后应急监测方面的准备与组织实施。

10.2　应急监测组织指挥体系与工作程序

10.2.1　机构与职责

为顺利完成各级环境管理部门下达的任务与要求，在发生突发性环境应急事故时需要成立应急监测领导小组。应急监测领导小组由应急监测办公室、现场监测组、分析组、后勤保障组及技术专家组构成（图 10-2）。主要职责为组织环境污染与生态破坏事故应急监测工作。应急监测领导小组配备应急监测领导组长，主要负责组织协调应急监测的全面工作。

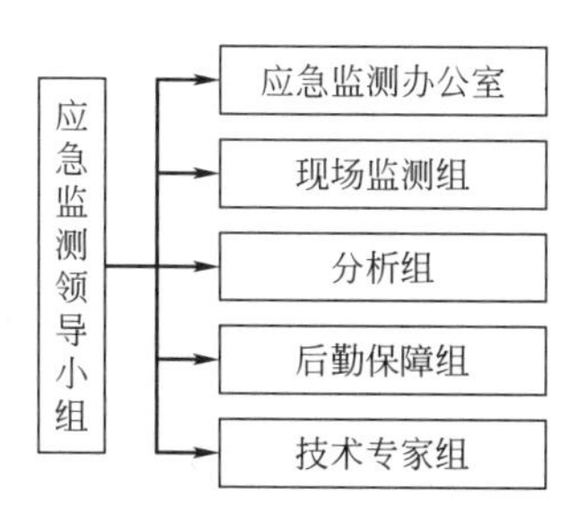

图 10-2　应急监测组织体系

（1）应急监测办公室

职责及工作要求：负责应急监测任务的分派及组织协调工作，制定应急监测领导小组值班安排，负责应急监测报告的归档等工作。负责组织制定系统应急监测能力发展建设规划和计划、技术培训、应急专项资金申请计划，组织参与各级环保部门以及有关类别环境事件专业主管部门组织的环境事件应急演练工作，负责演练计划、演练预案、演练监测报告编制工作，负责演练工作安排、任务分工等工作。负责应急监测数据的收集、审核、汇总及录入工作，并在每次应急监测事故结束后做出技术总结。负责应急监测预案修订完善、突发性环境事故应急监测行业预案编制工作。

开展应急监测、应急演练期间，履行应急监测指挥中枢职能，负责各部门监测工作的分派及组织协调工作，负责系统应急监测资源调拨，负责应急监测指挥管理系统的运行。应急监测工作结束后 3 日内，组织完成应急监测工作总结报告的编制。

（2）现场监测组

职责及工作要求：执行环境污染事故应急预案中规定的有关要求，主要承担环境污染与生态破坏事件的现场监测任务和监测快报、报告编写工作，协助应急监测办公室完成工作总结报告。现场监测中负责监测方案的制定，现场监测的组织协调，判断事故规模，向应急监测办公室提出要求，由应急监测办公室组织相关部门，联动完成应急监测任务。同时，根据应急工作需要按照应急办下发的监测方案进行现场监测，并完成相关报告编写工作。负责应急监测仪器（含车载便携式应急监测仪器）的日常维护和管理，应急监测仪器的操作规程编写，应急监测药品试剂和易耗器材的使用和管理工作。建立应急监测日常值班仪器设备检查制度，保证仪器设备、防护用具等随时能够正常使用。

（3）分析组

职责及工作要求：承担环境污染与生态破坏事故的应急监测实验室分析工作。参加制定应急监测分析能力发展建设规划，制定应急监测分析仪器采购计划、技术培训计划。负责应急监测分析仪器设备和相关车载分析仪器的日常管理及维护工作，熟悉仪器的操作流程，保证仪器设备随时能够正常使用。

（4）后勤保障组

职责及工作要求：负责应急监测车辆的维护、保养、调配，保证所有的应急监测车辆随时能够正常使用，制定应急监测车辆及司机值班安排，负责应急监测各类设备及试剂、耗材的采购及后勤保障。

（5）技术专家组

职责及工作要求：为应急监测及污染物处置方案提供技术指导，根据事故类型和工作需要，相关方面的技术专家应到达事故现场进行指导；了解国内外应急监测技术发展动态趋势，储备应急监测技术信息和仪器设备信息，指导应急监测技术发展和仪器设备选型工作，配合应急监测办公室进行技术培训工作，指导应急监测办公室完成工作总结报告的编制。

10.2.2 应急监测工作程序

应急监测工作程序包括监测指令下达、启动现场调查、制定详细监测方案、开始应急监测、监测数据上报、应急监测总结评估几个方面，具体工作程序（图 10-3）如下：

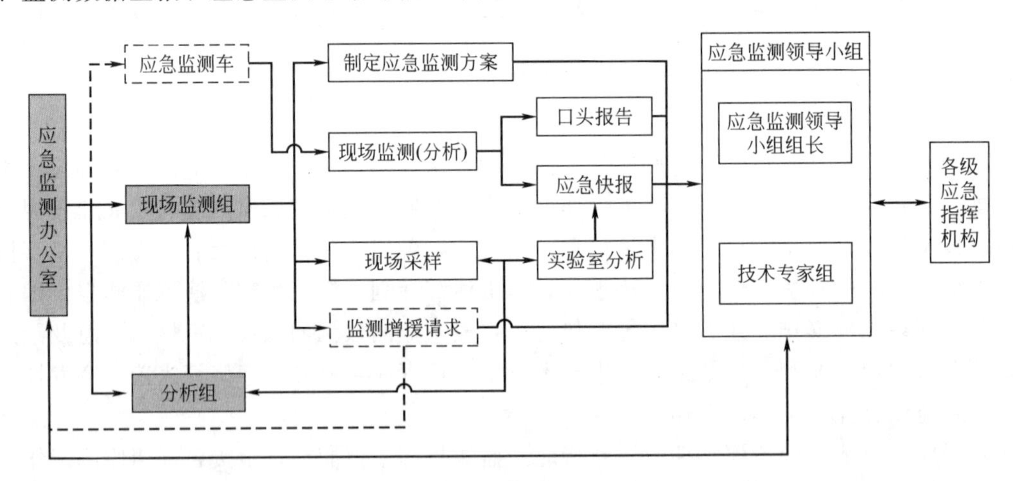

图 10-3 应急监测工作程序

① 应急监测办公室承接各级应急指挥机构下达的环境污染与生态破坏事故应急监测工作指令，了解环境污染事故的类型和特征后，做好应急监测接报记录，迅速向应急监测领导组长和上级领导汇报，并通知现场监测组、分析组、后勤保障组值班组长及相关专家。

② 各位值班组长分别组织现场监测组、分析组、后勤保障组值班人员，必须保证接到应急监测通知后 30 分钟内到达指定地点，并在 20 分钟内完成应急监测准备工作，启动应急监测车赶赴事故现场，同时做好应急监测现场记录。车载现场应急监测指挥中心，响应程序

见图 10-4。

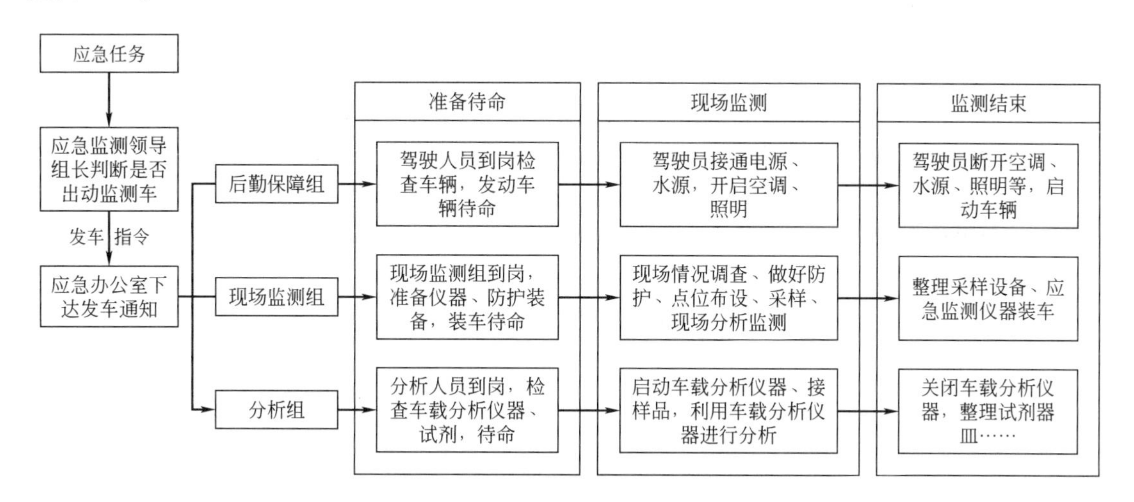

图 10-4　车载现场应急监测指挥中心响应程序

③ 现场监测组到达现场后，立即对环境污染事故现场情况展开深入现场调查，对事故现场进行摄像或拍照。

④ 现场调查结束后，依据现场情况，合理选用快速定性、定量分析方法，迅速制定监测方案。其中特别重大（Ⅰ级）及重大（Ⅱ级）突发环境事件，现场监测人员应提请咨询相关专家，共同制定监测方案；较大（Ⅲ级）突发环境事件，可由现场监测人员独立完成方案制定工作。方案确定后，迅速通知应急监测办公室请示应急监测领导组长批准开展监测工作。

⑤ 如遇污染范围较大、事故地点距离应急机构较远或其他特殊情况，并且车载现场应急监测指挥中心车载仪器可进行现场分析时，迅速通知应急监测办公室，请示应急监测领导组长，调集车载现场应急监测指挥中心及分析人员赶赴现场。

⑥ 对于现场可完成的分析项目，现场监测组及分析组应尽快在现场完成监测工作。对于无法在现场完成分析的项目，采样完成后立即送回车载实验室或应急机构实验室分析，分析数据及时报送应急监测办公室。

⑦ 应急监测过程中，所有相关的调查结果、监测方案、监测结果等信息，必须保证第一时间上报应急监测领导组长及应急机构领导，上报方式不限（无线传输、对讲设备、手机短信、手机通信软件、传真等），必要时可口头报告或分阶段报告。

⑧ 现场监测过程中，如首发监测人员不能完全满足监测需要，现场监测组应立即报告应急监测领导组长，增派监测人员、监测车辆、监测仪器及组织相关的实验室分析工作；经应急监测组现场判断污染事故规模较大（如跨区域等）时，迅速报告应急监测领导组长，由应急监测领导组长请示领导批准，增调其他单位和部门监测站人员及仪器设备开展工作，必要时报请上级领导批准，向上级监测部门请求支援。

⑨ 现场监测组完成现场分析后立即总结、上报相关数据，然后及时出具应急监测快报，必要时提供污染事故处理建议和污染物处理处置建议，选择适宜的方式上报应急监测办公室和应急监测领导组长，经组长批准后报送各级应急指挥机构。

分析室提供的监测数据，立即报送应急监测办公室，应急监测办公室及时完成监测报告编制工作，经审定后报送各级应急指挥机构。

监测报告编制过程中遇有技术问题随时与技术专家组沟通，由技术专家帮助处理解决各种技术问题。

⑩ 在突发性环境污染与生态破坏事故被控制或消除后，各级应急指挥机构发布应急工作终止通知，应急监测工作即可结束，应急监测办公室应立即组织编写应急监测报告和总结报告，经应急监测领导组长审核后，报送各级应急指挥机构及上级有关部门。

⑪ 应急监测工作结束后，应及时对本次应急监测工作进行全面评估，为以后应急预案的不断完善提供依据。

10.3 应急监测装备和能力准备

应急监测装备和能力准备包括：人员准备、技术准备、应急监测装备的准备等。其中，人员要按照应急监测领导小组架构配备相应的人员；技术、应急监测装备准备要根据事故原因、危险化学品及风险源数据库、事故位置等因素并结合本书前几章所述内容确定监测方法和监测设备。

10.3.1 应急监测装备

根据应急监测领导小组组成，监测装备将主要分布在现场监测组和分析组，可以参考表 10-1进行配置。

表 10-1 应急监测装备清单（参考）

类别	装备分类		具体装备类别
现场监测组	①现场防护类		简易防护服、简易呼吸器、胶皮靴、防护头盔、生化防护服、正压式呼吸器、防尘口罩、一次性手套
	②现场采样类		苏玛罐、水质采样器、大气采样器、水流流量仪、铝箔气袋、活性炭管、无人机采样设备、无人船采样设备
	③现场分析类	常规综合指标和无机污染物类	常规综合指标试纸/检测管/试剂盒、便携式光谱仪、便携式多参数水质分析仪、便携式多参数快速实验箱、便携式离子色谱仪
		石油类	手动固相萃取仪及滤膜、便携式红外测油仪、便携式傅里叶红外光谱仪、便携式地物光谱仪
		重金属类	重金属检测试纸/检测管/试剂盒、便携式重金属分析仪(ASV 法)、金属快速测定仪(分光光度计法)、便携式 XRF(X 射线荧光光谱法)
		有机污染物类	便携式傅里叶红外光谱仪、便携式拉曼光谱仪、三维荧光光谱仪
		生物类	水质综合毒性快速测定仪(生物酶活性毒性检测法)、便携式发光细菌毒性测试仪、即用型纸片试剂盒(水中微生物检测)
	④现场辅助及侦察设备		应急灯、冷藏箱、定位仪、激光测距仪、车载冰箱、交直流电源箱、大气压力表、风向风速仪、数码相机、回声测探仪、全站仪、无人机勘察设备、无人船勘察设备
分析组	①移动实验室分析类		车载式电感耦合等离子体质谱仪(ICP-MS)、便携式气相色谱仪/便携式气相色谱-质谱仪
	②实验室配套类		便携式电子天平、实验手套、防护口罩、试管、烧杯、便携式电子天平、高纯氦气/氮气瓶

10.3.2　人才培养

应急监测人员一般应由地方环境监测站技术骨干组成，应均是具备熟练掌握各种污染物监测方法及熟练使用各种监测仪器能力的人员。

《检测和校准实验室能力认可准则》和《国家突发环境事件应急预案》都对培训有明确要求，人员合理培训是保证应急监测质量的基础。应急监测培训的总原则是：培训应与当前和预期的任务相适应，演练为主，交流学习为辅，及时评价培训结果。应急监测培训分为演练和交流学习。

演练是一种重要的培训形式，是检验、评价和保持应急能力的一个重要手段。通过演练可提高应急监测人员的技术水平，进一步明确各自的岗位职责，验证预案的可行性、符合实际情况程度，提高各级预案之间的协调性，提高整体应急反应能力。在策划演练时，应以本地突发性环境事件的发生概率和本地区风险源为依据，每年至少策划 4 次应急监测演练，其中包括针对本地区风险源的环境应急监测演练 2 次，采取滚动模式，三年基本全部覆盖重点企业；由交通事故引发的突发环境事件应急监测演练 1 次；饮用水水源污染事件应急监测演练 1 次。在演练过程中尽可能将工作状态时间量化，并记录下来，每次演练后，形成演练结果评价报告。评价内容包括应急监测预案及技术方法是否科学合理、响应程度与应急任务是否匹配、采用的监测仪器通信设备和车辆是否满足需要、监测仪器操作是否熟练、监测因子选择是否合理、采取的防护措施和方法是否得当、防护设备是否满足要求等。

交流学习一般以外出参加专业研讨、技术交流为主，目的在于了解应急监测技术的发展动态，学习新技术，做到应急监测与时俱进。通过培训，提高应急监测人员的技术水平，为提高应急监测质量打下坚实基础。

因此，在日常工作中应加强应急监测能力的培养，由监测站技术骨干和聘请的专家向应急监测人员教授应急监测的基本方法、监测仪器的使用方法、监测布点的基本原则、数据分析的基本要求等，从而完善监测队伍中人员的技术能力，提高应对突发性污染事故的应急监测能力以及提高防范和处置突发环境污染事件的技能，从而增强应对突发性污染事故的实战能力。

10.4　应急监测方案制定

针对突发性水污染事故进行应急监测时，要求快速赶赴现场，根据事故现场的具体情况布点采样，快速制定水质应急监测方案，包括布设监测点位，确定监测指标、监测范围、监测频次，现场采样，现场与实验室分析，监测过程质量控制等，并根据处置情况适时调整应急监测方案。通过监测点布设和样品采集分析判断污染分布，并给出定性、半定量或定量的检测结果，同时确认污染事故对水环境污染的可能性、污染程度和污染范围，及时预测污染物变化趋势和污染扩散范围。下面对监测点布设原则、监测指标和监测频次进行详细介绍，其他部分内容参照本书其他章节。

10.4.1　监测点布设原则

根据突发性水污染事故往往存在污染源、污染物或污染特征不确定，时空变化大，对周围环境的污染程度有明显差异等特点，其监测点布设应遵循以下几点原则：

① 在已知污染源的情况下，监测点应以事故发生地为主，根据水流方向、扩散速度和现场地形地貌等情况进行地表和相关水域的布点采样。

② 在未知污染源、仅知污染物的情况下，在污染水域上下游布设监测断面，根据监测结果逐步缩小监测范围。

③ 在未知污染源、污染物，仅知污染特征的情况下，在污染水域上下游布设多个监测断面进行多指标监测，根据结果和其后的排查先确定污染源和污染物。

④ 对污染水域的监测不仅应在事故发生地和事故发生地的下游布设若干采样点，还需要在事故发生地的上游一定距离处布设对照断面，在尚未受到污染的区域布设控制点位。

10.4.2 监测指标

应急监测指标包括常规监测指标、特征监测指标和其他指标等。

（1）常规监测指标

常规监测指标主要包括水体常规监测指标，具体见表 10-2。

表 10-2 常规监测指标

监测介质	监测指标
水体	pH、溶解氧、电导率、总碱度、总硬度、溶解性总固体、COD、BOD_5、氨氮、硝酸盐氮、亚硝酸盐氮、氟化物、氰化物、挥发性酚类等

（2）特征监测指标

除监测常规指标外，还应将调查范围内的所有特征污染物指标列为监测指标。特征污染物指标依据潜在污染源释放的特征污染物而定。结合事故源的特征污染物，筛选不同类型污染源的应急监测指标。地下水污染事故特征监测指标类型可参考表 10-3。

表 10-3 地下水污染事故特征监测指标类型

行业分类	相关企业类型	潜在特征污染物类型
制造业	化学原料及化学品制造	卤代烃、苯类、多环芳烃、多氯联苯、重金属、挥发性酚、有机磷农药、有机氯农药、硝基苯类等
	电气机械及器材制造	重金属、有机氯溶剂、持久性有机污染物
	纺织业	重金属、氯代有机物
	造纸及纸制品	重金属、氯代有机物
	金属制品业	重金属、氯代有机物
	金属冶炼及延压加工	重金属
	机械制造	重金属、石油烃
	塑料和橡胶制品	半挥发性有机物、挥发性有机物、重金属
	石油加工	挥发性有机物、半挥发性有机物、重金属、石油烃
	炼焦厂	挥发性有机物、半挥发性有机物、重金属、氰化物
	交通运输设备制造	重金属、石油烃、持久性有机污染物
	皮革、皮毛制造	重金属、挥发性有机物
	废弃资源和废旧材料回收加工	持久性有机污染物、半挥发性有机物、重金属、农药

续表

行业分类	相关企业类型	潜在特征污染物类型
电力燃气及水的生产和供应	火力发电	重金属、持久性有机污染物
	电力供应	持久性有机污染物
	燃气生产和供应	挥发性有机物、半挥发性有机物、重金属
水利、环境和公共设施管理业	水污染治理	持久性有机污染物、半挥发性有机物、重金属、农药
	危险废物的治理	持久性有机污染物、半挥发性有机物、重金属、挥发性有机物
	其他环境治理(工业固废、生活垃圾处理)	持久性有机污染物、半挥发性有机物、重金属、挥发性有机物
其他	军事工业	半挥发性有机物、重金属、挥发性有机物
	研究、开发和测试设施	半挥发性有机物、重金属、挥发性有机物
	干洗店	挥发性有机物、有机氯溶剂
	交通运输工具维修	重金属、石油烃

(3) 其他指标

其他指标包括综合毒性检测、大肠菌群检测等。

10.4.3　监测频次

监测频次主要根据污染状况、不同的环境区域功能和事故发生地的污染实际情况确定，争取在最短时间内采集具有代表性的样品。距离突发环境污染事故发生时间越短，采样频次应越高。如果突发环境污染事故有衍生影响，则采样频次应根据水文变化与迁移状况形成规律予以调整，以增加样品随时空变化的代表性。

10.5　质量保证与质量控制

突发环境事件应急监测是环境监测预警体系的重要组成部分，是在环境应急情况下，为发现和查明环境污染情况和污染范围而进行的环境监测，包括定点监测和动态监测。应急监测的作用是：根据突发环境事件污染物的扩散速度与事件发生地的气象和地域特点，确定污染物扩散范围；根据监测结果，综合分析突发环境事件污染变化趋势，并通过专家咨询和讨论的方式，预测并报告突发环境事件的发展情况和污染物的变化情况，作为突发环境事件应急决策的依据。

应急监测是一个复杂而相对独立的系统，由风险源数据库、污染物扩散模拟系统、危险化学品应急处置专家系统、流动实验室、现场监测仪器设备、个人防护器材等组成，代表了现代环境监测技术水平和管理水平。与常规监测相比，应急监测人员相对固定，监测过程紧凑，仪器设备自动化程度高，数据处理和传输信息化，不仅有现状监测结果还有预测结果。质量保证与质量控制是保证获得具有代表性、完整性、精密性、准确性和可比性数据的一个重要环节。应急监测结果是在非常情况下出具的重要报告，是政府处理突发环境事件的重要决策依据，监测数据准确快速、预测可信是先进的环境监测预警体系的基本要求，因此，对应急监测实施严格的质量保证与质量控制很有必要。

10.5.1 质量保证

为保证各种应急监测仪器能够正常、快速地投入应急监测工作，提高应急监测反应能力，保证事故发生后能够迅速启动应急监测的各项措施，及时提供科学准确的监测结果，需制定《应急监测日常值班仪器设备检查制度》，各部门要严格对照拥有的应急仪器设备，安排值班人员负责如下工作。

① 开机检查各种直读监测仪器的工作情况；对仪器传感器、仪器配件数量，试剂药品、电极等有效期进行检查；检查仪器充电设备及充电电池完好情况。

② 定期检查车载仪器的工作情况和完好情况。

③ 检查各种采样仪器的数量是否齐全，采样仪器的性能是否正常以及是否超过有效期。

④ 检查各种辅助设备的数量是否齐全，性能是否正常。

⑤ 检查各种防护器具的数量是否齐全，性能是否正常。

⑥ 检查各种易耗品的数量是否符合要求。

值班人员按相应的要求将检查结果填入应急值班人员监测仪器检查记录（参考表10-4），将各种异常情况、数量缺少或配件缺损、器具损坏或超过有效期、需补充仪器及数量等情况填入备注栏，并及时报告主管领导。

表10-4 应急值班人员监测仪器检查记录（参考）

检查日期：　　年　　月　　日　　　　开始时间：　　时　　分

设备名称	设备编号	是否正常	备注
		是　　否	
		是　　否	
		是　　否	
		是　　否	
		是　　否	
		是　　否	
		是　　否	
		是　　否	
		是　　否	
		是　　否	
		是　　否	
		是　　否	
		是　　否	

检查人员：

10.5.2 质量控制

质量控制是保证突发环境事件应急监测质量的重要手段。影响应急监测质量的主要因素是人员技术水平、仪器设备、方法、量值溯源性、数据库与预测模型等。人员对技术规范等监测基础理论的掌握程度、计算机技术和仪器维护操作水平决定了布点、采样、分析、数据处理和结果表述的质量，是应急监测质量的根本保证；仪器设备维护保养、量值溯源和期间核查、方法确认、数据库和预测模型的定期维护与升级等是保证应急监测质量的基础。把应急监测质量保证与质量控制纳入现行实验室质量管理体系中，从人员、仪器设备维护与保养、方法比对、量值溯源、期间核查、数据库和预测模型的维护与升级等方面进行质量控制，及时发现、纠正监测过程中出现的异常情况，使应急监测过程能连续地保持在准确度受控范围内，才能保证应急监测的速度和质量，充分发挥应急监测在突发环境事件处理中的技术支持和预警作用。

10.5.2.1　人员技术水平

《环境监测管理办法》要求：环境保护部门所属环境监测机构从事环境监测的专业技术人员，应当进行专业技术培训，并经国家生态环境主管部门统一组织的环境监测岗位考试考核合格，方可上岗。应急监测作为一项特殊、重要的环境监测，其从业人员应具有扎实的环境监测理论功底，熟悉各类环境监测技术规范，具备突发环境事件现场布点、样品采集、现场分析仪器操作、各类应急监测数据库和预测模型等分析软件的使用等能力。在目前尚无应急监测专项上岗证考试的情况下，应急监测小组人员应至少通过监测基础理论与水、气、自动监测等 3 个专项考试，并具备应急监测人员必需的基本素质，才能参与应急监测工作。

10.5.2.2　仪器设备的维护和保养

应急监测仪器多而杂，包括现场采集，测试分析水、气、土壤、生物等样品的专用仪器及一些特殊设备。做好应急监测仪器设备维护保养，使仪器设备始终处于完好状态，是应急监测数据质量保证的重要一步。仪器维护保养应重点做好两方面工作：一是日常维护，如试剂和耗材的更新、仪器定期开机、便携式仪器的充电、定期更换干电池、更换干燥剂等；二是做好关键部位保养，如定期检查、维护可燃气体监测报警仪、便携式气体泄漏监测仪、便携式傅里叶红外多组分气体分析仪、重金属测定仪、便携式综合毒性监测仪等现场仪器的探头，定期检查和清洗便携式傅里叶红外多组分气体分析仪的管路等。为保证仪器设备维护保养到位，监测站质管组应把应急监测仪器设备维护保养作为例行质量检查的重点，在例行检查中检查快速检测管、试纸及其他耗材是否在使用期内，检查设备保养维护记录，抽查部分仪器设备的状态，如便携式仪器是否有电、仪器状态是否正常、是否进行标识化管理等。通过监督检查，确保在用应急监测仪器设备完好率 100％。

10.5.2.3　量值溯源性

（1）量值溯源

量值溯源对于保证测量或检验的准确度具有不可替代的作用，将应急监测仪器设备的量值定期溯源到国家计量基准上，确保检测结果的可靠、准确和统一。对于测量原理与实验室仪器相似的便携式气相色谱仪和便携式分光光度计，可用委托检定的方式完成量值溯源。对于目前国家尚未建立检验规程的应急监测仪器，个别仪器可以通过自校准的方式来实现量值溯源。校准是对照计量标准，评定测量仪器的示值误差、确保量值准确的一组操作，必须具备高出一个精度等级的标准计量器具，且使用处于有效期内的有证标准物质或样品。

（2）期间核查

期间核查的目的是在两次正式校准或检定的间隔期间，防止使用不符合技术规范要求的设备，保证仪器设备的有效性和可靠性。期间核查重点之一就是对使用频繁或经常携带到现场监测及在恶劣环境下使用的仪器设备的功能进行稳定性检验，应急监测仪器就属于此类。依据监测站仪器设备期间核查程序，确定应急监测仪器核查清单。期间核查一般采用合理、简便、可靠的试验方法证明仪器是否持续稳定可靠，方法有使用有证标准物质、与实验室同类仪器比对和使用标准参考设备，采用高一精度等级的计量标准作为核查标准等。同时，要对期间核查数据进行分析和评价，从而确定仪器状况。合理的期间核查能及时预防和发现不合格的仪器，保证检测结果持续准确、有效。

10.5.2.4 方法比对

认可或认定准则都要求检测方法首选国标方法，当没有国标时，应采用国际方法或新方法。由于应急监测仪器为满足现场特殊需要，以操作简便、快速、灵敏、干扰小、结果可靠为原则，大部分方法原理属于非标方法。虽然应急监测仪器技术参数一般能满足工作要求，但为了深入了解仪器性能，更好地提高应急监测质量，在新仪器投入使用前最好有选择地对一些应急监测仪器项目与国标方法进行方法比对：使待测项目处于相同受控状态，利用不同方法进行重复检验，判定两种测量方法之间有无显著差异，证明测量结果的一致性。通过方法比对，可发现应急监测仪器与标准方法的系统性误差，以保证监测结果的准确性。

10.6 应急监测报告

应急监测过程中要根据现场调查监测结果按要求编制应急监测报告并及时上报各级应急指挥机构。应急监测报告按类别可以分为应急监测现场调查记录单和应急监测快报。

应急监测人员到达事件现场后，应立即展开现场调查，填写应急监测现场调查记录单并在第一时间报出。应急监测快报应根据监测结果评价事件周围环境质量达标情况，分析污染变化趋势。污染物评价标准优先选取国家和地方现行环境质量标准、污染物排放标准。对暂无环境质量标准、污染物排放标准的，可根据当地生态环境主管部门认可或推荐的标准进行评价。应急监测的现场记录、录像、照片等资料应与应急监测快报一同存档。以下为应急监测现场调查记录单和应急监测快报参考样式。

10.6.1 应急监测现场调查记录单

应急监测现场调查记录单样式见表10-5。

表10-5 应急监测现场调查记录单（参考）

事件名称		事发地点及时间	
事件性质	□爆炸 □泄漏 □超标排放 □非法倾倒 □其他______	污染物种类	
应急设备准备情况			
出发时间		到达事故现场时间	
污染物理化及毒理性质		事发原因及经过	

续表

<table>
<tr><td>事故规模</td><td>□初步估计
____
□未知</td><td>污染范围</td><td>□已得到基本控制
□污染已扩散至
__________</td></tr>
<tr><td>扩散途径及趋势</td><td></td><td>周围环境敏感区</td><td>□住宅区
□学校
□河流
□饮用水水源地
□其他________</td></tr>
<tr><td>人员和动植物
中毒症状</td><td>□无明显症状
□有明显症状________</td><td>已采取的应急
处置措施</td><td></td></tr>
<tr><td>其他调查信息</td><td colspan="3"></td></tr>
<tr><td rowspan="3">现场监测情况</td><td colspan="3">经纬度：</td></tr>
<tr><td colspan="3">气象参数：</td></tr>
<tr><td colspan="3">监测项目及数值：
监测方法：</td></tr>
<tr><td>事件现场示意图
及采样点位简图</td><td colspan="3">注：应清晰标示事件点和周边环境敏感点及监测点、警戒区域等</td></tr>
<tr><td>突发环境事件分级
（根据现场情况填写）</td><td colspan="3"></td></tr>
<tr><td>调查人</td><td></td><td>记录时间</td><td></td></tr>
</table>

10.6.2　应急监测快报

应急监测快报样式见表 10-6。

表 10-6　应急监测快报（参考）

（××××年××-××期）

<table>
<tr><td>事故名称</td><td colspan="2"></td><td colspan="2">发生地点</td><td></td></tr>
<tr><td>发生时间</td><td colspan="2"></td><td colspan="2">污染物名称</td><td></td></tr>
<tr><td>经度</td><td></td><td>纬度</td><td></td><td>大气压</td><td></td></tr>
<tr><td>温度</td><td></td><td>风向</td><td></td><td>风速</td><td></td></tr>
<tr><td>参考标准</td><td colspan="5"></td></tr>
<tr><td>事故现场及点
位布设示意图</td><td colspan="5"></td></tr>
</table>

续表

监测结果				
监测点	经度	纬度	监测项目	测定结果
建议：				

编制人：　　　　　　　　　　　　审核人：

批准人：　　　　职务：　　　　　批准日期：　年　月　日

10.7 应急监测安全防护与保障

10.7.1 应急监测安全防护

（1）A级防护

现场采样均穿着自给式空气呼吸器及高等级防护服。

适用于有下列情况之一：①有毒有害气体大量泄漏且仍停留在局部环境中；②泄漏的液体中含有强挥发性有毒有害物质或强传染性致病菌。

（2）B级防护

穿着全面式面罩、防护靴、防护手套、安全头盔等。

适用于有下列情况之一：①采集、分析有毒有害气体或刺激性气体；②采集、分析的液体中具有有毒有害物质或致病菌。

（3）C级防护

穿着防尘口罩（气）、护目镜。

适用于有下列情况之一：①粉尘状一般物质污染；②实验过程中可能产生易溅出液体。

10.7.2 应急监测保障

（1）通信保障

应急队员和值班组长必须保证随时接听电话，通信设施号码一旦变更，应在新号码使用前通知应急监测办公室，由应急监测办公室负责更新。

（2）仪器设备保障

应急监测仪器设备及车辆的保管分为两部分：车载现场应急监测指挥中心和现场监测组及分析组监测所需设备。

车载现场应急监测指挥中心内装备应急监测必需的仪器设备及应急现场分析仪器，保证接报后能以最快速度开赴现场实施监测工作；科室设备间存放常规采样器具、防护用品和便于实验室维护的现场分析仪器。

现场监测组、分析组指定专人负责所属应急监测仪器设备的日常检查、维护、使用，做好相关记录，保证仪器设备随时能够正常使用。

（3）人员安全保障

现场监测组到达现场后，必须对环境污染事故现场情况展开深入调查，确定人员现场防护等级，按照防护要求确保应急监测人员的人身安全。

（4）值班制度

应急队实行应急监测值班制度，各组队员应严格执行应急监测值班制度，单、双月值班人员互为 AB 岗。值班人员必须保证接到应急监测通知后 30 分钟内到达指定地点。值班人员在值班期间未经请假或调换不得外出（出市），如需请假，应安排本组 AB 岗人员代理值班，并报知应急监测办公室。

10.7.3　应急监测人员值班制度

为保证应急人员可以在应急事故发生时，快速投入应急监测工作，值班人员职责制定如下：

第一条　应急队员值班实行轮流循环制，轮换期间执行 24 小时全天候值班。

第二条　如遇特殊情况，值班人员需请假换班，填写请假单，提交应急监测领导组长审批。

第三条　值班人员当日值班要保持通信 24 小时畅通，不得无故关机或不接听电话。

第四条　在接到应急电话后，应在 30 分钟内赶到单位。值班人员原则上不得外出（市辖区外）。

第五条　后勤保障组值班人员应保证其管理车辆正常使用，在有应急任务时能立即出动。

第六条　后勤保障组车辆值班人员在值班期间，严禁饮酒。

参　考　文　献

［1］ 连兵，崔永峰．环境应急监测管理体系研究［J］．中国环境监测，2010（4）：15-18.

［2］ 陈谊．突发环境事件应急监测的质量控制［J］．中国环境管理干部学院学报，2010（1）：60-62，74.

［3］ 山东省市场监督管理局．突发环境事件应急监测技术指南：DB 37/T 3599—2019［S］．2019.

［4］ 天津市环境监测中心．天津市环境监测中心环境污染事件应急监测工作预案．

［5］ 国务院办公厅．国家突发环境事件应急预案：国办函〔2014〕119 号［Z］．2014.